생명자원의 이해

배만종·김수민 편저

대구한의대학교출판부

머리말

인간이 자연상태의 식사형태를 벗어나 환경에 적응하며 형성해 나가는 식생활의 체계를 과학적으로 이해하는 것이 오늘날 중요한 과제이다. 특히, 오늘날 경제가 발달되고 사회가 안정됨에 따라서, 모든 사람들은 건강한 삶을 영위하고 장수하기를 원하고 있다.

그러나, 이와 같은 급속한 발전 뒤에는 주로 우리들의 인식부족에서 기인되는 각종 부작용이 뒤따르고 있다. 즉, 현대 의학에서도 모든 성인병이 올바르지 못한 식생활에서 기인한다고 하여 '식원병(diet related disease)'이라는 말까지 나오고 있다.

식품자원은 단순히 영양소 공급물질로만 작용하는 것이 아니라 여러 가지 생체조절 기능에 관여하고 있다. 최근, 식품성분 중의 어떤 특정물질이 생체 반응을 직접, 간접적으로 제어하고 조절하는 새로운 생체조절 기능을 갖고 있다는 사실들이 밝혀짐에 따라 학문해석의 양상도 변화하고 있다.

식품은 의약품과는 달리 그 활성이 높지는 않으나 지속적으로 작용되는 점에서 인체에 미치는 영향이 큰 것이다. 따라서, 식생활에 공급되는 생명자원은 너무나 광범위하기 때문에 생명과 관련된 자원을 짧은 시간에 다루기는 역부족인 것 같다.

본 고에서는 교양과정을 이수하는 신입생이나 재학생들에게 생명과 관련된 자원의 중요성을 이해시키고 실생활에 활용 할 수 있도록 여러 자료를 정리한 것입니다. 차후에 자료를 좀 더 체계적으로 정리하여 좋은 지침서가 될 수 있도록 최선의 노력을 경주하겠습니다.

끝으로 이 책의 출판을 맡아주신 경산대학교 출판부의 노고에 감사드리며, 원고교정을 열심히 보아준 김태연 조교에게 아울러 감사드립니다.

2002년 2월

엮은이 배만종·김수민 씀

차례

제1장 생명자원의 생산이용 기술과 전망

제2장 식물자원 및 생약자원

제3장 미생물 자원의 이용

차례

제4장 식품재료와 영양소

제5장 식품의 조리·가공과 저장과학

제6장 기호식품과 건강

제7장 Bio 화장품 소재

차례

제8장 기능성 식품의 현황과 기능

제9장 SOD 유사활성물질과 기능성 식품의 개발

차례

제 1 장
생명자원의 생산이용 기술과 전망

1. 생명공학기술

1) 용어의 정의

가. 생명과학(Life Science)

생명현상의 규명으로부터 생체기능의 응용연구에 이르기까지 생명체에 관련된 모든 연구분야를 총괄하는 과학군.

나. 생명공학(Biotechnology)

생명공학은 생명과학의 한 분야에 속하는 것으로서 생물학, 화학 및 물리학 등의 기초과학을 기반으로 하여 의학, 약학, 농학 등의 응용과학과 화학공학, 전자공학 등의 공학적 요소를 포함하는 종합응용과학기술(Integrated applied science and technology)로 정의함.

다. 생명공학 기술

생명공학기술은 산업적으로 유용한 제품을 생산하거나 공정을 개선하기 위하여 생체나 생체 유래물질 이용 기술, 생체기능의 일부를 조절하는 기술, 생체기능을 직접 이용하는 기술 및 생체기능을 모방하는 기술을 총칭하는 것으로 정의될 수 있다.

생명공학은 Bio기술과 같은 뜻이므로 생물산업도 Bio산업이라고 불리어지고, 여기에 따라서 Bio상품, Bio식품, Bio식물 등의 말이 만들어지고 있다.

라. 생물산업(Bio 産業)

Bio산업은 생물체 또는 생물체의 기능을 활용하여 유용한 물자를 생산하는 산업(공업, 농업, 광업 등)을 말하며 일반적으로는 Bio기술을 이용하여 공업적으로 유용물질의 생산 등을 하는 산업을 가리킨다.

생명공학은 이학, 의학, 약학, 공학, 농학 등의 각 분야에 관계하는 광범위한 학제적인 분야이며 따라서 생명공학의 발전은 기초적·학문적 분야에서뿐만 아니라 의료(醫療), 건강, 식품, energy, 환경 등의 폭넓은 생물산업분야에 대해서도 혁명적이라고 할 수 있는 변화를 가져오고 있다.

2) 생명공학 기술의 범주

전통적인 생명공학은 순전히 경험적인 지식에 의존하는데 맥주, 포도주, 빵, 치이즈, 된장, 김치 등의 생산기술이 이에 포함된다. 근대 생명공학은 자연과학과 화학공학적 지식을 기초로 하여 전통적인 생명공학을 합리적으로 발전시킨 것으로 항체의 생산 또는 효소투입 등이 이에 속한다. 그리고 신생명공학은 1970년대 초 미국에서 발견된 유전공학기술을 이용하는 기술로 유전자 조작기술, 세포 융합기술, 세포배양 기술, 그리고 바이오 센서 등이 이에 포함된다.

그러나 오늘날 21세기의 핵심기반기술이라고 일컬어지는 생명공학기술이라 함은 전통 생명공학보다는 일반적으로 근대 그리고 특히 신생명공학만을 포함하는 것으로 이해되고 있다. 미국의 경우 생명공학기술을 유전자 재조합, 단백질 공학, 세포융합, 생물공정 등 신생명공학을 중심으로 포함시키고 있으며, 일본은 유전자 재조합, 세포융합, 세포배양 등 유전공학 핵심기술과 생물전환, 발효공정 등 주변 산업기술을 활용한 제품의 생산 또는 공정의 이용기술을 포괄하고 있다. 우리나라의 경우 생명공학기술을 정의함에 있어서 국내에 발효기술이 축적되어 있다는 현황을 감안하여 신생명공학뿐만 아니라 발효기술과 같은 생물공정 관련 기술을 포함하는 일본의 개념을 준용하고 있다. 일부 전통적인 생명공학도 과학기술정책의 대상으로 생명공학기술의 범주에 포함을 시켜야 한다는 주장이 강하게 제기되고 있으나 미국, 일본, 유럽 국가들과의 비교 가능성을 높이기 위해 이 보고서에서도 이러한 의미로 생명공학을 이해하기로 한다.

과학기술처가 1994년 범부처적 기술개발 프로그램으로 시작한 '생명공학육성 기본계획(Biotech 2000)'에서 정의한 생명공학기술의 범위는 <그림 1-1>과 같다.

Biotech 2000에서는 생명과학(life science)에 생명공학이, 생명공학(biotechnology)에 유전공학 및 유전자 재조합이 유전공학(genetic engineering technology)에 유전자 재조합 기술 등이 포함되는 것으로 정의하고 있다. 즉, 생명과학을 생명현상의 규명으로부터 생물기능의 응용연구에 이르기까지 생명체에 관련된 모든 연구분야를 총괄하는 과학군으로 정의하고 여기에 산업적 이용성이 강조된 생명 공학을 비롯하여 유전공학과 유전자 재조합기술을 포괄하는 것으로 정의하고 있는 것이다.

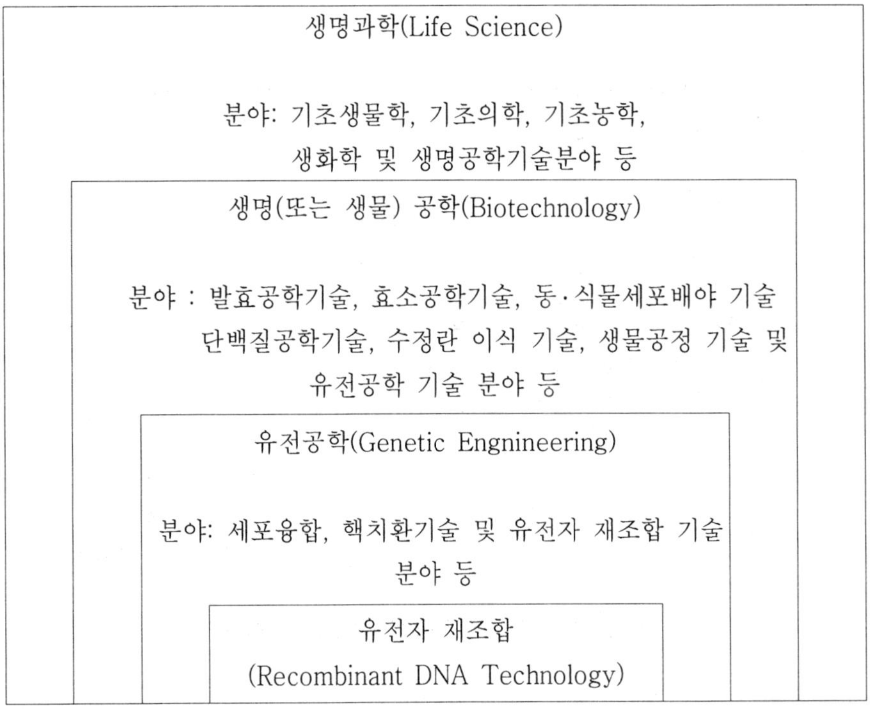

그림 1-1. 생명공학기술의 범위

자료 : 국가 생명공학 선진화 전략연구, 과학기술처, 1994.11.

3) 생명공학기술의 체계

생명공학기술은 기존 산업에서의 상품생산 시스템에 커다란 영향을 미침과 동시에, 기존 산업의 틀을 넘어선 새로운 산업을 창출한 가능성을 지니고 있다. 생명공학기술을 핵심기술과 부차적 기술로 구분하면, 핵심기술에는 유전자조작(유전자치환)기술, 세포융합기술, 대량배양기술, 생물반응기(bioreactor), 정제기술이 있으며 부차적 기술에는 세포, 미생물, 동식물의 선별기술과 축적기술, 효소이용기술, 실용적인 벡터·숙주의 개발, 시장화(저코스트화, 양산화)기술, 기타 하부기반 기술(시약, 기기, 정보시스템, 미생물 및 종자 수집 등)이 있다. 이러한 핵심기술과 부차적 기술의 관계를 생산시스템의 흐름(flow)에 연관시킨 것이 <그림 1-2>에 나타나 있다.

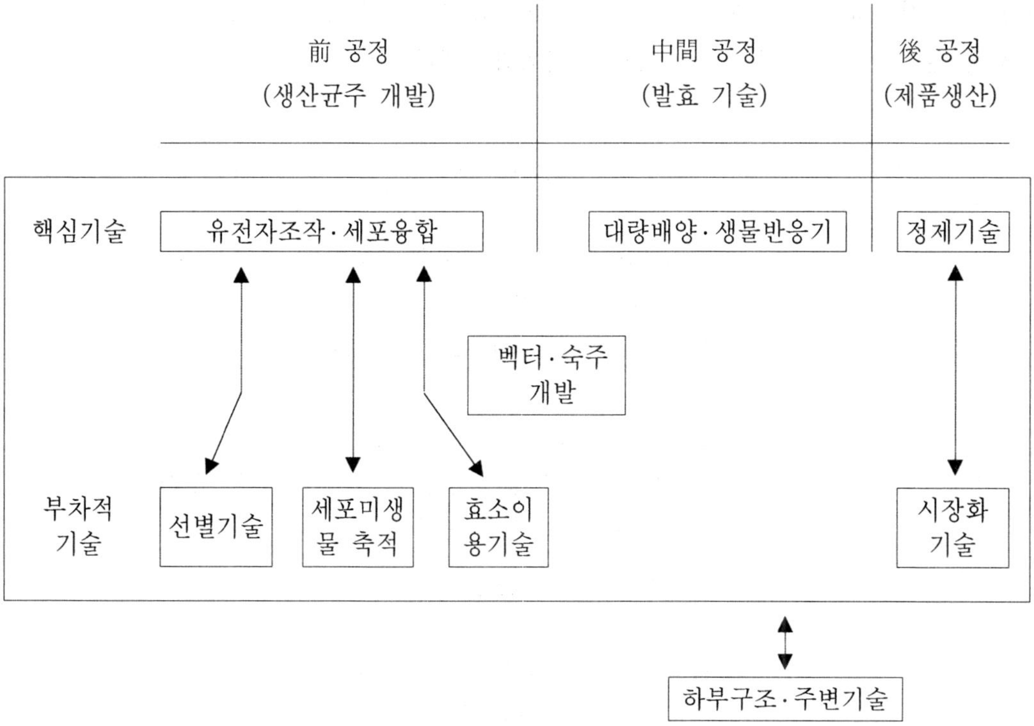

그림 1-2. 생명공학 기술의 흐름도

자료 : 伊藤邦雄 등(1986)의 것을 수정, 보완.

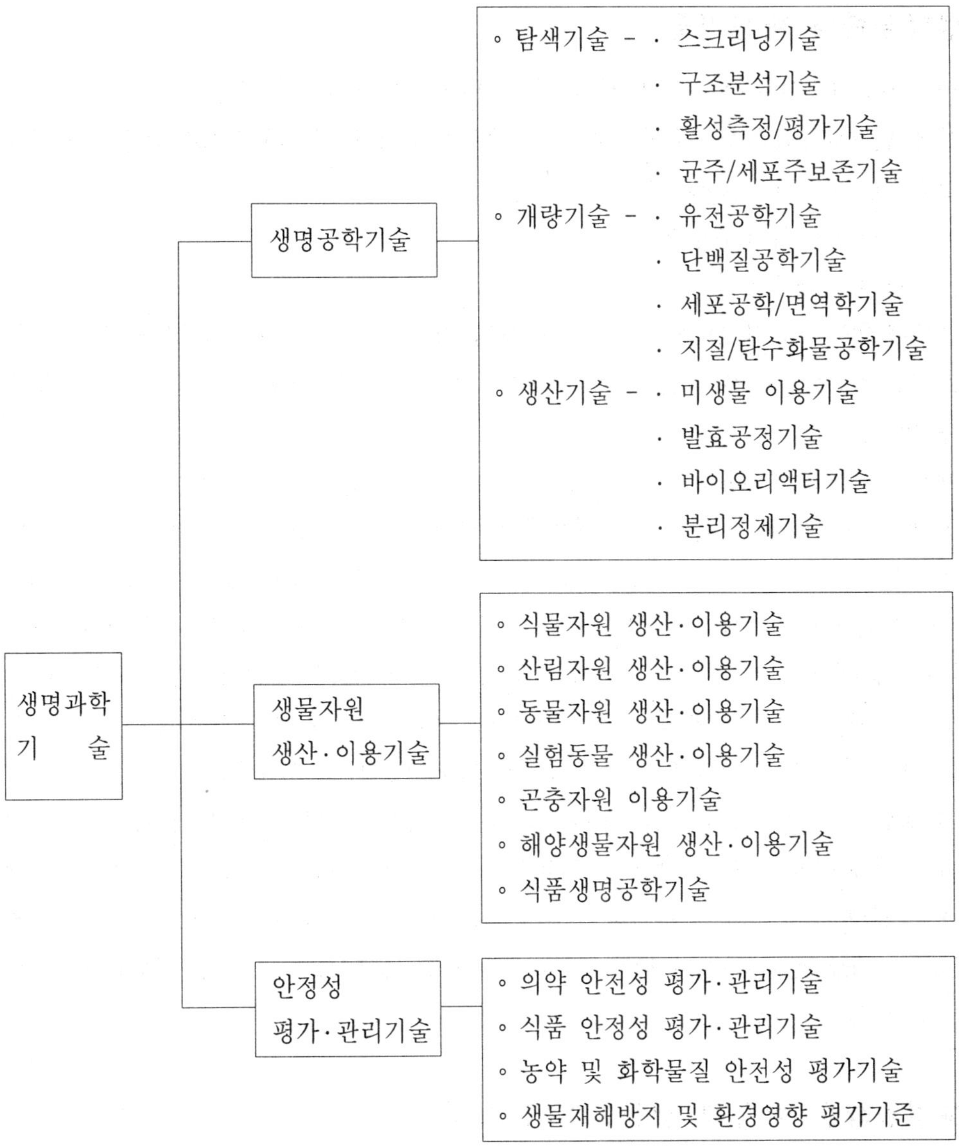

그림 1-3. 생명공학기술의 체계도

자료 : 2010년을 향한 과학기술발전 장기계획-생명과학부문, 과학기술정책관리연구소, 1994

그리고 <그림 1-3>은 생명공학기술의 체계도를 나타내고 있다. 이는 연구개발을 위한 '한국의 기술분류체계(1994)'에서 발췌되어 변형된 것으로 생명과학 분야 중 보건의료기술과 의료용 생체공학기술 분야가 제외되어 있다.

4) 생명공학의 핵심기술

현대의 Bio기술은 수천년의 역사를 가진 종래의 발효나 식물육종의 기술과 구별하여 유전자조작(遺傳子操作)을 중심으로 하는 새로운 Bio기술을 의미하고 있으며 기본적인 핵심기술(Key technology)로서는

유전자조작기술(유전자공학)

세포융합기술(세포공학)

세포대량배양기술(세포배양공학)의 세 가지 기술을 부르는 경우가 많다. 이것들은 서로 별도로 발달한 기술이지만 서로 관련이 되어 있고 또 종래의 과학기술과도 밀접한 관계가 있다.

이 세 가지 기술은 다음과 같은 기술특성(技術特性)을 가지고 있다.

첫 번째 기술특성은 생물의 유전정보를 바꾸는 육종 =품종개량(育種=品種改良)의 기술이다. 유전자조작기술이나 세포융합기술이 여기에 해당한다. 최근에는 특정부위돌연변이기술(特定部位突然變異技術)이나 단백질공학기술(蛋白質工學技術)이 가능하게 되어 바라는 유전자의 기능을 덧붙이거나 읽게 할 수도 있게 되었다. 세포융합기술도 유전정보의 본체인 DNA를 혼합하는 기술이므로 이것도 육종기술이 된다.

두 번째 기술특성은 육종한 고기능성생물(高機能生物)을 대량으로 증식하거나, 그 기능을 최대한으로 발휘시키는 process기술이라는 점이다. 바이오리액터기술과 세포배양기술이 여기에 해당한다. 이 기술은 전통적인 발효기술이나 효소이용기술의 연장선상에 발전하고 있다. 육종기술과 Process기술(downstream process 기술이라고도 한다)을 조합(調合=combination)하여 비로소 Bio기술은 Bio산업으로 발전하여 Bio상품을 만들어 낼 수가 있게 된다.

5) 생명공학을 이용한 생물산업의 특성

가. 기존 업종과는 새로운 형태의 고부가가치 산업이다.

생물산업은 현재까지의 장치 산업과 달리 두뇌 및 기술집약적 산업으로 3D 극복이 가능한 고도산업이다.

또한, 생물산업은 기술개발을 바탕으로 시작되었으나 제품을 개량하고 신규 유용 물질을 창출하므로 제조업으로서의 위치를 확보해 가고 있는데, 미국·일본 등에서는 이미 산업의 한 분야로서 위치를 확보하였고, 특히 타산업 보다 부가가치가 높은 산업이다.

나. 파급효과가 큰 산업이다.

생물산업은 의약·화학·농업·전자·에너지·광업·식품 등 응용분야가 매우 다양하여 거의 전분야의 산업에 기술적·경제적 파급효과가 크며, 국민소득 향상에 따라 급증되고 있는 복지수요를 상당 부분 충족시킬 수 있는 산업으로서 새로운 수요 창출도 가능한 산업이다.

오는 21세기는 생물산업 선진국이 산업 선진국으로 부각될 전망이며, 국가경제의 지속적인 성장을 위한 대체산업으로서의 역할 수행이 기대되고 있다.

다. 고속성장을 하고 있는 산업이다.

응용분야별로 생물산업제품의 비중이 증대되면서 21세기까지는 30% 정도의 지속적인 성장이 기대되고 있는데, 대표적인 생물의약품은 미국의 경우 '92년에 전체의약품시장에서 구성비가 4.6%이었으나 2000년에는 13%로 전망하고 있다. 한편, 미국 DRI사에서 예측한 연평균 생물산업 세계시장 성장률은 2000년까지 25%로 첨단산업 8개 부문중 제일 높다.

라. 산업구조 고도화 및 개편의 최적산업이다.

생물산업은 환경오염물 배출을 최소화시키고 탈공해가 가능하여 현안문제인 환경문제 해결에 기여할 수 있는데, 단백질 및 지질분해효소를 활용한 세제가 대표적이다.

또한, 생물체의 기능과 생물공정을 이용하므로 에너지 및 자원이 절약되고 기존의 화학공정 대체가 가능하여 산업구조의 고도화 및 개편에 이바지할 수 있는데, 생물 반응기에 의한 아크릴아마이드 생산 등이 대표적이다.

특히, 난치병인 암·에이즈·노인성 치매 등의 치료제 및 예방제를 생산함으로써 인류보건 향상에 기여하고 고령화 사회에 대비하며, 식량자원의 안정적인 확보와 기능성 식품의 활용에 의한 복지 향상에 기여할 수 있다.

마. 국내여건에 적합한 산업이다.

고도의 생물체 기능과 정보를 활용하고, 자원 및 에너지를 절약할 수 있기 때문에 부존자원이 빈약한 우리나라의 여건에 부합되는 산업이다.

생산공정이 복잡하고 대규모 시설이 필요한 타산업의 경우와는 달리 중·소규모의 설비로도 산업화가 가능하며, 선진국과의 기술격차가 비교적 작으므로 집중적인 육성시 세계 최고 수준 도달이 가능하다.

바. 국제화시대에 대비한 유망산업이다.

우루과이라운드가 발효되면 선진국의 생물산업 제품이 국내 시장을 과점할 것으로 예측되기 때문에 생물산업분야의 기술개발은 필수적이다.

이와 함께 그린라운드에 대비한 국제적인 환경규제에 능동적으로 대처하고 생물다양성협약 대응의 중요성이 부각되고 있는 가운데, 비분해성 플라스틱 사용 규제에 따른 생분해성 플라스틱 개발이 추진되고 있다.

한편, 국내수요를 기반으로 해외시장 개척이 요구되므로 수입대체 및 수출주도형 산업으로 발전 가능성이 높다.

6) 생물 산업의 응용분야

생물산업은 기존 산업분야와는 다르게 분야간 기술융합이 가능하여 기술혁신이 실현될 수 있는데, 생물공학분야와 전자공학분야가 융합된 생물전자공학(Bioelectronics)분야가 대표적인 사례이다.

타산업과는 달리 생물산업의 응용분야는 의약, 화학, 식품은 물론 환경, 에너지, 농업, 자원, 해양, 농림수산, 전자에 이르기까지 매우 다양하다.〈표 1-1〉

표 1-1. 생물산업의 응용 분야

분 야	생명자원(소재)의 제품 및 응용예
생 물 화 학	생분해성 고분자, 기능성 다당류, 공업용 효소, 향료, 색소, 계면활성제, 범용화학물질, 생체재료 등
생 물 환 경	미생물제제, 폐수처리제제 및 공정, 대기탈황, 소취제, Bioremediation(토양 및 해양오염 처리), 응집제 등
생 물 의 약	호르몬, 혈액관련제제, 항암제, 항생제, 성장인자류, 백신, 진단시약, 유전자요법, 인공장기, 신경전달물질 등
바이오에너지 및 자원	연료용에탄올, 메탄발효, 이산화탄소고정화, 금속제련, 미생물침출(Microbial leaching), 광합성 등
바 이 오 식 품	아미노산, 저칼로리형 대체 감미료, 기능성 지질, 천연 및 기능성 식품소재, 발효식품, 첨가물, 식품효소 등
생물 농업 및 해양	동물백신, 미생물농약, 해양생물자원 및 공장, 사료제, 품종개량, 형질전환 동식물, 염색제 조작, 식물공장 등
생물공정및엔지니어링	발효공정, 분리·정제 공정, 세포배양 및 생물반응기, 생물전자, 공장 및 공정설계 등
생물학적 검정 및 측정 시스템	안전성 평가, 효능평가, 바이오센서, 바이오칩, 생체기능이용 물질전달기술, 생산관련기기제조기술 등

*자료 : 첨단기술산업 생물산업분과위원회, 생물산업의 비전과 발전과제, 1995년

7) 국내 생물산업의 동향

가. 생물산업의 발전과정

국내 생물산업의 발전과정은 크게 기술도입기·연구개발기·산업화 태동기로 대별할 수 있는데, 국내 생물산업은 '90년 초부터 본격적으로 태동하기 시작하였다.

▪ 기술도입기 (1980~1983년)

1980년에 유전자 재조합기술이 국내에 전수되기 시작하여 국내 생물공학기술이 개발되는 계기가 되었으며, 1983년 교육부에서 생물공학관련학과를 설치하기 시작하였고, 유전공학 육성법이 제정되었다

▪ 연구개발기 (1984~1988년)

1984년에는 서울대학교에 유전공학 연구소가 설립되었으며, 1985년에는 한국과학기술연구원 부설 유전공학연구소가 설립되었고, 1987년에는 과학기술처 생물해양조정관제가 신설되었으며, 물질특허제도가 시행되고 유전공학관련 발명심사기준도 마련되었다.

▪ 산업화 태동기 (1989~현재)

1989년부터는 축적된 생물공학기술을 바탕으로 통상산업부에서 생물산업 발전전략을 수립하였으며, 1990년에는 통상산업부에서 생물산업을 첨단산업 업종으로 고시하였고, 공업 발전기금 지원에 생물산업을 포함시켰으며, 국립보건원에 생물공학과가 신설되었다.

1992년에는 통상산업부 공업기반기술개발사업 중 생물산업부문 지원을 개시했으며, 1993년에는 범부처적 생명공학육성 기본계획이 수립되었고, 1994년에는 통상산업부에서 생물산업 육성 종합계획을 수립하였다.

2. 생명공학기술의 현황과 전망

1) 생명공학기술의 수준과 전망

현재 국내 생명공학 기술수준은 선진국에서 개발된 기술을 도입, 모방하여 개량하는 단계로 볼 수 있으며 부분적으로 혁신적 제품을 개발하기 위한 노력을 기울이기 시작한 단계이다.

생명공학기술의 응용산업별 기술수준을 살펴보면, 생물화학과 바이오에너지 산업의 기술수준은 선진국 대비 50~70%로 타산업에 비해 선진국에 비교적 근접해 있으며 생물의약과 생물농업, 생물환경은 선진국 대비 약 40~60%수준이었다. 그리고 생물식품의 기술수준은 선진국 대비 약 30~50%로 가장 낮은 것으로 나타났다. <표 1-2>는 기

술 수명주기상에서 본 세부 품목의 기술수준을 보여주는데 생명공학기술 응용제품이 유전자재조합 단백질과 아미노산을 제외하고는 성장기나 도입기에 있음을 잘 나타내고 있다. 이는 생명공학기술의 응용산업이 전세계적으로 아직 산업화 초기 단계에 머물러 있음을 의미하며, 특히 국내의 경우에는 생물의약과 바이오식품 일부를 제외하고는 응용산업의 대부분이 아직 도입 초기에 머물러 있음을 알 수 있다.

표 1-2. 응용산업별 기술수준

구분			기술수준비교								기술수준 종합평가
산업	주요품목	국별	도입기		성장기		성숙기		쇠퇴기		
			初	末	初	末	初	末	初	末	
생물의약	유전자재조합 단백질	선진국					○				선진국 대비 40~60% 수준, 유전자 재조합기술 등 일부의 기초기술은 거의 선진국 수준에 도달하였으나 신물질탐색기술은 매우 부족한 실정.
		한 국					○				
	Chimeric antibody	선진국			○						
		한 국		○							
	Polyvalent vaccine	선진국		○							
		한 국	○								
	Gene therapy	선진국			○						
		한 국	○								
	Antisense drug	선진국			○						
		한 국	○								
생물농업	식물 품종개량	선진국	○								선진국 대비 40~60% 수준, 농업관련기술 대분분 초기단계에 있으나 산업응용의 높은 잠재력으로 발전이 기대되고 있음
		한 국	○								
	동물 품종개량	선진국			○						
		한 국	○								
	미생물농약	선진국		○							
		한 국	○								
	생물비료, 사료	선진국		○							
		한 국	○								
바이오식품	아미노산	선진국					○				선진국 대비 30~50% 수준. 응용과 개량기술이 전반적으로 낙후. 특히. 생산기술에서는 분리정제 기술이 미흡
		한 국					○				
	핵산	선진국			○						
		한 국			○						
	식품효소	선진국				○					
		한 국	○								
	기능성 감미료	선진국				○					
		한 국			○						
생물환경	미생물체	선진국				○					선진국 대비 40~60% 수준, 난분해성 물질의 처리기술 및 remediation 기술의 발전이 필요.
		한 국		○							
	Bioremediation	선진국			○						
		한 국	○								
	생물학적 폐수처리	선진국				○					
		한 국		○							

표 1-2. (계속)

구 분			기 술 수 준 비 교								기 술 수 준 종 합 평 가
산업	주요품목	국별	도입기		성장기		성숙기		쇠퇴기		
			初	末	初	末	初	末	初	末	
생물화학	생물고분자	선진국				○					선진국 대비 50~70% 수준. 정밀화학은 신물질탐색 및 미생물개량 기술이 중요하나 범용 화학은 공정기술 개발이 필요.
		한 국		○							
	공업용효소	선진국				○					
		한 국		○							
	향료, 색소	선진국			○						
		한 국	○								
	범용화학 제품	선진국			○						
		한 국	○								
바이오에너지	연료용 에탄올	선진국				○					선진국 대비 50~70% 수준, 안정적 공급이 가능한 산업기질의 실용화 연구개발이 필요.
		한 국	○								
	메탄발효	선진국			○						
		한 국	○								
	생물학적 수소생산	선진국		○							
		한 국	○								

자료 : 2000년대 첨단기술산업의 비전과 발전과제 - 생물산업. 산업연구원. 1994. 12.

2) 생명공학 시장의 현황과 전망

21세기의 핵심기반기술로 평가받고 있는 생명공학기술은 다양한 분야에 걸쳐 광범위하게 응용되며 이에 따른 산업성장 잠재력이 무한하다. 의약, 화학, 식품, 환경 등 분야에서의 새로운 기술의 개발로 신제품의 수가 증대되어 신규수요가 지속적으로 창출될 것이며, 그린라운드와 생물다양성 협약 등 환경구제 및 보호 정책의 강화흐름과 전반적인 생활수준 향상에 따른 복지부문에 대한 관심의 증대는 생명공학기술을 응용한 제품들에 대한 수요를 빠른 속도로 확대시켜 나갈 것이다. 미국의 A.D.Little사에 따르면, 생명공학 세계시장의 규모는 1992년도에 100억달러 규모였으며 2000년에는 1,000억달러, 2005년에는 3,050억 달러로 전망되고 있다<표 1-3 참조>. 이 중 미국이 가장 큰 시장규모를 형성하고 있는데 현재 약 50%를 차지하고 있으며 2000년에는 미국, 일본, 유럽 등의 시장이 대등할 것으로 예상되고 있다. 앞으로도 의약분야가 생명공학 시장을 주도할 것으로 예상되나 바이오식품과 농업, 환경분야들의 시장 성장도 주목할 만하다.

표 1-3. 생명공학 세계시장의 규모

분 야	1992년	2000년	2005년
생물의약	60	500	1,200
생물농업	8	100	305
바이오식품	9	127	578
생물환경	10	150	408
생물화학	8	70	244
바이오에너지	2	30	214
기 타	3	20	91
합 계	100	1,000	3,050

자료: 2000년대 첨단기술산업의 비전과 발전과제 - 생물산업, 산업연구원. 1994. 12.

신생명공기술이 국내에 도입하기 시작한 1980년대 초부터 시작된 정부와 기업 및 학계의 연구개발 노력의 결과로 생명공학기술의 기반이 상당히 축적되어 왔다. 이러한 기술기반의 축적에 따른 신제품 도입능력의 확대와 더불어 국민의 생활수준 향상과 환경규제 강화에 따른 보건 복지 및 환경에 대한 관심의 증대로 1990년대 들어 생명공학 관련 제품의 시장은 급속히 신장하고 있다.

3) 주요 응용산업의 현황과 전망

생명공학기술의 응용범위는 현재 실용화가 가장 활발하게 이루어지고 있는 의약품분야를 비롯하여 실로 무궁무진하다고 볼 수 있다. 예컨대 농업분야에서는 내한성, 내병충해성, 혹은 특정 제초제에 내성을 갖는 품종의 작물을 개발할 수 있어 향후 농업분야의 생산성 향상에 기여할 수 있다. 축산분야에서도 생명공학기술을 이용하여 품종개량도 가능할 것이며 또 동물성장 호르몬 등을 이용하여 축산분야의 생산성을 획기적으로 향상시킬 수 있으리라 예측된다.

실제적인 예를 들면 1993년 11월 미국 식품의약국(FDA)에서는 소 성장 호르몬(bovine somatotropin)의 판매를 허가하였는데 이것은 생명공학기술을 이용한 동물약품으로 젖소에 적용하면 산유량이 20% 정도 향상되는 효과가 있기 때문에 축산농가의 생산성 향상을 가져올 수 있는 획기적인 계기가 될 수 있을 것이다. 또한 화학공업분야에서도 산업효소, 아미노산 생산 등에 있어서 생명공학기술을 이용하여 생산성 향상을 도모하고 있으며 환경문제 역시 생명공학기술을 이용하여 특정 유해물질의 분해 특성을 갖는 균주를 개발하여 해결하려 하고 있다. 그밖에 식품, 에너지, 자원분야 그리고 바이오센서(biosensor), 바이오칩(biochip) 등 많은 응용분야가 있다.

그러나 의약품분야를 제외하고는 일부 실용화되어 가는 추세이기는 하나 아직도 기술 및 경제성에 다소 문제가 있어 활발한 실용화까지는 시간이 더 필요한 것으로 예상이 된다. 그러나 농업분야나 에너지분야 등이 실용화되어 보편화된다면 그 잠재력은 어마어마하다고 볼 수 있다. 이에 비해 의약품분야는 현재 상업화가 가장 활발히 진행되고 있는 가장 앞선 분야라 할 수 있다.

가. 의약 분야

질병의 두려움으로부터 해방되고자 하는 인류의 소망은 질병의 진단, 예방, 치료 등 의료분야에서 많은 진보를 가져왔다. 질병의 치료에 필수적인 의약품은 이제까지 동·식물과 미생물 등의 천연물에서 분리하거나 화학적 합성 방법으로 만들어 왔으나, 최근에 들어서는 생명공학기술을 활용하게 됨으로써 이제까지 손쉽게 얻을 수 없었던 생물학적 물질들을 의약품으로 만드는 단계에 진입하게 되었다. 이에 따라 많은 제약기업들이 생명공학을 이용한 의약품 생산에 참여하고 있다.

특히 항생제와 재조합 DNA기술에 의해 생산되는 많은 단백질제제 그리고 단일클론항체를 이용한 치료제 개발 등을 비롯하여, 최근 gene therapy, antisense drug, ribozyme 등과 같은 새로운 치료방법이 생명공학기술에 의해 응용되고 있다. 백신분야, 진단시약 분야에서도 끊임없는 발전이 이루어지고 있는데, 백신의 경우에는 유전공학기법, 펩티드합성법, anti-idiotypic antibody 제조법 등이 이용되고 있으며 진단시약의 경우에는 단일클론항체, DNA-probe, recombinant DNA-antigen, Dio(dot immunoassay) 기술 등이 이용되고 있다. 더불어 생명공학기술은 이미 AIDS 연구의 핵심이 되어왔고 암연구에 있어서도 의약화학과 함께 중심적 역할을 담당하고 있다. 또 감염성질환, 과민성 자가면역질환 등의 치료제 개발이나 치료법 연구, 질환 발병과정 연구에도 생명공학기술이 핵심적 역할을 하고 있다.

나. 농업분야

생명공학기술이 세계 식량문제의 해결에 중요한 역할을 담당할 것은 분명하다. 생명공학기술은 식물종자의 질을 개선하거나 단백질과 같은 곡물의 영양소 함량을 증가시킬 수 있으며 가뭄, 홍수, 고온에서의 내성뿐만 아니라 각종 질병이나 해충, 바이러스에 저항성이 강한 작물을 개발하는데 이용될 수 있다. 그리고 지금까지 해결하지 못한 가축의 질병 문제의 해결과 신품종 가축의 생산을 통한 생산성 향상을 이룩하는 데에도 생명공학기술은 유용하게 이용될 수 있다.

식물관련 산업의 경우 종묘, 농작물 및 식물유래 유용물질의 생산에 생명공학이 이용되어 제품의 품질과 공급의 안정화에 기여하고 있다. 예를 들어, 종묘산업에서는 화훼류를 중심으로 식물조직배양에 의한 크론단위 생산이 실용화되고 있는데 그것은 유통량은 화훼종묘시장 전체의 약 25%를 차지하고 있다. 미 Calgene사는 1994년 세계 최초로 형질전환기술로 숙기조절이 가능한 '슈퍼 토마토'를 개발하여 상품화에 성공하였으며 상업화에 성공하기도 하였다. 이외에 옥수수, 면화 등 10여종을 웃도는 유전자 조작된 작물들이 상업화되거나 상업화 중에 있다. 그리고 일본에서도 1996년에 제초제 및 해충 저항성을 갖는 유전자 조작된 작물 7종이 식품안전성 평가를 통과했다.

한편 동물생명공학기술도 1980년대부터 분자생물학기술과 접목되어 가축개량 및 생산성 향상을 위해 적극적으로 이용되기 시작하여 고품질 축산물을 생산하기 위한 형질전환 가축의 개발연구가 활발히 진행되고 있다. 또한 인간질환 모델동물로서 형질전환가축의 개발과 일시적 인공장기 기능을 할 수 있는 형질전환동물의 개발 그리고 대형동물의 ES 세포주 개발 및 이를 이용한 가축의 개량연구도 활발히 이루어지고 있다. 그러나 동물생명공학의 경우 어느 정도 산업화의 결실을 가져오고 있는 식물생명공학의 경우와 달리 본격적인 산업화단계에 접어들지 못하고 있으며 대부분이 개발단계에 머물러 있다.

국내의 조직배양기술을 이용한 종묘생산은 세계적인 수준이며 재조합 DNA기술을 이용한 신품종개발과 세포배양기술을 이용한 물질생산에서도 가시적인 성과가 나타나고 있어 식물생명공학관련 산업의 전망은 매우 밝은 것으로 평가되고 있다. 특히 난, 거베라, 카네이션, 안개꽃 등 원예식물에서는 매년 수백만 개체가 생산되고 있으며 무균의 인공씨감자의 대량생산 기술은 국내시장은 물론 세계시장의 상당부분을 확보할 수 있으리라 기대되고 있다. 최근에는 무균 인공씨마늘의 대량생산에 관한 연구도 성공적으로 수행되어 실용화 단계에 있으며 항암물질인 탁솔을 세포배양을 통해 생산하는 연구결과가 보고되기도 하였다. 그리고 재조합 DNA기술을 이용한 품종개량에서는 virus-free 담배, 고추, 페츄니아 등이 개발되어 실용화가 추진되고 있다.

다. 환경분야

생명공학은 미생물과 처리공정을 이용하여 사회 경제적으로 유익한 환경정화 및 복구를 달성하기 위해 이용될 수 있다. 환경문제 해결의 열쇠는 환경기술 개발에 있으며 앞으로 환경기술은 첨단생명공학의 접목에 의하여 급속히 발전할 것으로 예상된다. 그리고 지구환경파괴에 대한 관심이 고조되면서부터 지구환경보전이 금세기 최대의 과제로 부상한 가운데 '지속적 개발(sustainable development)'을 위해 UNCED를 중심으로 범지구적 협력체제를 구축하고 있다.

1992년 브라질의 리우 데 자네이로에서 개최된 UN환경회의를 계기로 세계는 지금 '지구 살리기 운동'에 큰 관심을 기울이고 있다. 이 지구환경의 문제는 단순한 환경보전 차원을 넘어서 국제경제와 무역에도 지대한 영향을 미치기에 더욱 세계의 관심이 쏠려 있으며 세계각국은 현재의 공해배출 산업구조를 환경보전적 산업구조로 전환해야 하는 문제에 직면해 있는 것이다.

선진국의 경우 제1세대 환경기술인 오염방지기술의 개발을 완료한데이어 제2세대 기술은 청정기술에 박차를 가하고 있으며 최근에는 생명공학과 우주기술을 환경기술에 접목시킨 제3세대 미래형기술에 관심을 갖고 연구 중에 있다. 미국의 경우 화학물질 자체를 무공해 또는 저공해화하여 환경오염을 근원적으로 제거하기 위한 청정물질의 개발에 주력하고 있다.

라. 화학분야

화학제품 생산을 위한 대부분의 화학공정은 고온, 고압 하에서 진행되어 에너지가 많이 소요되고 배출되는 다량의 난분해성 독성물질들로 인해 심각한 환경공해를 일으키고 있다. 이에 반해 생명공학기술을 이용한 화학제품의 생산은 상온, 상압 하에서 진행되기 때문에 에너지절약이라는 측면에서 우선 유리하며 일부 예외도 있을 수 있으나 생물공정으로부터 생산되는 물질들은 생분해성이므로 이들의 축적으로 인한 환경오염은 크게 문제가 되지 않는다. 특히 최근 들어 공해유발요인이 없거나 적은 환경 친화성 기술인 녹색기술(green technology)이 전 산업분야에 걸쳐 강조되고 있는 것이 세계적인 추세이다. 따라서 화학산업에 있어서 생명공학 기술을 이용한 저공해 대체기술은 물론 신규기술의 개발에 대한 수요는 날로 증가하고 있다.

선진 각국에서 경쟁적으로 연구개발이 수행되고 있는 생체 및 생물촉매이용 생물전환기술의 개발은 주로 생물화학제품의 고부가가치화에 주력하고 있다. 그동안 수행된 연구개발 실적 중에서 가장 괄목할만한 실적으로는 스테로이드, 스테롤, 비타민C, prostaglandin, 항생물질의 변환 및 전환기술의 개발이며 최근에 들어서는 재조합 DNA 기술의 발전과 생체 대사분석 연구의 확대, 생물반응기 개발연구의 진전으로 연구개발과 이의 실용화가 가속화되고 있는 상황이다.

4) 21세기 생명사회(Biosociety) 전망

가. 과학기술의 급속한 발전은 21세기에 접어들어 인류의 삶을 현재보다 질적인 차원에서 훨씬 풍요롭고 쾌적하게 변화시킬 것으로 예측됨. 특히 생명과학기술의 발전과 전

자·정보·기계 산업기술 등의 접목은 이와 같은 삶의 질적 변화를 유도할 핵심요소가 될 것으로 보임. 미래 예측의 관점에서 바라 볼 때 21세기에 들어 생활패턴이 어떻게 바뀌어 질 것이며, 생명과학기술이 어떻게 기여할 것인가를 다음과 같이 전망할 수 있다.

나. 우선 각종 난치질병으로부터의 해방이 예상될 수 있음. 현재 인류가 당면한 가장 큰 난치병인 암에 대해서는 현재 암 유전인자 규명 및 발암메카니즘 등에 관련된 연구가 꾸준히 이루어지고 있으므로 새로운 메카니즘에 의한 암(예방) 치료약의 개발과 실용화가 2030년쯤 이루어 질 수 있을 것으로 전망되고 또 전세계적으로 급속히 확산되고 있는 후천성면역결핍증(AIDS)를 치료하고 예방할 수 있는 신약이 2020년이면 실용화될 것으로 보인다.

다. 각종 질병의 예방 및 조기진단, 치료가 쉽게 이루어지게 됨에 따라 인간수명의 연장이 필연적으로 뒤따르게 되고 생활의 여유를 즐기려는 젊은층들이 출산을 기피함에 따라 이른바 고령화사회가 이루어질 것으로 전망됨. 생명과학기술의 발달은 노화현상의 해명과 관련된 기초연구의 활성화와 더불어 노화를 지연, 젊음을 보다 오래 지속시킬 수 있는 노화조절물질의 발견이 21세기 말에는 이루어질 수 있을 것으로 보임. 노인성치매증(알츠하이머)의 예방 및 치료방법은 2020년 이전에는 실용화될 것이며, 뇌 연구의 진전으로 인간 두뇌에 있어 기억의 축적, 검색을 위한 메카니즘이 해명됨으로써 두뇌의 사고 과정을 묘사한 인공지능기술의 확립도 이때쯤이면 이루어질 수 있을 것으로 전망됨. 2010년경이면 생물의 감각기관과 컴퓨터와 결합기술이 확립되어 수위 바이오콤퓨터의 등장이 곧 이루어 질 것임. 이것은 2005년 경에 개발된 바이오소자(예: 단백질 트랜지스터)의 응용에 의해 가능한 것이다.

라. 농업부문에서의 생명과학기술의 응용은 전 지구적 차원의 식량난 해결에 크게 기여할 것임. 2010년 이전에 다수확의 질병저항성 농작물의 개발 보급으로 곡물생산성의 획기적 증대가 가능하게 될 것이며, 그 이전이라도 2005년경이면 토마토, 오이, 가지 등 야채작물을 무균하우스 내에서 재배, 그 성장이나 숙성도를 자동조절, 자동수확·포장하는 야채공장이 보급될 것임. 생물농약(천적미생물, 페로몬 등)의 보급 실용화로 병충해 방제를 위한 시스템이 농작물마다 확립됨에 따라 인체에 유독하고 공해를 유발하는 화학합성농약의 사용이 대폭 감소하여 누구나 안심하고 먹을 수 있는 채소·과일이 출하될 것임. 이와 함께 새우 또는 오리의 동작을 닮은 소형 제초작업 로봇트의 개발로 농가 노동인력의 감축이 가능한가 하면 벌을 닮은 소형 로봇트가 바이오미메틱스기술에 의해 개발되어 농작업 지원기계로 실용·보급됨으로써 과수 농업도 적은 인력으로 높은

소득을 얻게 될 것임. 또한 포유동물의 수정란 및 초기배에의 유전자 도입에 의한 가축의 품종개량이 이루어져서 내병성, 다산성의 가축이 실용화될 것임. 수산업에 있어서도 참돔, 넙치 등 고급 어종을 위한 대량 양식시스템이 보급되어 양식 수산지원이 어업생산의 주요 부분을 차지하게 될 것으로 전망된다.

마. 식품공업에 있어서도 미각센서와 함께 조직의 특성을 감지할 수 있는 씹기센서가 활용된 일반적 용도의 식미측정기의 개발이 이루어져 입맛별로 차별화 된 식품의 개발이 2005년경이면 가능할 것으로 전망됨. 이와같은 기술은 생체정보센서의 개발로 이어져서 2010년 이전에 농축수산부문에서 생육진단, 생육예측의 자동화기술이 실용화될 것으로 예측된다.

바. 20세기 말은 전지구적 환경오염문제가 심각한 양상을 띠게 되나 21세기 초에 들어서서는 오존층 파괴와 산성비의 원인 등이 보다 구체적으로 해명되고 이에 대한 대책이 수립되어 오염확산의 속도가 대폭 지연되게 될 것임. 이와 함께 생명과학기술을 활용한 소형 간이 폐수처리시스템이 개발되어 난분해성물질 및 유해물질이 고효율로 처리되어 강과 하천의 오염이 급속히 줄어들 것이며, 깨끗한 식수원을 보존하게 될 것임. 이와 같은 성과는 2005년경 호수나 연안해수의 청태, 적조 등을 야기 시키는 조류를 직접 분해 또는 포식 분해하는 세균이나 미세원생동물을 이용하여 수질개선 바이오리액터가 개발, 실용화됨으로써 더욱 촉진될 것으로 보이며 유조선 등의 사고로 오염된 바다도 해양미생물을 이용한 오염방지기술이 개발됨으로써 단시간내 처리가 가능하게 될 것이다.

사. 대기중 이산화탄소의 증가에 따른 지구온난화 문제도 이산화탄소 발생 억제를 위한 전지구적 협정에 힘입어 급속히 개선됨과 동시에 2010년 경에는 광합성 효율을 유전공학적으로 개선시킨 조류의 개발로 이산화탄소 고정화기술이 실용화됨에 따라 거의 해결될 것으로 전망됨. 또, 각종 자동차의 연료로서 휘발유나 디젤유 대신 청정연료인 수소가 사용됨으로써 배기가스의 오염문제는 해결의 실마리를 찾게 될 것으로 보임. 생물학적 수소의 생산은 광합성 세균 등을 이용한 바이오리엑터에 의해 고능률로 생산이 이루어지게 되나 기술적 문제와 함께 기존 화석에너지와의 경제성 비교에 따라 실용화는 2050년 경 쯤에나 이루어 질 것으로 전망됨. 이와 같이 바이오에너지의 실용화는 산업경제에 매우 큰 영향을 미칠 수 있게 되는 바 기존의 휘발류엔진이 모두 수소엔진으로 대체되는 경우 막대한 수요가 발생함은 물론 화력발전의 연료를 수소로 대체함으로써 값싸고 깨끗한 전력생산이 가능하게 되어 기계공업이나 가전산업이 모두 크게 활성화될 것으로 전망됨. 또 이러한 수소에너지는 클린에너지로서 지구환경에 대한 임팩트도 매우 크리라는 것은 자명한 일이다.

아. 이상은 생명과학기술의 발전에 따른 21세기 미래사회의 변화 모습을 개략적으로 전망한 것에 불과함. 그러나 이와 같은 상황만이라도 우리의 인간생활 자체가 생명과학기술의 발전에 따라 그야말로 심대한 변화를 겪게 될 것이라는 느낌을 갖는 데에는 부족하지 않을 것으로 생각됨. 과학발전 및 기술개발의 속도에 가속도가 붙는 경우 이와 같은 예측들이 보다 더 빨리 현실로 다가오게 될 수도 있겠거니와 우리 모두 21세기를 맞이함에 있어서는 기술개발과 함께 생명의 존엄성이 무엇보다 우월한 가치로 존중되는 「생명사회(Biosociety)」로 가꾸어 나갈 수 있도록 윤리적·도덕적 기반도 아울러 구축해 나가는 노력이 무엇보다도 절실히 요구된다 하겠다.

제 2 장
식물자원과 생약자원

제1절 한약재 및 생약자원

1. 한약재 및 생약의 개념

한약재(韓藥材)는 생약(生藥)과 함께 '한약(韓藥)의 원료 또는 재료'라는 의미를 가지고 있다. 그러나 생약이나 한약, 또는 약용작물과는 무엇이 어떻게 다른지에 대해서는 사용자들에 따라 상당한 괴리가 있다. 일부에서는 이와 같은 혼란을 최소화하기 위해 "한약재라 하지 말고 차라리 약용작물이라고 표현하는게 옳다"는 주장까지 하고 있다. 그러나 의약품의 개념에서 한약재를 제외하여 순수하게 농산물로 취급하자는 주장은 자칫하면 기능성을 가진 특수농산물로써 '한약재'란 주요한 상품에 대한 소비자들의 인식 틀을 허물어 버릴 수도 있기 때문에 보다 신중하게 접근할 필요가 있다.

한약재란 법적으로 어떻게 정의되고 있는가? 「한약재 품질 및 유통 관리규정」 제2조 제1호, 「약사법」 제2조 제5항 또는 제6항의 규정에 의하면 한약재(韓藥材)란 '한약 또는 한약제제를 제조하기 위하여 원료로 사용되는 생약'을 의미한다.

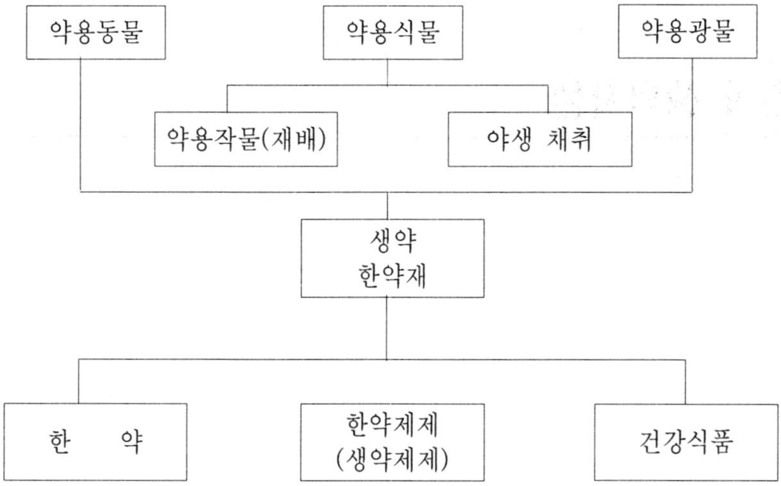

그림 2-1. 한약재 및 생약의 개념

여기서 '생약이란 가공하지 않은 상태로써 통상 충분히 건조된 것(한약재 품질 및 유통관리규정 제28조 부칙)'으로 흔히 한약의 원료 또는 한약재와 동일한 의미로 사용되고 있다.

한편 한약(韓藥)이란 「약사법」 제2조 제5항에 의해 '동·식물 또는 광물에서 채취된 것으로서 주로 원형대로 건조·절단 또는 정제된 生藥'을 의미한다. 이와 유사한 의미로 한약제제(韓藥製劑)란 용어를 사용하기도 하는데 이는 「약사법」 제2조 제6항에 의해 '한약을 韓方原理에 따라 배합하여 제조한 의약품'을 뜻한다.

따라서 한약재는 한약의 원료가 되는 약재(藥材)로 비록 형태는 유사할지 모르지만 한약제제나 한약, 그 자체와는 구분되는 개념이다. 그러면 생약은 무엇인가? 엄밀한 의미에서 생약이란 가공하지 않은 상태의 한약재이지만 일반적으로 건조한 약용작물과 동일한 의미, '생약제제의 준말', 또는 '천연물로 만든 의약품'이란 개념으로 다양하게 사용하기 때문에 생약과 한약간에는 다소 혼동의 여지를 남기고 있다.

한약재 또는 생약 중 어느 용어를 사용하던 이는 한약, 또는 한약제제의 원료로써 식물성은 물론 동물성과 광물성까지 포함하는 개념이다. 단지 차이가 있다면 일부 소비자들이 한약재는 건조, 절단을 거친 한약의 재료이지만 생약은 그 전단계, 즉 건조하지 않거나 혹은 건조 후 절단하지 않은 상태의 한약재로 인식하고 있다는 점이다.

우리나라에서 생육하고 있는 식물의 종류는 약 40만종으로 추정하고 그 중 약 1/3이 약용이 가능한 식물이라고 알려져 있다. 그 가운데서 자생종 5,300종중, 3,140종을 약용작물의 유전자원으로 분류하고 있다. 여기서 품종의 개념인 것을 제외하면 2,220종(식물학사전, 송주택)이며, 보다 엄밀한 의미에서 생약 기원식물은 약 950여종(육창수)에 이르는 것으로 알려져 있다. 한편 세계적으로 알려진 약물의 종류는 약 3,000여 종에 이르고 있으나 우리나라 한의계에서 주로 사용하고 있는 약재는 식물성 290종, 동물성 130종, 광물질 39종 등 400여종에 이르고 있다.

생물적 측면에서 식물성 한약재는 초본류와 목본류로, 초본류는 다시 1년생과 2년생 및 다년생으로, 목본류는 다시 상록수와 활엽수로 각기 구분된다. 한편 생약이용이란 측면에서 보면 나무나 껍질, 뿌리, 잎, 꽃, 열매, 종자 등 이용부위가 다양함을 알 수 있다. <표 2-1>

표 2-1. 식물성 한약재의 생물적 및 생약이용적 측면의 종류

구 분				해 당 품 목
생물적 측면	초본류	1년생		결명자, 의이인, 형개, 소엽
		2년생		양귀비, 홍화
		다년생	숙근초본	감초, 작약, 황기, 황금, 당귀, 시호, 길경
			구근초본	패모, 반하, 택사
			근경류	지모, 삽주, 향부자
	목본류	상록수		편자, 동백, 비파, 감귤
		낙엽수		목단, 산수유, 황백, 두충, 산사
생 약 이 용 측 면	목 류			소태, 으름덩쿨
	피 류			두충, 목단, 오갈피, 황백, 후박
	근경류			맥문동, 반하, 석창포, 지모, 천궁, 택사, 패모, 향부자,황련
	근 류			길경, 당귀, 박풍, 백지, 시호, 작약, 지황, 황기, 황금
	엽 류			구기엽, 감차, 디기탈리스, 다루라엽
	화 류			괴화, 사프란, 신이, 홍화, 제충국
	과실류			구기자, 산수유, 연교, 오미자, 편자, 회향
	종자류			결명자, 산조인, 의이인, 행인
	전초류			박하, 형개, 마황,소영, 당약

'대한약전'의 생약관련 규정에 의하면 "생약은 동식물의 약용으로 하는 부분, 세포내용물, 분비물, 추출물, 또는 광물"을 말하는데 제조하는 방법을 기준으로 보통 전형생약(全形生藥), 절단생약(切斷生藥), 그리고 가루생약으로 구분하고 있다. 전형생약은 그 약용으로하는 부분을 건조하고 또 간단한 가공을 한 것을 말하며, 절단생약은 전형생약을 작은 조각 혹은 작은 덩어리로 절단 혹은 파쇄한 것, 그리고 가루생약은 전형 혹은 절단생약을 조말·중말·세말, 또는 미세말로 한 것을 의미한다. 어느 것이든 별도의 규정이

없는 한 생약은 60도 이하에서 건조한 혼합물이나 이물질이 없는 것으로 사용해야 하며 습기 및 충해를 피해 보존하도록 되어 있다.

한약재의 경우 기본적으로 선별, 이물질제거, 세척 건조, 정선과정을 거치는 단순가공과 한약재를 분말로 하거나 엑기스를 추출하여 약품이나 식품으로 사용하는 중간형태의 가공, 그리고 특수한 약용성분을 추출하여 의약품으로 만드는 고차가공으로 대별할 수 있을 것이다. 이 경우 한약과 한약재의 구분이 모호해지는데 일반적으로 생약과 같은 의미인 단순가공품으로써 한약재라고 할 때는 제조방법상 <표 2-2>와 같은 구분이 가능하다.

표 2-2. 제조방법상 한약재의 종류

<table>
<tr><th colspan="2">구 분</th><th>제조방법</th><th>대상품목</th></tr>
<tr><td colspan="2">전형생약</td><td>선별, 이물제거, 세척,(씨앗제거), 건조, 정선, 포장</td><td>감국, 구기자, 산수유, 산조인, 행인</td></tr>
<tr><td colspan="2">절단생약</td><td>선별, 이물질제거, 세척,(거피/거모), 건조, 절단, 건조,정선, 포장</td><td>갈근, 감초, 건강, 계지, 계피, 곽향(배초향), 당귀, 도인, 마황, 반하, 복령, 산약, 시호, 육계, 작약, 저령, 진피, 향부자, 황금, 황기, 황련, 황백</td></tr>
<tr><td rowspan="5">기타</td><td>신 곡</td><td colspan="2">백곡, 적소두, 행인, 청고즙, 칭이즙, 야보즙 등 생약재를 혼합하여 4일 이상 발효시킨후 건조하여 절괴</td></tr>
<tr><td>숙지황</td><td colspan="2">선별, 이물질제거, 세척, 주침(곡주;3시간 이상), 찜(8시간 이상), 건조(85% 이상) 공정을 3회 이상 반복하고 정선, 포장</td></tr>
<tr><td>포부자</td><td colspan="2">선별, 이물질제거, 세척, 거피, 절단, 침수, 혼합(부자, 감초, 흑두), 건조, 절단, 정선, 포장</td></tr>
<tr><td>천 궁</td><td colspan="2">선별, 이물질제거, 세척, 침수(10시간 이상), 절단, 건조, 정선, 포장</td></tr>
<tr><td>후 박</td><td colspan="2">선별, 이물질제거, 연화(수증기 통과), 절단, 건조, 정선, 포장</td></tr>
</table>

한약재를 이용하여 가공식품으로 조제할 경우 현실적으로 「식품위생법 제7조(기준과 규격」 및 「식품공전」의 규제를 받게 된다. 먼저 율무(곡류), 명일엽(엽경채류), 마(근채류), 비파·으름·모과(과실류), 육두구·계피·회향·정향·박하·몰약·계지(향신식물), 감초(감미식품), 결명자·구기자·두충·오미자·당귀·치커리·오가피·컴프리(기호식물), 도라지·더덕·두릅·쑥·둥글레·산딸기·칡(야생식물)은 식품원료로 사용할 수 있는 한약재이다. 그러나 <표 2-3>에서 포함된 동식물은 식품제조·가공 등의 원료로 사용할 수 없거나 부원료로서 최소량만 사용하도록 되어 있다.

한약재의 경우 성분이나 효능에 따라 그 용도가 결정된다고 할 수 있다. 한약재의 용도에는 순수하게 의약품으로 사용되는 것과 식품으로 사용되는 것, 그리고 그 중간형태의 것으로 대별할 수 있을 것이다. 극단적으로 부자, 아편, 천남성, 천오, 초오 등과 같이 독성이 강하기 때문에 오·남용에 의한 藥禍事故의 우려가 큰 품목이 있는가하면 비록 한약재에 포함되어 있지만 오히려 식품으로 더 많이 이용되는 대추, 길경(도라지), 사삼(더덕)과 같은 품목도 동시에 포함되어 있다. 농산물 또는 식품으로 간주되어 왔더라도 법적으로 의약품으로 엄격한 가공 및 유통상의 규제를 받게 된다. 현실적으로 생산자단체에서 두충이나, 황기, 당귀, 산수유, 산약 등을 원료로 이용하여 건강음료나 차로 가공해 왔으나 한약재가 가진 약리적 효능에 대한 관심이 확대되면서 건강식품으로 가공수요도 늘어나고 있어서 앞으로 의약품이냐 아니면 식품이냐를 판단하는 것이 매우 중요한 문제가 될 것으로 예상된다.

표 2-3. 식품제조 가공의 원료로 사용이 제한된 한약재

구 분	해 당 품 목
식품원료로 상용할 수 없는 동식물	고삼, 도인, 동충하초, 목향, 여정실, 유백피, 음양곽, 차전자, 천마, 토룡용, 행인, 향부자, 홍화, 기타 약리작용과 효과만을 목적으로 사용하는 동식물
부원료로서 최소량만 사용할 수 있는 동식물	구판, 노루귀, 녹각, 녹용, 달개비, 백봉령, 복분자, 사상자, 사인, 산사자, 삼백초(어성초), 삽주뿌리, 석창포, 숙지황, 원지, 천궁, 측백엽, 토사자, 하수오 등

표 2-4. 일본의 한약재 분류

<table>
<tr><th colspan="2">구 분</th><th>대 상 품 목</th><th>적 용 범 위</th></tr>
<tr><td rowspan="3">성 분
본질상
의약품</td><td>오직 의약품으로 사용</td><td>항생물질, 소화효소외 갈근, 녹용, 당귀, 지황, 음약곽, 익모초, 해구신, 작약, 부자 등 136종</td><td>이 분류에 속하는 성분이 배합 또는 함유되어 있으면 의약품으로 분류</td></tr>
<tr><td>주로 의약품으로 사용</td><td>비타민, 미네랄, 아미노산외 감초, 계피, 고려인삼, 진피 등 66종</td><td rowspan="5">① 의약품적 효능 효과를 표방하는 것

② 형상 및 용법용량이 의약품적인 것</td></tr>
<tr><td>통상 식품으로도 사용</td><td>산유, 효모, 생강, 유산균, 봉밀, 목과, 국화, 대두레 시립, 산약, 생강, 로얄제리 등 27종</td></tr>
<tr><td rowspan="2">관행상
의약품
적효능
기 대</td><td>통상 식품이 아닌 것</td><td>솔잎, 식물성효소, EPA, DHA 핵산(DNA,RNA), 게르마늄, 코브라, 영지, 유카리엽 등 40종</td></tr>
<tr><td>통상 식품으로 사용</td><td>해초, 소맥배아, 자라, 올리브유, 클로레라, 월견초유 등 49종</td></tr>
<tr><td colspan="2">사회통념상 의약품이나 식품으로 인정되지 않는 것</td><td>석가루, 재등 3종</td></tr>
</table>

자료: 이정석, 「생약 등 관리현황」, 1996.

미국의 FDA는 「연방건강식품보건 및 교육법(일명 해치·하킨스법; 1996. 10)」에 의해 기존의 약품(Pharmaceutical)과 건강식품(Nutritional)의 2분류 방식에서 탈피하여 한약재 등 약리적 효능을 가진 식품을 별도의 건강약품(Nutraceutical)으로 3분하는 작업을 추진 중에 있다.

한편 일본의 경우 천연물을 용도별로 <표 2-4>과 같이 6개의 유형으로 분류하여 관리함으로써 의약품과 식품을 엄격하게 구분하고, 무분별한 사용에 따른 오·남용의 가능성을 최소화하였다. 10여년전 농산물 기원의 한약재에 대해 식품인지, 의약품인지에 대한 논쟁이 있었으나 국민의 질병치료의 목적으로 사용되는 생약에 대해서는 의약품으로 관리함으로써 의약품제조업소외에서는 생약을 제조, 판매할 수 없도록 하였다. 따라서 농산물 상태인 농민이 보유하는 한약재는 병원이나 약국 등에 직접 판매할 수 없도록 되어있다.

2. 한약재의 분류

우리나라에서 法的으로 인정하고 있는 한약재는 「대한약전(개정고시: 1987. 4. 22)」에 수록된 한약재 130개 품목과 「대한약전외 생약규격집」에 수록된 한약재 384개 품목 등 514개 품목이다. 514종의 전체 한약재 중 식물성 약재가 428종으로 대부분을 차지하고 그 밖에 동물성 약재가 55종, 광물성 약재가 31종으로 구성되어 있다.

식물성 약재는 균류 4종, 해조류 3종, 고등식물 421개 품목(395종)등 428개 품목으로 전체 식물성 한약재중 102종은 국내에서 전혀 생산이 불가능하고 나머지 326종은 재배가능한 것으로 알려져 있는데 이 중에서 상업적으로 농가에서 재배가 이루어지고 있는 것은 대략 119종이다. 상업적으로 재배가 이루어지고 있는 식물성 한약재 119종 중에서도 67종은 한약재로서보다는 주로 식용으로 이용되고 있어서 엄밀한 의미에서의 한약재로 농가에서 재배되고 있는 것은 대략 50여종에 불과한 것으로 파악되고 있다. <표 2-5>

표 2-5. 우리나라의 藥典에 규정된 한약재의 종류

구분	식 물 성 약 재					동물성 약 재	광물성 약 재	합 계
	상업적재배	재배가능	재배불가능	기 타	소 계			
대한약전	49(16)	40	33	(1)	122	8	-	130
대한약전외 생약규격집	70(51)	167	69	-	306	47	31	384
합 계	119(67)	207	102	(1)	428	55	31	514

주: ( )내는 한약재보다는 타 용도가 오히려 큰 품목임.
자료: 이승택(작물시험장), 「약용작물 재배기술연구 현황과 재배생산」, 1995.

표 2-6. 한약재의 수요량 규모 및 공급형태별 종류

수요량 (MT)	전량 국산	생산 및 수입		전 량 수 입
		국산위주	수입위주	
1,000 ~	당귀, 구기자 독활,두충,작약,천궁,향부자,황기(8)	길경,백출, 사삼,산약, 애엽,의이인 (6)	갈근,복령,황정 (위유옥죽),지황(4)	감초, 계피, 계지, 사인, 산사자(5)
500 ~999	택사,하수오, 치자(3)	오미자,은행잎(2)	결명자(1)	용안육, 진피(귤껍질), 창출(삼주),홍화(4)
100 ~499	강활,맥문동, 방풍,백지,산수유,황금(6)	목단(피),시호,오배자 (3)	인동(금은화), 백두구,복분자, 석창포,세신(쪽도리풀),속단, 승마,오가피, 위령선,음양곽, 인진호,제니,천마,천문동,황백, 후박(16)	건강, 곽향, 구척, 도인, 마황(근), 목향, 반하, 보골지, 부자, 빈랑자, 산조인, 상백피(뽕나무껍질), 소엽, 연자육, 오약, 우슬, 원지, 유백피, 육종용, 지각, 지실(탱자), 차전자(질경이), 천남성, 초두구, 토사자, 파극, 행인(살구씨), 현호색, 형개, 황련, 회향(31)
50 ~99		지모(1)	고본,고삼,괄루근(인),만삼(4)	감국(국화), 내복자, 단삼, 방기, 백자인(측백씨), 백편두, 봉출, 석곡, 쇄양, 익모초, 익지, 자원, 저령, 지골피, 청피, 초과, 하천무, 해동피, 현삼 (19)
10 ~49	구절초,남성, 패모(3)	대추,목과, 생산약,용담 (4)	만형자,산초,전호,자유(4)	가자, 갈화, 강황, 고량강, 개자, 검인, 계혈등, 골담초근, 골쇄보, 관동화, 금앵자, 대계, 대복피, 대황, 두충엽, 맹충, 모근, 목통(으름덩쿨), 몰약, 박하, 반변연, 백과, 백화사설초, 부평, 비파엽, 배해, 사상자, 삼릉, 상기생, 생지황, 선퇴, 소목, 소자, 스코폴리아, 시라자, 시엽, 신이화, 아선약, 여정실(광나무열매), 연교, 오두, 오매, 오수유, 옥촉서예, 우방자, 유향, 육계피, 육두구, 자근, 정향, 조각자, 조구등, 죽여, 진교, 질려자, 창이자, 천련자, 초오, 포공령, 포황, 하고초(꿀풀), 흑축, 흑지마(63)
5 ~9.9	남탕근,명일엽,현지초(3)	목적,백두옹 (할미꽃)(2)	지부자(1)	계엽병, 괴화, 구자, 등심초(골풀), 백미, 백부근, 백선피, 백합, 부소맥, 상엽, 선모, 선복화, 센나엽, 용뇌, 욱이인, 정공피, 정력자, 지구자, 천초근, 후추(20)
합 계	23	18	30	142

주: 밑줄부분은 최근 전량수입하고 있으나 국내에서 자생.

자료: 국내재배 한약재는 농림부(1995~97), 야생채취한약재는 한국생약협회(1995~96), 수입 한약재는 한국수출입의약품협회(1995~97) 자료.

한편 1995~97년 기간에 거래된 506개의 한약재중 연간 5톤 이상 소비된 한약재는 모두 215개 품목이다. 이를 소비규모별로 보면 당귀·길경·감초·작약 등이 4천톤 이상으로 많은 량을 소비하고 다음으로 황기·사삼·의이인·지황·천궁·산약·계피·두충이 대략 2~4천톤, 복령·갈근·애엽·황정(둥글레)·향부자·독활·산사자·구기자 등이 1천~2천톤을 각기 소비하고 있다. 이 밖에도 택사·하수오·치자·오미자·은행잎·결명자·용안육·진피·창출·홍화 등이약 500~999톤을, 강활·맥문동·방풍·백지·산수유·황금·목단·시호 등이 100~499톤을 소비하는 것으로 밝혀졌다. 당귀·길경·작약·황기·사삼·지황 등과같이 식용을 포함하여 여러 가지 용도에 사용되는 범용성 있는 약재와 갈근·황정·의이인·산약·두충·구기자·산수유 등과 같이 차나 건강식품으로 이용되는 한약재의 수요가 상대적으로 크게 늘어나고 있음을 알 수 있다. <표 2-6>

3. 한약재산업의 개요

한편 한약재 산업이란 약용작물의 생산은 물론 가공과 유통 등 생산자로부터 최종 소비자에게 이르기까지 한약재와 전후방으로 연계된 일체의 사업을 의미한다. 따라서 약용작물의 생산(재배 및 채취)과 유통, 가공은 물론 생산에 필요한 기계와 자재산업, 그리고 한약재를 원료로한 제약이나 건강식품 등이 포함될 수 있을 것이다. 범위에 있어서 한약재산업은 한약재를 중심으로 한 것이기 때문에 약초생산보다는 크지만 한약이나 제약산업, 또는 의료산업보다는 적을 것으로 판단된다.

한약재산업의 규모는 어느 정도나 되는가? 관행적으로는 한약재산업이란 용어를 사용하고 있으나 사실 아직까지 한약재산업에 대한 명확한 정의가 없다. 따라서 이에 대한 자료수집도 이루어지지 않고 있어서 이 산업 자체의 매출액이나 고용규모를 파악하기 어렵다. 다만 「약사법」에 의해 한약재취급자로 인정된 업체는 <표 2-7>과 같이 수입업자와 제조업자, 그리고 한약판매업자와 한방병원이 포함되어 있는데 크게 보아서는 이들이 한약재산업을 구성하는 주요한 주체들이라고 할 수 있을 것이다.

한약재의 주요 소비처인 한의 및 한약 관련 인력실태를 살펴보면 대한한의사협회 9,699명(개업한의원수 6,328명), 대한한방병원협회 94개(재직한의사 950명), 대한한약협회 2,162명, 한국한약도매협회 820명 등이 있으며, 한약조제약국 10,751개소에 한약조제약사 23,911명이 근무하고 있다. 이 밖에도 한약재산업에는 약 5만 3천여 명의 재배농민과 정확한 규모파악은 어렵지만 야생한약재 채취업자, 한약재 수집상(중간매집상 등), 한약재를 원료로 하는 제약회사나 건강식품업체, 건강원이나 탕제원 등이 있다.

표 2-7. 약사법에 의한 한약재 취급자 현황

구 분	수입업자	제조업자	한약판매업자				한방병원 (한의사)
			한약도매상	한약업사	취급약국	한의원	
1996. 7	170	131	615	2,200	9,200	6,100	-
1997. 8	211	170	820	2,162	10,751	6,328	94(950)
법적근거	약사법34조	약사법26조	약사법35조	좌동	좌동	약사법부칙3조	약사법부칙3조
주 요 기 능	한약재와 생 약 제 재 수 입	규격품 한약재 및 생약 (한약) 조제	한약 및 생약제제의 도매,혼합판매 및조제판매	좌동	좌동	우동	한약재를 사용한 첩약의 처방·조제

자료: 보건복지부 한방정책관실, 1996 및 1997.

조선시대말 서양의학이 도입되기 전까지는 대부분의 국민들의 건강을 한방치료에 의존해 왔다. 일반적으로 한의원이나 한의사로부터 전문적인 처방과 치료를 받았겠지만 그 중에는 민간인들이 스스로 약재를 채취하여 간단한 질병을 치료한 경우도 있었는데 이것이 오늘날 우리에게 민간 처방으로 전해오고 있다. <표 2-8 참조>

표 2-8. 한약재를 이용한 주요 민간처방

질병종류	한약재를 이용한 민간치료법
발열(發熱) 감기	파국(발한, 해열), 현미스프(나른할 때), 연뿌리즙과 죽(열, 구갈), 우엉씨(목통증, 해열), 파벌꿀탕(기침, 거담), 배·생강탕(목통증), 연뿌리(심한 기침), 자소(한기), 질경이탕(거담), 진피·생강·파·무즙탕, 매실(해열), 진피(기침, 거담), 칡차(해열), 박하탕, 인동덩쿨
편도선염	감초탕(소염, 진통), 도라지탕(화농, 소염), 배즙(해열, 진통), 생강탕(해열), 금귤설탕찜
기관지염, 폐렴, 천식	백합뿌리, 은행, 진피·미나리탕, 치자(만성기관지염), 벗나무껍질탕(기침,피부병), 호박(자양, 건위), 대나무기름(거담), 시금치씨앗(심한 기침), 검은콩삶은물(기침)
복통, 장염	생강탕(냉배, 설사), 황백탕(복통), 산사자(소화, 정장), 용담(소화불량), 이질풀(항균)
위염,위궤양	감자즙(소염, 건위), 구운마늘(토할 때), 쑥차(설사), 무화과(메슥거림), 민들레차(건위)
심장병,협심증	참깨(동맥경화), 용안육, 연자, 치자 (두근거림), 적송(혈관벽 강화), 개다래주(강심)
고혈압,중풍, 동맥경화	쑥갓, 옥파, 감, 셀러리, 당근(혈압강하), 표고버섯, 곤약(콜레스테롤 억제), 홍화, 구기자(혈관벽 강화), 옥파, 콩, 우엉(중풍예방과 회복)
간장병	배(황달), 사철쑥(만성간염), 녹두, 동과(복수), 순무(간기능 회복)
신장, 방광	매실, 마디풀, 참가시나무(담석), 잇팥, 수박(부종), 옥수수염, 꿀풀, 띠풀(이뇨)

표 2-8. (계속)

당뇨병	완두, 동과(조갈증), 참마, 두릅나무(당뇨), 율무(비만해소)
신경통	매실주, 호박, 율무, 선인장(진통, 소염), 쑥, 토란(소염), 산초(해열), 황백 찜질(관절통)
알레르기	삼백초차(혈액정화), 율무(이뇨), 자소, 복숭아잎, 무화과잎(두드러기)
습 진 피부염	오이(소염), 백합, 우엉(종기), 파(화농성피부염), 토란(배농), 은행(살균)
심인성질병	백합, 부추(불안, 긴장), 음양곽(우울증, 피로감)
기 타	산초, 황련(눈병), 우엉, 천남성(중이염), 생강, 삼백초(비염), 창이자, 머위, 질경이, 대추(축농증), 명아주, 항백(구내염), 녹차, 마늘, 고삼(무좀), 벽오동, 반하(탈모증)

비록 한약재가 가진 성분이나 효능을 과학적으로 입증하기는 어렵다고 하더라도 소비자들이 그 효과를 믿고 있는 만큼 이를 바탕으로 다양한 산업이 형성되고 있는데 그 대표적인 것이 바로 약선식품이다. 약선식품이란 한약재를 원료로 건강차나 음료, 녹즙 및 쥬스, 약주, 한방요리를 만들어 소비하는 것이다. <표 2-9 참조>

그 밖에도 한약재를 관광과 결합한 허브농원과 다양한 허브상품이 출현하고 있다. 예를 들어 강원도 평창의 허브나라, 제주도 북제주군 한경면의 허브빌리지, 광주시 서부 허브관광농원, 충북 청원군 부용면 코리아가든 등의 허브농장에서 허브화분·허브찻집·드라이 플라워·향낭·입욕제등의 다양한 허브상품을 개발, 산업화하고 있다.

표 2-9. 한약재를 이용한 주요 약선식품의 종류

구 분	종 류 및 용 도
건강차	현미차(갈증), 쑥차(식욕), 구기자(보간, 장수), 결명자차(정장, 변비), 이질풀차(설사), 질경이차(이뇨작용), 뽕잎차(고혈합, 당뇨), 삼백초차(해독), 감잎차(지혈, 고혈압), 민들래차(건위), 옥수수차(이뇨, 부종),생강차(보온, 발한), 녹차(강심, 진통), 개비름차(해독), 우롱차(비만,피로회복)
녹 즙 쥬 스	유채·사과쥬스(피로회복), 쑥·사과쥬스(정장), 감잎·사과쥬스(혈압강하), 자소·딸기쥬스(채질개선), 당근·참마쥬스(강정효과), 홍화유·유채쥬스(스테미너)
약 주	개나리주, 구지자구, 국화주(고혈압, 체질개선), 귤주, 남천주(기침, 담), 도라지주, 매실주(피로회복), 목련주, 무화과주(변비, 빈혈), 민들레주, 박하주, 살구주, 산초주, 석류주, 쑥주(기침, 소염, 강장, 건위), 여름밀감주(동맥경화), 오가피주, 오디술(혈압강하), 용담주, 용아주, 인동주, 인삼주(강장, 강정), 자소주(기침, 해열, 진통), 적송엽주(강장, 당뇨, 신경통), 죽순주, 찔레주, 칡주, 홍화주(부인병, 골절, 골다공증), 회향주
한 방 요 리	삼계탕, 율무쌀전골, 구기요리, 대추냉면, 산약찌개, 향부자전골, 우엉씨, 햇닭찜, 육종용전골, 육두구완자탕, 연육만두, 여정실전골, 천문동국, 두충전골, 회향쇠고기조림, 용안육국수, 황기돼지볶음, 방품소라찜, 숙지황배추쌈, 당귀·황화죽

자료: 「동의보감」,「본초강목」 등에서 발췌.

특히 당귀와 토천궁은 향기주머니로, 홍화와 치자, 지초 등은 천연염료로, 작약은 화훼용으로, 감귤과 옥잠화, 원추리 등은 향수용으로 이미 일부에서는 상업화하고 있다.

4. 한약 처방의 약효 입증 연구

한약처방의 효능에 관한 논문이 74편으로 집계된다.<표 2-10> 이들 보고에서 특징은 각종 한약처방의 약리효능 실험에서 그 결과가 실험항목에 대하여 부정적인 결과가 나온 예가 너무 적다는 데 있다. 이들 연구에서 필자가 기대했던 한방처방의 음양오행론적 논리를 근대과학적 내지 약리학적 실험을 통하여 입증하려는 시도가 전혀 나타나고 있지 않았다.

한약과 일반약을 병용한 것에 대한 약효능 연구를 한 것이 6건 있는데 대부분의 경우 일반약의 부작용을 감소시키는데 그 목표를 두고 있다. 또한 일반약과 한약을 배합하는 데 있어서 논리적인 근거, 즉 한의학의 기본 이론체계인 음양오행론적 논리에 의하여 배합한 예는 찾아볼 수 없었고 단순한 가성적(加成的) 논리에 근거하였다.

표 2-10. 한약처방의 약효 연구

韓方處方	生理活性
加味三黃湯	中樞神經系作用
	循環器系 및 抗菌作用
加味雙和湯	中樞抑制 및 低毒性
加味茵蔯五苓散	肝保護作用
葛根湯	抗 stress
强心散	一般藥理
瓊玉膏	혈당강하, 고혈압억제
	항염, 항위궤양, 진통, 체온하강억제
桂芍知母湯	소염, 진통, 알코올성요산혈증개선
歸脾湯	止血作用
大柴胡湯	中樞 및 消化器系 作用
	抗糖尿效果, 保肝
麻杏甘石湯	一般藥理(鎭痛, 解熱, 消炎)
薄荷厚朴湯	鎭痛, 鎭痛效果
半夏白朮天麻湯	鎭痛, 鎭靜
保腸健脾湯,鹿茸大補湯, 補中益氣湯, 益氣補血湯, 補血安神湯	腸內 微生物 調査
補中益氣湯, 理中湯, 溫經湯, 桂枝伏笭丸	免疫機能 增進
補中益氣湯	中樞抑制 作用
	一般藥理效能 檢索

표 2-10. (계속)

韓方處方	生理活性
備金散	止血作用
檳蘇散	消炎作用
瀉肝湯	中樞 및 循環器系 作用
四物安神湯	中樞 및 腸管 弛緩效果
	循環器系 및 貧血에 대한 效果
四物淸肝湯	간보호효과
麝香蘇合元, 牛黃抱龍丸	鎭痛, 胃液分泌, 膽汁分泌 促進效果
生肝建脾湯	利膽 保肝效果
	肝組織復活效果
少陰人蘇合元	抗痙攣, 鎭痛, 鎭靜效果
小靑龍湯	抗菌效果
消風湯	血壓降下作俑 (效果 不透明)
疎風活血湯	鎭痛, 消炎, 降壓效果
柴笭湯	解熱, 鎭痛, 消炎, 利尿效果
柴胡桂枝乾薑湯	一般藥理
神效托裡散	細胞增殖
十味導赤散	一般藥理 (解熱, 鎭痛, 鎭靜, 抗痙攣)
雙金湯	鎭痛 (弱한 效果),
	胃炎 및 胃潰瘍에 대한 效果,
	抗炎症 效果
雙和湯	藥物分布 및 排泄效果
	抗炎症
靈仙除痛飮	消炎, 鎭痛
五笭散	利尿
五拗湯	中樞作用 및 腸管 弛緩作用
	呼吸器作用 (鎭咳作用)
五積散	消炎, 鎭痛
溫膽湯	一般藥理
牛黃淸心元	적출장관 실험
六君子湯	胃液分泌 抑制
二陣湯	中樞抑制
消化器系	運動 抑制
人蔘湯	胃炎, 鎭痛
人蔘養胃湯	消化器運動抑制
芍藥甘草湯	中樞作用
胃潰瘍	治療效果
調胃升淸湯	抗痙攣, 鎭痛, 鎭靜效果
枝朮湯	胃痙攣 및 胃液分泌抑制
天王補心丹	中樞抑制 및 循環器系 擴張作用
淸心定喘湯	적출장관 실험

표 2-10. (계속)

韓方處方	生理活性
淸心蓮子飮, 加味調胃承氣湯 杞菊地黃湯	STZ-당뇨에 미치는 영향
淸血降氣湯	一般藥理
澤瀉湯	一般藥理
通竅湯	鎭痛, 解熱, 鎭靜
通關散	消炎 및 血壓降下
八味丸	腎性高血壓에 對한 降壓效果 면역세포, 췌장소도세포 생존율에 미치는 영향
敗答湯	一般藥理
平胃地楡湯	Antithrombotic 效果
夏枯草散	肝臟保護效果
香消養胃湯	消化器系 一般藥理
黃芩湯	抗菌作用
黃連解毒湯	中樞神經系 作用 藥效一般 檢索

5. 개별생약의 약리작용 및 그 유효성분

우리나라에 생약에 대한 현재까지의 연구결과를 토대로 종합한 자료에 의하면 생물활성 유효성분이 분리되어 그 화학구조까지 밝혀지고 있다. <표 2-11 참조> 또한 <표 2-11>는 유효성분이 아직 밝혀지지 않았으나 개별생약의 약리작용이 밝혀지고 있다. 그러나 유효성분이 밝혀졌다고 해서 그 식물의 유효성분 연구가 완료되었다고 보아서는 안된다. 밝혀진 유효성분보다 아직 밝혀지지 않은 활성성분이 훨씬 더 의미 있는 성분일 가능성이 얼마든지 있다. 민간약(생약 또는 천연물)의 약효능을 보면 한 가지 민간약이 여러 가지 약효능을 갖고 있는 것이 일반적이다. 아래는 개별생약의 약리작용이 밝혀진 유효성분과 유효성분 미상의 생약들을 열거 한다.

표 2-11. 개별생약의 약리작용 및 유효성분

生藥, 原植物名	藥理作用	有效成分
訶子 *Terminalia*	세포독성	Tannins
甘草 *Glycyrrhizia glabra*	dehydrogenase 沮害 免疫機能調節 Glycirrhizin	
	Paraquat 解毒 PGE_2 生成抑制 Stress 時 corticoid, histamine 증가	Glycirrhizin Glycirrhizin Glycirrhetinic acid
갓, 계자 *Brassica juncea*	항산화활성	Sinapine
감국 *Chrysanthemum indicum*	항암	apigenin, luteolin
강진향 *Dalbergia odorifera*	항암	2'-O -methoxyisoliquiritigenin
강활 *Angeliva koreana*	血壓上昇 血壓下降	Oxypeucedanin Imperatorin
	mouse의 自發運動抑制 Hexobarbital hypnosis 延長	Furocoumarines Furocoumarines
개물푸레나무根 *Maackia amurensis*	Insecticidal	Flavone-glycoside Formonetin-diglucoside
決明子 *Cassia obtusifolia L.*	血小板凝集抑制	Anthraqinone Anthraqinone유도체 SAR
계피 *Cinnamomi Cortex*	충치균 抗菌	Cinnamic aldehyde
고들빼기 *Ixeris sonchifolia*	고Cholesterol 低下	Flavonoid (Cynaroside)
고추 *Capsicum annuum*	P_{450} 함량증가	Capsicin
괄루근 *Trichosanthes kirilowii*	항암	Cucurbitacin B 외 7 cucurbtane triterpenes
구릿대 *Angelica dahurica*	AR 활성 억제, galactosemic cataract생성억제	Byakangelicin 외 3종
꾸지뽕나무 *Cudrania tricuspidata*	과산화지질억제	anthocarpesin
꿩의 다리 *Thalictrum uchitamai*	抗菌	3 級 dlkaloid

표 2-11. (계속)

生藥, 原植物名	藥理作用	有效成分
Angelica dahurica	Antitumor	Phellopterin
補骨脂 *Psoralea corylifolia*(中國)	Antitumor	Bakuchiol
복수초 *Adonis amurensis*	Na^+-K^+-ATPase 抑制	Arg-Seb-digitoxinigenin
봉선화 *Impatiens balsamina L.*	抗菌	2-methoxy-1,4 Napthoquinone
부처손 *Selaginella tamariscina*	Cytotoxicity	Amentoflavone
북강활 *Angelicae Koreanae Radix*	세포독성	bisabolangelone
사매 *Duchesnea indica*	抗菌作用 CSF 抗癌 抗癌	Ellagic acid Tannin결합 고분자 Polysaccharides Polysaccharides Proteoglycan
산국 *Chrysanthemum boreale*	AR 활성저해	Acacetin, apigenin, luteolin
酸棗仁 *Ziziphus vulgaris* *var. spinosus* B.	鎭靜作用 鎭靜作用 鎭靜作用 鎭靜作用强化 鎭靜作用 Ca^{++-}ionophore activity Calmoduline binding 鎭靜, Ca^{++-}ionophore calmoduline binding	Saponin, Flavonoids Spinosin Cyclopeptide alkaloids Sanjoinine-A 외 14종 alkaloids 열처리 산물 Aporphine계 alkaloid Sanjoinine-A Sanjoinine-A Cyclopeptide alkaloids
살모사 *Agkistrodon blomhoffi brevicaufus*	혈전용해	Protease
商陸 *Phytolacca americana*	抗炎症 抗炎症	10종의 saponin (Triterpene-glycoside) Phytolaccoside-B Neolignan :American-A
商陸 *Phytolacca esculenta*	消炎	Triterpenoic acid Jaligonic acid, $C_{30}H_{46}O_7$,
섬오갈피	抗脂肝變性	Lignan glycoside

표 2-11. (계속)

生藥, 原植物名	藥理作用	有效成分
길경 *Platycodon glandiflorum*	위궤양치료효과 Vasodilating	Saponin : Platycodon Platycodin
노루오줌根 *Astilbe chinensis var. davidii*	鎭痛	Gallocate
녹차 *Camellia sinensis*	ACE 및 Xanthine oxidase 沮害	Tannin
능소화꽃받침 *Calix campsis grandiflora*	PKC 저해 Cytotoxicity	Verbascoside (IC_{50} 2.2 g/ml)
담배 *Nicotiana tabacum L.*	Succinic dehydrogenase 농동에 따라서 活性化 또는 沮害	Alkaloid Fr.
닭의장풀 *Commelina communis*	蟲齒菌 抗菌	β-carboline계 Alkaloid 3 成分
독활 *Aralia continentalis*	消炎 (Phenylbutazone에 필적) 蛋白質熱變性 抑制活性 血小板 凝集抑制	Ditepene acid : Continentalic acid $C_{20}H_{30}O_2$, mp 158C Kaurenoic acid $C_{20}H_{30}O_2$, mp 86C Phenolic acid Diterpene acid
Aralia cordata	cytotoxic	polyacetylenes
두릅나무수피 *Aralia elata Seeman*	血糖降下	Oleanolic acid glycoside?
마늘 *Allium sativum var. pekinense*	Hepatic -aldehyde dehydrogenase 저해 Glutathione-transferase 및 peroxidase 沮害	Allicin 및 butanol Fr. Allicin Diallyldisulfide
만형자 *Viticis rotundifoliae Fructus*	Aldose Reductase 저해	Luteolin
毛冬靑 *Ilex pubescens*	血液凝固 抑制 血小板凝集抑制 Anti- tissue factor	Ilexoside 6種 Ilexoside-D Ilexoside-D
배풍등 *Solanum lyratum*	항산화	rutin
백선피 *Dictamnus albus*	避妊活性	Fraxinellone
白芷	藥物代謝酵素 誘導 및 沮害	Coumarines

표 2-11. (계속)

生藥, 原植物名	藥理作用	有效成分
Acanthopanax Koreanum	NaKai	Acanthoside, $C_{34}H_{46}O_{18}$, mp
細辛 *Asarum sieboldii*	鎭痙	methyl-eugenol
씀바귀 *Ixeris dentata*	血糖降下	Flavone glycoside (Cynaroside)
紫胡 *Bupleurum falcatum*	UDP-galacturonyl transferase 活性化 肝保護	Saikosaponins(市販品)
신선초	hypolipidemic	luteolin-7-O-β-D-glucoside
아술 *Curcuma zedoaria*	藥物代謝酵素 沮害 항궤양 hexobarbital 수면연장	Sesquiterpene : Germacrone-A, Curzernone-B Germacrone-4,5-epoxide curzerenone curcumenol
艾葉 *Artemisiae Herba*	血液凝固抑制	Polysaccharide
여로 *Veratrum grandiflorum*	抗菌作用	Alkaloid, Jervine-A, B
연명피 *Sapindus mukorossi*	용혈작용	saponin
連翹 *Forsythia koreana*	抗癌	Polysaccharides
五茄皮 *Acanthopanax sentico넌*	血小板 凝集抑制 構造活性相關關係	3,4-dihydroxy benzoic acid
오수유 *Evodiae Fructus*	MDR조절	rutaecarpine
烏梅 *Prunus mume*	간디스토마 殺蟲	5-hydroxy methyl furfural
울금 *Curcuma domestica*	β-sesquiphellandrene 의 細胞毒性增	ar-turmerone
遠志 *Polygala tenuifolia*	利尿 및 中樞抑制	Total saponin
육두구 *Myristica fragrans*	藥物代謝酵素 誘導 및 沮害 Mixed function	Myristicin Licarin-B, Dehydro -isoeugenol lignans Phenylpropanoids

표 2-11. (계속)

生藥, 原植物名	藥理作用	有效成分
玄蔘	解熱	P-methoxy cinnamic acid
Scrophularia	鎭痛作用	
buergeriana	消炎作用 副腎皮質의 Vitamine C감소 解熱, 鎭痛, 消炎, 毒性. p-methoxy cinnamic acid 유도체 4種 合成品 構造-活性相關關係 p-methoxty cinnamate의 대사산물	 p-methoxy benzoate
호장근 *Polygonum cuspidatum*	蟲齒菌에 抗菌 항암	Emodin resveratrol, piceid
黃芩 *Scutellaria baicalensis*	Bradykinin 拮抗 構造活性 分析	Scullcapflavone
Georgi	lens AR 저해 Gal 유도 백내장 억제 galactitol 축적억제	baicalin wogonin-7-O-glucuronide
厚朴 *Magnolia obovata*	蟲齒菌殺菌	Magnolol, Honokiol
희첨 *Siegesbeckia pubescens*	弱한 强壓活性	Diterpene acid $C_{20}H_{32}O_4$. mp 260-2C
Makino	세포독성-L1210 ED_{50} : 0.318 g/ml	Pubetaline Sesquiterpene
Melilotus officinalis	白血球遊走抑制	Saponin
거머리 *Hirudo nipponica*	항혈전	단백질 3種
구인(갈색낚시지렁이) *Allolobaphora caliginosatrapezoides* ANT, Duges	消炎, 免疫抑制	Polysaccharide
반묘 Mylabris sidae 및 먹가래 *Epicanta gorhamieeris sonchifolia*	消炎, 鎭痛, 免疫抑制	Polysaccharide
海蔘 *Stichopus japonicus*	Mouse toxicity	Substance-C
향어 *Cyprinus capio Nudus*	肝吸蟲, 殺蟲	Linoleic acid

표 2-11. (계속)

生藥, 原植物名	藥理作用	有效成分
	oxidase의 Inducetion 및 Inhibition	
육두구 果皮 *Mace*	抗酸化活性 藥物代謝酵素沮害	Diarylbutane Micelignan
은시호 *Bupleurum longiradiatum*	消炎	Aborinone
의성개나리 *Forsythia viridissima Lindl.*	抗 鎭菌	Acetyl oleanolic acid
인동 *Lonicera japonica*	항염	Loniceroside A, lonicerin logenin
茵陳蒿 *Artemisia capillaris*	膽汁分泌促進 構造活性	Coumarines Coumarines 合成品
Thunb.	相關關係分析	
자근 *Lithospermum erythrorhizon*	抗癌	Acetyl shikonine
작약 *Paeonia lactiflora pall* ·	血小板凝集抑制	Methyl gallate
종대황 *Rheum undulatum*	항암	rhapontigenin, rhaponticin, 3,5-dihydroxy-4'-methoxystilbene
지렁이 *Lumburicus terrsetris*	解熱	Arachidonic acid(?)
枳實 *Poncirus trifoliata*	消炎 抗癌	Flavone : Poncirin Aurapen (7-gerayloxy coumarine)
지모 *Anemarrhena asphodeloides*	항암	timosaponin A-III
地楡 *Sanguisorba officinalis*	Antivoagulant	Sulfated polysaccharide
車煎子 *Plantago asiatica*	抗菌作用 肝臟保護 毒性, LD_{50} ^{3}H-Leucine 및 3H-uridineincorporation억제	Aucubin mp 185-4C
참당귀 *Angelica gigas Nakai*	自發運動 抑制	Coumarines, Decursin, Decursinol
蒼朮 *Atractylodes japonica*	鎭靜	Alkaloid-B mp 124-6C, $C_{16}H_{21}O_6$
천남성 *Arisaema amurense var.serratum*	PLA_2 저해	2,3-dihydroxypropyl- 9Z,12Z-octadienoate
천련자 *Melia toosendan*	세포독성	28-deacetyl sendanin

표 2-11. (계속)

生藥, 原植物名	藥理作用	有效成分
치자 *Gardenia jasminoides*	항산화	geniposide, crocin
칡 *Puerariae Radix*	항염	isoflavonoids, daidzein, puerarin
澤瀉 *Alisma orientale* *Jazepezuk*	Angiotensin 및 bradykinin 10^{-5}M에서 摘出腸管 收縮抑制 肝保護作用	Alisol (Teteractclic trirerpene) Alisol
튜울립나무잎 *Liriodendron tulipifera*	蟲齒菌에 殺菌	β-liriodenolide (MIC 100 g/ml), mp 119C
파 *Allium fistulosum L.*	Chitinase 活性 효소분리	
파두 *Croton tiglium*	항암	isoguanosine
파두, 황련 *Croton tiglium, Coptis chinesis*	세포독성	P_2(isoguanosine, berberine, protoberberine alkaloids)
패잠초 *Patrinia scabiosaefolia*	肝毒	Saponin
포공영 *Taraxacum platycapum*	抗癌 및 면역 증강	Polysaccharides
피마자 *Ricinus communis*	LD_{50} : 60 ng/mouse	Ricin
필 발 *Piper retrofractum*	Cytochrome P_{450} 酵素誘導 및 沮害	Piperine
胡椒 *Piper nigrum L.*	CNS-depressant	Piperine
夏枯草 *Prunella vulgaris*	抗바이러스 (Anti-HSV-1), EC_{50} 30g/ml	Betulinic acid
하늘타리根 *Trichosanthes kirilowii*	抗癌 및 면역증강	Polysaccharides
합환피 *Albizzia julibrissin*	抗癌 및 면역증강	Polysaccharides
해당화 *Rosa rugosa*	血中cholesterol 低下	Catechin
토양 菌 *Streptotomyces*	抗菌作用 β-lactamase 沮害	Esterase inhibitors
영지(재배품) *Ganderma*	免疫增强 肝保護	polysaccharide extract

표 2-11. (계속)

菌 이 름	藥理作用	有效成分
lucidum	胃腸管能力 改善 간섬유화 억제 β-glucuronidase 저해, colon carcinogenesis 억제(ether fr) 항암	extract 다당체 GLE(중성분획)
털목이버섯(재배) *Auricularia polytricha*	LD_{50} 毒成分	extract proteoglycan(Auritoxin)
기와층버섯(野生) *Cryptoderma citrinum*	cellulase 活性	字實體 물추출물
桑黃(배양균사체) *Phelinus linteus* *Aoshima*	抗癌 및 免疫增强 抗癌 및 免疫增强	
밀버섯 *Collybia confluens*	抗癌作用	배양물 물 ext
비늘버섯(野生) *Pholiota squarrosa*	抗癌	polysaccharides
애기졸각버섯 *Lyophyllum decastes*	抗癌 및 免疫增强	extract
구름버섯 *Coriolus versicolor* *Coriolus sanguineus*	抗癌 및 免疫增强 IL-2 生成增加 抗菌	polysaccharides polysaccharides cinnabarin
만가닥버섯 *Lyophyllum urmarium*	抗癌 및 免疫增强	蛋白多糖體
노란다발버섯 *Nae matoloma fasciculare*	抗癌	polysaccharide
담자균류(*cultured Basidiomycetes*)	抗癌 17菌株 抗菌	polysaccharide polysaccharide
8 種 高等菌類	抗癌	polysaccharide
덕다리버섯 *Laetiforus sulphureus*	抗癌 및 면역증강	polysaccharides
Soil bacteria 豬苓 *Polyporus gigantus*	α-amylase inhibitor 抗癌	oligosaccharide polysaccharides
Favolus alveolarius	抗癌 및 면역증강	polysaccharides
진흙버섯 *Phellinus linterus*	면역 증강	extract
큰주머니 광대버섯 *Amanita volvata*	肝 및 腎독성	extract
잔나비걸상 *Elfvingia appalanata*	항암 항균	E-D-P
상황버섯 *Phellinus linteus* *Streptomyces sp.*	항암 adenosine deaminase 저해제	Kp(단백다당체)

표 2-12. 개별생약의 약리작용 (유효성분미상)

生 藥	藥理作用
녹각 *Cervi cornu*	mitogenic(MW>5,000)
느릅나무 *Ulmus devidiana var. japonica*	항위염, 항위궤양 (H_2O fr)
丹蔘 *Salvia miltiorrhiza Bunge* 단삼, 인삼	肝臟保護 초파리에서 MNNG 돌연변이 억제
닭의장풀*Commelina communnis L.*	血糖降下 G-6-P DH 활성증가
대황 *Rheum undulatum*	dilatation of motility of intestine
더위지기 *Artemisia iwayomogi*	항암, 면역조절
도꼬마리 *Xanthium strumarium*	免疫調節
桃仁 *Prunus daviidiana* 두릅나무 根皮 *Aralia elata*	動脈硬化 豫防 血糖低下 胃潰瘍抑制 抗酸化 一般藥理
두충 *Eucommia ulmoides Oliv.*	降壓作用 抗糖尿, 一般藥理
들깨기름 *Perilla oil*	항혈전
燈心草 *Juncus decipiens Nakai*	血糖低下 및 利尿作用 作用機轉
마늘 *Allium sativum f. pekinense Makino*	Xanthine oxidase 活性化 또는 不活性化 Sarcoma 180 生存期間延長
마디풀 *Polygonum aviculare*	항지질과산화, 간보호
마주송이풀 *Pedicularis resupinata*	利尿, 膽汁分泌促進
麻黃 *Ephedra sinica Stapf*	免疫抑制
曼蛇羅花 *Datura stramonium L.*	免疫 抑制
蔓蔘 *Codonopsis pilosula*	P388 抗癌 無效
蔓蔘아재비 *Codonopsis urruriensis H.*	赤血球增加
蔓荊子 *Vitex rotundifolia L.*	降壓
전동싸리 *Melilotus officinalis*	降壓, 腸弛緩, 鎭痛, 消炎
매자나무 *Berberis koreana*	항진균 CNS 작용
綿馬 *Dryopteris crassirhizoma*	條蟲驅除
명아주 *Chenopodium album*	利尿作用
大通 *Akebiae lignum*	抗利尿

표 2-12. (계속)

生 藥	藥 理 作 用
葛根 *Pueraria thunbergiana*	解熱, 消炎, 鎭痙, 鎭痛, 알코올 解毒, 解毒
甘草 *Glycyrrhizae Radix*	免疫抑制 Glucurronidation 활성 촉진 Acetaminophen의 UDP-GT에 의한 대사 촉진 Acetaminophen의 간독성 억제 acetylcholine 길항 항위궤양(alkaloid fr)
개느삼 *Echinosophora koreensis*	抗癌效無
겨우살이 *Viscum album*	IL-1, TNF-α분비유도
고들빼기 *Ixeris sonchifolia H.*	抗癌
고사리 *Pteridium aquilinum*	發癌性
고추 Capsicum annuum	P_{450} 含量增加
골담초근 *Caragana chamlagu L.*	消炎作用 STZ 糖尿改善, 肝臟保護
活樓根 *Trichosanthes kirlowii*	抗癌無效, Cytotoxicity 有效 항당뇨(다당류)
拘杞子 *Lycium chinense*	培養腦細胞 壽命延長 혈당강하, 간보호, hypolipidemic
瞿麥 *Dianthus sinensis L.*	alloxan- 혈당증가 억제
구인 *Lumbricus rubellus*	fibrinolytic, anticoagulant
귀전우 *Euonymus alatus*	세포독성
金銀花 *Flos Lonicerae*	Antimutagenecity
桔梗 *Platycodon grandiflorum*	祛痰作用
나군대 *Crinum asiaticum var. japonicum*	진통, 소염, 혈소판응집억제, prostanoid 생합성억제
노랑머리지네 *Scolopendra*	中樞抑制, 降壓作用
鹿茸 *Cervus nippon var. mantchuricus*	一般藥理(鎭痛) Aldolase 抑制活性 造血作用 turpentine oil 유도 염증시 ceruloplasmin 증가 억제 당뇨흰쥐에서 혈당감소, gangliosides 대사 정상화
발효 녹용 (Bacillus P-92)	항암

표 2-12. (계속)

生　藥	藥 理 作 用
裏白茵蔯 *Artemisia messer*	膽汁分泌促進 Na^+, K^+- ATPase 活性化
은행잎 *Ginkgo biloba*	SHR의 뇌중 신경전달물질 함량
의성개나리 *Forsythia suspensa*	wound healing (seed ex.)
人中白	腸弛緩, 鎭痛, 鎭靜, 降壓
芍藥 *Paeonia japonica Miyabe*	鎭痛, 鎭痙
樗根白皮 *Ailanthus altissima*	epoxide 가수분해효소활성화
적설초 *Centella asiatica*	각질 형성세포 증식 효과
赤何首烏 *Polygonum multiflorum*	肝保護
정향 *Eugenia caryophyllate*	급만성위염, 위손상 억제
除篜菊*Pyrethrum cinerariaefolium*	항진균
조각자 *Gleditsia spina*	消炎
지렁이*Lammodrilus gotai Hatai* (土龍)	降壓, 自發運動減少 肝保護
지유 *Sanguisorba officinalis*	항불안
地丁草 *Viola mandshurica*	鎭痛, 消炎
진피 *Citrus unshiu pericarpium*	inotropic & chronotropic
車前子 *Plantago asiatica*	肝臟保護效果 降壓
참골담초근 *Caragana koreana*	消炎效果
참깨 *Sesamum indicum*	Acetylcholine-like activity(적출장관)
蒼朮 *Atractylis ovata*	major tranquilizing activity
천련자*Melia toosendan Sieb. et Zucc.*	肝臟保護 hypolipidemic
천마 *Gastrodia elata*	항혈소판, 항혈전 항경련작용기전
치자 *Gardenia jasminoides*	간보호, 담즙배설증진
큰개별꽃*Pseudostellaria palibiliana*	一般藥理
澤瀉 *Alisma plantago L.*	降壓
土木香 *Inula helenium L.*	植物生長 및 呼吸御制劑
土伏苓 *smilax china*	突然變異原性 없음 anti-dermatophytes Cholinergic blocking
파 *Allium fistulosum*	Chitinolytic

표 2-12. (계속)

生 藥	藥 理 作 用
물쑥 *Artemisia selengensis*	保肝效果不透明 항암, 면역조절
물푸레나무 *Fraxinus densata*	消炎, 鎭痛, 肝臟保護
미역 *Undaria pinnatifida*	子宮收縮
박달나무껍질 *Betula schmidtii Regel*	降壓
白首烏 *Cynanchum wifordii* H.	急性, 亞急性 毒性
백부자 *Acontium Koreanum* R.	강심, LD_{50} 적출조개심장에 미치는 영향
백여로 *Veratrum album L.* var. *grandifolium* M	항진균
白朮 *Atractylodes japonica* K.	保肝效果 肝保護作用 利尿, 抗利尿 STZ 당뇨개선
백지 *Angelica dahurica*	항혈전 (BuOH fr.)
벚나무껍질 *Prunus leveilleana* K.	免疫抑制
茯苓 *Pachyma hoelen Rumphus*	利尿
(修治)附子 *Aconiti Tuber*(processed)	無毒
附子 *Aconiti Tuber*(BuOH fr.)	강심 microsomal ATPase 저해 contractile 단백질과 직접작용 안함. inotropic on cat muscle PIEA 축적, 생성량 증가 no K^+-dependent positive inotropic effect stimulates Ca^{++} influx in cardiac cell
비마자, 황련 *Richini Semen, Coptidis Rhizoma*	HIV -1 복제 저해
사매 *Duchesnea indica*	Estrogen 效能
사상자 *Torilis japonica*	hemostatic
사철나무樹皮 *Euonymus japonicus* T.	降壓作用
산복사줄기 *Prunus davidiana*	消炎
山茱萸 *Cornus offinalis*	消炎
酸棗仁 *Ziziphus vulgaris var.* spino넌	鎭靜作用 antiarrhythmic CNS depressing, hypotensive

표 2-12. (계속)

生　藥	藥 理 作 用
桑白皮 *Morus alba* L.	蟲齒菌, 抗菌 降壓 抗利尿 Hormone 分泌抑制
상엽 *Morus insignis*	혈당강하 (물추출물)
生薑 *Zingiber officinale*	胃潰瘍抑制
선인장 *Opuntia elata*	negative inotropic, hypotensive
소엽 *Perilla frutescens*	항암
송악 *Hedera rhomba*	간독성 감소 (P-450 감소회복) 消炎
수세미오이 *Luffa cylindrica*	細胞毒性
스폰지 *Aplysina fistularis*	抗菌, 細胞毒
승마 *Cimicifuga heracleifolia*	항알러지, 항염
柴胡 *Bupleurum falcatum* L.	肝細胞保護
식나무 *Aucuba japonica*	肝保護, 抗酸化
알로에 *Aloe vera*	EtOH 대사촉진 in virto angiogenic
양채송화 *Lampranthus spectabilis*	심장억제작용
魚腥草 *Houttuynia cordata Thunb.*	免疫機能亢進
連翹 *Forsythia koreana Nakai*	消炎, 鎭痙
羚羊角 *Capricornidis cornu*	기아토끼의 혈중지질정상화
五茄皮 *Ancanthopanax sessiliflorus*	Mutagenecity 抑制
오독두기 *Lycoctonum pseudoleave*	解熱, 鎭痛, 消炎, 降壓
옥수수염 *Maydis stigma*	혈압강하 작용 자궁수축 작용
龍膽 *Gentiana scabra*	肝保護效果
와송 *Orostachys japonicus*	抗突然變異
왕고들빼기 *Lactuca indica*	혈청 cholesterol 저하
왕대잎 *Phyllostachys bambusoides*	지질과산화억제
遠志 *Polygala tenuifolia Will.*	去痰作用
月見草 *Evening primalous*	免疫系活性化
牛皮消 *Cynanchum caudatum*	과산화지질생성 억제 aldehyde oxidase 저해 (alkaloid fr.)
유근피 *Ulmus pumila*	항암제와 병용효과
楡白皮 *Ulmus davidiana var.* japonica	消炎, 抗菌

제2절 생약재의 현황과 기능

생약재는 특수 건강식품에 대한 관심고조, 국산 생약재의 선호도 증가 그리고 재배기술의 향상으로 이들 생약재의 생산량과 생산액은 증가추세에 있다. 그러나 생약재는 현재까지 단순 건조하여 한약재로 이용되는 것 이외는 가공방법이 확립되어 있지 않아 현대적 수요경향에 맞는 기호성과 영양, 약리효과를 증진시킬 수 있는 음료 등 가공식품의 개발은 시급한 과제로 대두되고 있다. 따라서 생약재의 분포 및 생산현황, 생약재의 국제경쟁력, 생약재의 기능성 식품으로의 이용가능성을 확인하기 위한 생물활성 검색 연구현황 그리고 국내 생약재를 이용한 음료의 유통현황을 소개하고자 한다.

1. 생약재의 분포 및 생산현황

생약재는 인류역사가 시작된 원시시대부터 부상과 질병을 다스리기 위하여 사용되어 왔다. 생약재의 이용은 본래 산야의 야생상태에서 채취 이용되어 왔으나 요즘에는 농가에서 재배하는 생약식물로 발전되어 가고 있는바 국내에서만도 40여종에 이르고 있다. 특히 국민소득의 향상과 함께 일반국민의 건강에 대한 관심이 크게 높아짐과 동시에 한방 의료보험이 실시되면서 생약재 수요가 급격히 증가하게 되었고 생약생산을 위한 생약식물의 재배기술 연구도 활발히 추진되고 있다.

국내 생약재의 분포는 <표 2-13>에서 보는 바와 같다. 식물중 생약식물은 596종으로서 목본은 114종, 초본은 482종이 서식되고 있었다. 이중에서 재배종은 목본 7종, 초본 35종으로 모두 42종이었고 자생종은 목본 107종, 초본 447종으로 모두 554종이었다. 재배종은 전체 생약식물 수의 7%에 불과한 실정이다.

표 2-13 국내 생약식물의 분포 현황

생약식물수			재 배 종			자 생 종		
목본	초본	계	목본	초본	계	목본	초본	계
114	482	596	7	35	42	107	447	554

우리나라에서 재배하거나 자생하는 생약재의 지역별 분포는 <그림 2-2>와 같고, 생약재의 국내 생산량 현황은 <표 2-14>에 나타내었다. 생약재 생산량은 1980년에 6,380톤에서 1994년에 35,295톤으로 지난 15년간 약 5.5배의 증가경향을 보이고 있으며 특히 당귀와 작약은 1994년에 5천톤 이상이 생산되고 있어 기존의 한약재로서의 이

용만으로는 공급이 과잉되는 현상을 나타내고 있어 이를 이용한 가공식품의 개발 필요성은 적극 제기되고 있는 실정이다. 이외에도 1천톤 이상 생산되는 생약재는 황기, 천궁 및 구기자 등으로 과립차나 음료 등 기타 가공식품의 원료로 이용하고자 하는 노력이 경주되어야 할 것으로 생각한다.

표 2-14. 생약식물의 국내 생산량 현황

식 물 명	생 산 량 (M/T)						
	'80	'85	'90	'91	'92	'93	'94
시 호	647	518	374	400	401	526	640
당 귀	1,457	726	2,624	2,061	3,243	6,631	5,305
천 궁	754	842	1,628	1,686	1,451	1,445	1,333
황 기	1.535	960	2,739	2,207	2,530	3,203	3,115
오 미 자	-	414	374	256	274	292	360
구 기 자	-	179	318	514	769	1,179	1,226
작 약	489	736	3,361	3,258	5,808	5,572	5,272
기 타	1,498	8,241	11,404	15,264	6,711	18,545	18,044
계	6,380	12,616	22,822	25,646	31,187	37,393	35,295

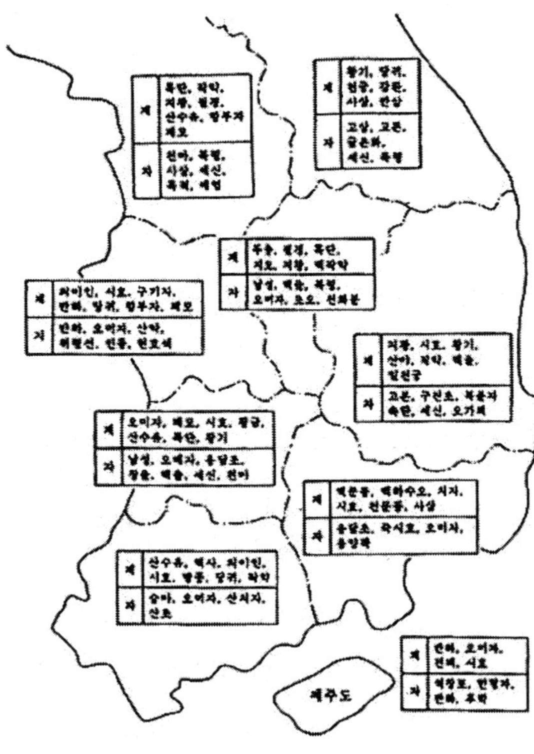

그림 2-2. 주요생약식물의 지역별 분포도

한편, 농림수산부 지정 주요 재배 생약식물은 <표 2-15>와 같다. <표 2-15>에서 보는 바와 같이 우리나라 500여 생약재중에서 비교적 많이 재배되거나 생산되는 것으로서 농민소득에 영향이 큰 품목으로서 당귀, 작약, 질경, 황기 사삼, 두충, 구기자, 산약 및 천궁 등 28종의 생약재가 주요 재배 품목으로 지정되어 있다.

표 2-15. 농림수산부 지정 주요 재배 생약식물 28종

식 물 명	학 명	'94년 생산량(M/T)
강 활	Ostericum Koreanum Kitagawa	601
구 기 자	Lycium chinense Mill	1,226
길 경	Platycodon grandiflorum	4,389
당 귀	Angelica gigas Nakai	5,305
두 충	Eucommia ulmoides Oliver	1,366
만 삼	Codonopsis pilosulae	28
맥 문 동	Liriope platyphylla Wang et Tang	245
목 단	Paeonia moutan Atton	292
방 풍	Phellopterus littoralis	362
백 지	Angelica dahurica	284
사 삼	Codonopsis lanceolata	2,264
산 수 유	Cornus officinalis	523
산 약	Dioscorea batatas	1,641
시 호	Bupleurum falcatum L.	640
의 이 인	Coix lachryma-jobi var	419
오 미 자	Schizandra chinensis Baill	360
작 약	Paeomia japonica Miyabe et Takeda	5,272
지 황	Rehmannia glutinosa	594
지 모	Anemarrhena asphodeloides Bunge	18
천 궁	Cnidium officinale Makino	1,333
택 사	Alisma plantago L. var	597
패 모	Fritillaria ussuriensis Maz.	30
하 수 오	Cynanchum wilfordii	404
향 부 자	Cyperus rotundus L.	655
반 하	Pinellia terfnate	-
황 기	Astragalus Membranaceus	3,115
황 금	Scutellaria baicalensis	487
결 명 자	Cassia tora L.	111
계		35,295

2. 생약재의 국제경쟁력 비교

생약재의 수량성과 유통가격을 일본과 비교하면 <표 2-16> 및 <표 2-17>와 같다. 즉 작약의 수량성은 우리나라에서 10a당 833kg을 생산한데 비하여 일본은 482kg을 생산하여 상당히 앞서고 있으며 황기와 시호 등도 일본에 비하여 수량성이 높다. 그러나 당귀는 일본에 비하여 10a당 생산량이 높게 나타나고 있다.

생약재에 대한 유통가격의 경우 대부분 우리나라산이 일본산에 비하여 가격이 싸게 형성되고 있었다. 시호는 한국산이 일본산의 46%의 가격에 머물고 있으며 당귀는 일본산에 비하여 23%, 작약은 19% 그리고 황기는 13%의 가격에 지나지 않아 우리나라산 생약재는 대부분 국제경쟁력이 있는 것으로 판단되었다. 그러나 최근 중국산은 가격면에서 저렴하나 시호, 산수유, 당귀 및 지황 등 생약재의 경우 한국산의 품질이 우수하여 일본시장에서의 기호도가 상당히 높게 나타나고 있는 것으로 알려지고 있다.

표 2-16. 생약식물의 수량성 비교 (단위 : kg/10a)

국 별	시 호	당 귀	천 궁	작 약	황 기	패 모
한 국	45	250	309	833	218	229
일 본	36	277	266	482	166	198
대 비	125	90	116	173	131	116

* 한국, '91농업경영 연구사업보고서(농진청), '91년 기준
* 일본, '94생약관계자료(일본 특수농산물 협회), '92년 기준

표 2-17. 생약식물의 유통가격 비교 (단위 : 원 /kg)

작 물 별	한국(A)	일본(B)	A/B 비율
시 호	18,333	40,000	46
당 귀	9,167	40,000	23
작 약	4,667	24,000	19
황 기	10,000	80,000	13

* 한국 '94. 10. 28 기준
* 일본 '94. 7. 27 기준

3. 생약재의 생물활성 검색 연구 현황

생약재의 기능성 식품으로의 이용가능성을 확인하기 위한 생물활성 검색 연구현황은 <표 2-18>에 나타내었다.

표 2-18. 생약류의 생물활성 검색 연구 현황

식 물 명	학 명	생 물 활 성	유 효 성 분
Propolis		유지산화억제효과	추출용매별
Royal jelly		면역독성에 미치는 영향	
가시오갈피	Acanthopanaxs enticosus	항보체활성	다당류
가자	Terminalia chebula	Thiamine 분해능	물추출액
가자		항산화작용	에테르추출물
가자		항산화작용	페놀성물질
가자		면역세포 활성화에 미치는 영향	물추출물
갈참나무	Quercus aliena	항균작용	추출물의 분획별
감잎	Diospyros kaki	소화효소활성저해, 항균작용	페놀성물질
감잎		돌연벼이원성, 항돌연변이원성	페놀성물질
감잎		암성장억제효과, 항돌연변이효과	핵산분획
감초	Glycyrrhiza uralensis	균증식억제효과	75% EtOH 추출물
강활	Ostericum koreanum	균주생육, aflatoxin생성 과산화지질, 지방산분포에 미치는 영향	$CHCl_3$추출물
권백	Selaginella tamariscina	세포성장억제작용	수침엑기스
금은화	Lonicera japonica	항균작용	물, 에탄올추출물
길경	Platycodon geandiflorum	항균작용	물, 에탄올추출물
길경		혈청, 간장, 분변의 지질함량에 미치는 영향	saponin
꾸지뽕나무잎	Cudrania tricuspidata	항균활성	EtOAc 분획
꾸지뽕나무잎		항염증활성	EtOAc,BuOH 분획
결명자	Cassia tora	아질산염소거작용	MeOHex/EtOAc가용부
계피	Cinnamomum cassia	항보체활성	다당류
구기자	Lycium chinense	항균작용	물, 에탄올추출물
구기자		간장장애 및 당뇨에 미치는 영향	MeOH 추출물
녹각		간손상억제 및 재생효과	물, 80% 메탄올, 에테르추출물
녹나무	Cinnamomun camphora	항암작용	물, 용기용매추출물
느릅	Ulmus davidiana	항균작용	추출물의 분획별
단삼	Salvia miltiorrhiza	항균작용	물, 에탄올, 헥산추출물
닭의장풀	Commelina communis	혈당강하효과	분말
당귀	Angelica gigas	균주생육, Aflatoxin생성	$CHCl_3$ 추출물
대복피	Areca catechu	항보체활성 및 작용양식	다당류
대황	Rheum palmatum	면역세포 활성화에 미치는 영향	물추출물
두릅	Aralia elata	돌연변이 억제작용	가열즙
두릅나무껍질		당뇨개선효과	MeOH 추출물
두릅		항돌연변이효과	생즙
리기다	Pinus rigida	항균작용	추출물의 분획별

표 2-18. (계속)

식 물 명	학 명	생 물 활 성	유 효 성 분
마황	Ephedra sinica S.	면역세포 활성화에 미치는 영향	물추출물
메꽃	Calystegia japonica	혈당강하효과	분말
며느리배꼽	Persicaria perfoliata	혈당강하효과	분말
모과	Chaenomeles sinensis	소화효소활성저해, 항균작용,	페놀성물질
모과		돌연변이원성, 항돌연변이원성	페놀성물질
모과		면역세포 활성화에 미치는 영향	물추출물
목단	Paeonia suffruticosa	균주생육, Aflatoxin생성	$CHCl_3$ 추출물
목단피		항균작용	물, 에탄올추출물
목단피	Paeonia suffruticosa	항산화작용	gallic acid epigallocatechin
목향	Saussurea lappa	방부효과	epigallocatechin gallate
미연	Coptis japonica	항암작용	물, 용기용매추출물
민들레	Taraxacum platycarpum	항균작용, 항산화작용	추출물의 분획별
방기	Sinomenium acutum	균증식억제효과	75% EtOH 추출물
백두옹	Pulsatilla chinensis	균주생육, Aflatoxin생성	$CHCl_3$ 추출물
백작약	Paeonia japonica	균주생육, Aflatoxin생성	$CHCl_3$ 추출물
백출	Atractylodes macrocephla	균주생육, Aflatoxin생성	$CHCl_3$ 추출물
복분자	Rubus coreanus M	면역세포 활성화에 미치는 영향	물출출물
봉출	Curcuma zedoaaria	균주생육, Aflatoxin생성	$CHCl_3$ 추출물
부자	Aconitua ssp.	항보체활성	다당류
붉나무	Rhus chinensis	항산화효과	순차용매추출물
붉나무		항산화효과	에탄올추출물
비파엽	Eriobotrya japonica	암유전자발현의 감소	올솔레산
빈량	Areca catechu L	면역세포 활성화에 미치는 영향	물추출물
산사	Crataegus pinnatifida	항산화작용	에테르추출물
산사		항산화작용	페놀성물질
산수유	Cornus officinalis	간기능, 혈액상	
산수유		면역세포 활성화에 미치는 영향	물추출물
산쑥	Artemisia montata	항산화효과	물, 에테르추출물
산채근	Wasabai japonica	방부효과	
산초	Zanthoxylum schinifolium	장운동성	물추출물
산초		항산화효과	quercetin, hyperside
소리쟁이	Rumex crispus	돌연변이 억제작용	가열즙
소목	Caesallpinia sappan L	면역세포 활성화에 미치는 영향	물추출물
소엽	Perilla frutescens	방부효과	

표 2-18. (계속)

식물명	학 명	생물활성	유효성분
솔잎	Pinus densiflora	항산화작용 4-hydroxy-5-methyl-3[2H]	furanone
송화분		혈청, 간장의 지방. 콜레스테롤저하효과	탈지송화분
쇠비름	Portulaca oleracea	항산화효과	순차용매분획
쑥씨		미생물생육	정유성분
알로에	Aloe vera	항궤양작용	분말
알팔파	Medicago sativa	혈청, 콜레스테롤농도	saponin
어성초	Houttuynia cordata	항산화효과	순차용매분획
어성초		항돌연변이효과	생즙
연교	Forsythia suspersa	항균작용	물, 에탄올추출물
오갈피	Acanthopanax sessiliflorus	지방축적저해효과	열수추출물
오미자	Schizandra chinensis	대사, 항산화활성	부위별 물추출물
오미자		Alloxan 유도 당뇨에 미치는 영향	열매 물추출물
오미자		CCl_4 독성에 미치는 효과	열매 물추출물
오미자		알콜대사에 미치는 효과	열매 물추출물
오미자		항균작용	물, 에탄올추출물
오미자		혈청성분에 미치는 영향	MeOH 추출물
오배자	Rhus chinensis	방부효과	
용담초	Gentiana scabra	방부효과	
울금	Curcuma longa	항보체활성	다당류
원추리	Hemerocallis fulva	돌연변이 억제작용	가열즙
유백피	Ulmus davidiana	항세균작용	MeOH 추출물
율무쌀	Coix lachryma-jobi	성장	분말
은행	Ginko biloba	혈소판응집억제효과	지용성성분
은행잎		혈소판응집억제효과	지용성성분
은행잎		항보체활성	다당류
음양곽	Epimedium koreanum	항산화효과	tocopherol, flavonoid류
익모초	Leonurus sibiricus	간장장애, 고혈당에 미치는 영향	녹즙
익모초		위액분비기능에 미치는 영향	녹즙
인동	Lonicera japonica	항보체활성	다당류
자근	Lithospermum erythrorhizon	간기능개선효과	수침액
자초	Arnebia euchroma	항균작용	물, 에탄올추출물
자초		한균작용	에탄올추출물
잔대	Adenophora triphylla	돌연변이 억제작용	가열즙
장뇌	Camphora	방부효과	
정향	Syring velutina	급만성위염 위손상에 대한 효과	MeOH 추출물
정향		방부효과	

표 2-18. (계속)

식 물 명	학 명	생 물 활 성	유 효 성 분
정향	Eugenia caryophliata T.	면역세포 활성화에 미치는 영향	물추출물
조각자	Gleditsia sinensis	항보체활성	다당류
지유	Sanguisorba officinalis	면역세포 활성화에 미치는 영향	물추출물
진달래화분		간 Aniline Hydroxylase 활성증가	물, 부탄올분획
진달래화분	Rhododendron mucronulatum	간독성회복효과	화분
진달래화분립		간기능장해 예방 및 치료효과	
진황정	Polygonatum falcatum	백혈구감소성	methylfructose polymer
질경이	Plantago asiatica	항균작용	추출물의 분획별
질경이		항산화효과	용매별추출물
참나물		돌연변이억제효과	효소갈변반응생성물
참마	Dioscorea japonica	혈당강하효과	분말
참죽나무	Cedrela sinensis	항염증, 진통효과	quercetin
참죽나무		항염증, 진통효과	메탄올추출물
천마	Gastrodia elata	국소적 관상순환기능에 미치는 영향	물, 50% EtOH추출물
초피	Zanthoxylum piperitum	항돌연변이, 암세포증식억제효과	과피 MeOH추출물
측백열매	Thuja orientalis	혈장콜레스테롤, 혈당	과피의 물추출액
치자	Gardenia jasminoides	항균작용	물, 에탄올추출물
칡뿌리	Pueraria thumbergiana	소화효소활성저해, 항균작용	페놀성물질
칡뿌리		돌연변이원성, 항돌연변이원성	페놀성물질
칡뿌리		돌연변이 억제작용	crude saponin
칡뿌리		항산화효과	MeOH추출물
컴프리	Symphytum officinale	항돌연변이효과	생즙, 가열즙
케일	Kale	Hormone, 지질대사에 미치는 영향	녹즙
택란엽	Eupatorium fortunei	항산화효과	용매별추출물
토란대	Colocasia antiquorum	Thiamine 분해능	물추출액
토룡분	Eissenia foetida	성장, 혈액성분	시판제품
토사자	Cuscuta chinensis	간기능장애개선효과	MeOH 추출물
패모	Fritillaria ussuriensis	항산화효과	순차용매분획
포공영	Taraxacum mongolicum	항산화효과	용매별추출물
해동피	Kalopanaxii Cortex	간기능장애회복효과	MeOH 추출물
향부자	Cyperus rotundus	균주생육, Aflatoxin생성	$CHCl_3$ 추출물
화살나무	Euonymus alatus	항보체활성	다당류
환삼덩굴	Humulus japonicus	항균성, 항산화성	용매분획별
황금	Scutellaria baicalensis	항암작용	물, 유기용매추출물
황기	Astragalus membranceus	항산화효과	용매별추출물
황백	Phellodendron amurense	방부효과	
황백		항균작용	물, 에탄올추출물
황백		항균작용	물, 유기용매추출물

기능성 식품의 개념이 도입되면서 국내에서 재배되고 있는 농림수산부 지정 주요 재배 생약식물을 중심으로 강활의 항균작용과 항산화작용, 길경의 항균작용과 혈청, 간장, 분변의 지질함량에 미치는 영향, 결명자의 아질산염 소거작용, 구기자의 항균작용과 간장장애 및 당뇨에 미치는 영향, 당귀의 항균작용, 목단의 항균 및 항산화작용, 산수유의 면역세포 활성화에 미치는 영향, 오미자의 항산화 및 항균활성과 당뇨에 미치는 영향, 독성과 알콜대사에 미치는 영향, 혈청성분에 미치는 영향, 패모의 항산화효과, 향부자의 항균작용, 황금의 항암작용, 황기의 항산화효과 등이 보고되었다. 이외에도 한방과 민간에서 약리효과를 갖는 것으로 알려진 102종의 생약을 대상으로 171종의 생물활성이 검색되어 135편의 논문에 보고되었다. 이것은 생약류를 이용한 기능성 식품의 개발에 관심이 집중된 결과라 할 수 있으나 의약품의 경우와 달리 활성분획을 식품으로 개발하는데 어려움이 있어서인지 추출물 수준의 활성 확인의 연구에서 더 진전된 결과가 전무하다는 사실이 무척 아쉽게 느껴지며 기능성 식품의 과학적인 근거 제시라는 측면에서 앞으로는 이 분야에서도 유효성분 연구가 더욱 활발히 이루어지기를 기대하여 본다.

4. 생약재를 이용한 음료의 유통현황

생약재를 이용한 음료류의 유통현황은 <표 2-19>에 나타내었다. 강원도 태백농협에서 생산 유통하고 있는 고원-D, 늘푸른-D 등 8개회사 10여개 제품이 시중에 유통되고 있으며 이들 음수는 특수 건강식품에 대한 관심고조, 재배기술의 향상 그리고 국산 생약재의 선호도 증가 등으로 이들 유사제품의 생산 및 유통은 앞으로 크게 증가할 것으로 예측하고 있다. 그러나 농협 등 농민단체들이 생산 유통하고 있는 음료업계에서는 이 분야의 경쟁이 치열하고 유사제품이 범람하는 경향이 있으므로 품질개선과 유통조직의 현대화로 이를 극복하는 것이 중요한 문제이다. 그리고 음료는 갈증을 해소할 목적으로 제품화가 이루어졌지만 최근에는 건강지향 및 기능성을 추구한 다양한 제품이 시장을 형성할 것으로 알려지고 있다. 따라서 생약재를 이용한 음료의 개발에 있어서 건강을 생각하고 기능성을 추구한다면 앞으로 생약음료의 시장은 장족의 발전을 거듭할 것으로 추정되며 이에 대한 연구개발 투자도 아끼지 말아야 할 것으로 생각한다.

표 2-19. 시중 생약음료의 성분비교

제 품 명	제 조 원	주 성 분	부 성 분	기 타 성 분
고원-D	태 백 농 협	당귀추출액 1%	구연산 0.15% 구연산나트륨 0.03% L-글루타민산 0.01% 고과당 9%	
늘푸른-D	태 백 농 협	천궁추출액	구연산 0.10% 구연산나트륨 0.03% L-글루타민산 0.01% 고과당 9%	
구 기 자 액 상 차	비 봉 농 협	구기자추출액 (고형분 5%) 8.5%	계피 0.4% 건강 0.05% 대추 0.2% 고과당 5.5% 구연산 0.15%	
구기영차	(주)운무원식품	구기자엑기스 2.0% (내용물 170㎖ 중)	영지엑기스 0.2% 오미자엑기스 0.2% 대추엑기스 0.6% 벌꿀 2.0%	
당귀영차	(주)운무원식품	당귀엑기스 2.5% (내용물 170㎖ 중)	대추엑기스 6.5% 영지엑기스 0.13% 벌꿀 1.5% 고과당 10%	
영비천에이	일양약품(주)	영지추출액 (고형분 7%) 0.6%	벌꿀,사과과즙 10% 정제수,고과당	구연산, 비타민C, L-글루타민산나트륨, 카라멜, 니코틴산아미드, 비타민 B_6, 구연산나트륨
영비천골드	일양약품(주)	영지추출액 (고형분 7%) 1.0%	가시오가피추출액 (고형분4%) 0.1% 사과과즙 10%, 벌꿀, 액상과당, 에탄올, 정제수	비타민C, 비타민B_6, 니코틴산아미드, 글리신, DL-알라닌, 구연산나트륨, 구연산, 시클로덱스트린, 카라멜
오미영차	(주)운무원식품	오미자엑기스 2.1% (내용물 170㎖ 중)	구기자엑기스 2.0% 대추엑기스 3.2% 벌꿀 3.0% 고과당 5.3%	
운 지 천	광동제약	운지추출물 (고형분30%) 1.6%	가시오가피추출물 (고형분 5%) 2.0% 로얄제리 0.05% 벌꿀 0.01% 액상과당 9.0% D-솔비톨 2.0% 모과과즙 11%	비타민C 0.03% 니코틴산아미드 0.01% 비타민B_6 0.003% 구연산 0.18% 구연산나트륨 0.075% 안식향산나트륨 0.05% 염화나트륨 0.03% 허브향 0.15%

표 2-19. (계속)

제 품 명	제 조 원	주 성 분	부 성 분	기 타 성 분
사천칡즙	사천 Co.	칡 (고형분30%) 75%	과당 10%, 설탕 5%, 정수 9%, 꿀 1%	
산에산에칡수	한일종합식품	칡즙 42%	설탕, 정제수	
홈 대 추	미원음료(주)	대추추출액 (고형분0.5%) 92%	액상과당, 백설탕	대추향, 구연산 안식향산나트륨
홈 영 지	미원음료(주)	영지추출액 (고형분 0.3%)	액상과당, 백설탕, 벌꿀	구연산, 안식향산나트륨

제3절 식용식물 자원의 이용

1. 복분자 관련 국내·외 연구동향

1) 서 언

복분자 딸기(*Rubus coreanus* Miq)는 장미과(Rosaceae)에 속하는 낙엽 활엽성 관목으로 중국이 원산지이며 분포는 우리나라 제주도 및 남부지방·중부지방과 일본, 중국, 미국, 유럽 등의 해발 50~1,000m 지역 산기슭 양지에 자생한다. 줄기는 자줏빛이 도는 붉은색이고, 백분(白粉)으로 덮여 있으며, 구자(鉤刺)가 있고 잎은 호생(互生)하고 우상복엽(羽狀複葉)이며, 소엽(小葉)은 3~7개이고, 난형 또는 타원형이며, 예두(銳頭)이고 넓은 예저(銳底) 또는 원저이며, 길이 3~7㎝로서 불규칙하고 예리한 톱니가 있으며, 면모(綿毛)로 덮여 있으나 점차 없어지고 뒷면 맥(脈)위에만 약간 남으며, 엽병(葉柄)에 가시가 있다.

5~6월에 꽃이 피고 꽃은 연한 홍색이며, 산방화서(繖房花序)는 가지 끝에 달리고 털이 있으며, 꽃받침잎은 털이 있고 난상 피침형이며, 꽃잎은 꽃받침보다 짧고 도란형으로 연한 홍색이며, 자방(子房)은 털이 있다.

7~8월에는 열매가 성숙되며, 핵과(核果)는 둥글고 붉은색으로 익지만 나중에는 흑색으로 된다. 잎 뒷면에 털이 전혀 없는 것을 '청복분자딸기(for. concolor Nakai)'라고 한다. 우리나라에서는 *Rubus coreanus* Miq종만을 약용으로 분류하고 있다.

특히 우리나라 고창지역의 야산계곡에 자생하고 있고 현재는 고창 선운사 인근 아산면 일대의 산비탈 및 휴경지에 100여 농가 약 4만5천평에서 재배 생산되어(년간

40,000kg) kg당 6,000~10,000원에 거래되고 있으며 수확비용 이외의 생산비는 적게 들어 고소득 작목으로 이 지역 농가 소득에 지대한 공헌을 하고 있다. 또한 복분자 재배 농민이 주체가 되어 영농조합을 결성하여 전라북도와 고창군의 적극적인 지원하에 재배 면적을 확대하고 있다.

원산지로 알려진 중국에서는 일반적으로 *R. parvifolius L., R. crataegifolius, R. chinchi, R. ideaus L.* 등의 20여종의 *Rubus*속 식물의 미성숙 과실을 증기로 쪄서 햇볕에 말린것-복분자로 정의하여 강장제 등 약용으로 쓰이고 있다.

일본은 1873년(명치 6년)에 소도 당시의 북해도 개척자가 미국에서 raspberry 14품종을 도입 동경관원에서 묘목을 육종하여 보급한 이래 현재 *Rubus*속 식물이 70여종이 자생하고 있으며 キイチゴ、ミジイチゴ, エゾクマイチゴ エビガリチゴ バライチゴ의 과실을 이용하고 있다. 한국산 복분자는 *R. coreanus* MIQ(トクリイチゴ 도쿠리이찌고)라 분류하고 있으며, 일본 농림수산성 북해도 농업시험장에서 유망한 품종으로 인정되어 재배를 시도하고 있다.

유럽 미국 등에서도 *Rubus*속 식물의 열매를 Raspberry류로 통칭하며 이 속에 속하는 식물은 400여종 이상이나 되지만 red raspberry, purple raspberry, black raspberry류로 대별한다.

우리나라의 복분자와 가장 근연한 품종은 purple raspberry로서 red raspberry와 black raspberry의 교잡종이며 red raspberry는 줄기가 직립성이이지만 흑색 및 자색은 줄기 끝에서 수직으로 내려가 아치형이 되는 것이 특징이다. 현재 raspberry류에 대한 그 효능성분이 연구대상으로 관심을 모으고 있다.

재배 적지는 복분자류는 이상과 같이 그 품종이 다양하지만 대체로 *Rubus*속(나무딸기류)에 속하고 있으므로 기후 조건 등 약간의 제약이 있어서 일반적으로 熟期는 고온이 적합하고 이를 제외하고는 냉량한 한지 또는 고랭지에 적합하다. Red raspberry는 내냉성이 강하고, purple raspberry, black raspberry는 조금 떨어지는 것으로 나타났다.

2) 복분자관련 고문헌 조사

(1) 생장특성

국내·외 고문헌 및 연구문헌에 나타난 복분자의 분류학적 체계에 따른 품종명과 생장 특성을 조사하여 요약한 결과는 <표 2-20~22>와 같으며 복분자와 성분이 유사하여 용도 및 효능이 유사한 근연식물은 <표 2-23>과 같다.

(2) 한방활용에 관한 조사

한의약서에 의한 활용예와 처방예를 요약하면 <표 2-21>와 같다.

표 2-20. 복분자의 생장특성

학　명	*Rubus coreanus* Mique
국가명	한국: 복분자딸기　중국: 覆盆子 Fupenzi 일본: キイチゴ、ミジイチゴ, エゾクマイチゴ エビガリチゴ バライチゴ fuku-bon-shi Fu-pen-zi
속　명	교맥포자(蕎麥抛子), 마루(馬瘻), 삽전비(澁田批), 삽전포(澁田葡), 조사매(鳥沙梅)
자생지	일본·중국 및 우리나라 제주도 및 남부지방·중부지방의 해발 50~1,000m 지역 산기슭 양지에 자생한다.
생장특성	높이-낙엽관목으로 높이가 3미터에 달한다. 줄기-끝이 휘어져 땅에 닿으면 뿌리가 내리고 자주빛이 도는 백색분으로 덮여 있음 잎-어긋나며 홀수깃 모양의 겹잎으로써 작은잎은 5~7개로 불규칙하고 예리한 톱니가 있으나 솜털로 덮여있어 점차 없어지지만 잎자루에는 가시가 있다. 꽃-선방화는 가지 끝에 달리며 털이 있고 5~6월에 꽃이 피며 꽃받침잎은 털이 있고 卵狀披針形이며 꽃잎은 꽃받침보다 짧고 卵形으로서 연한 홍색이다. 열매-자방은 털이 있으며 둥글고 7~8월 적색으로 익지만 나중에는 흑색으로 된다.
출처번호	1, 3~5

표 2-21. 복분자의 한방활용 현황

한방효능	해　설	처방번호	출처번호
補肝 明目 縮尿明脈 腎臟强化	피로로 인한 간 손상을 보하며 눈을 밝게 함, 오줌량을 늘이며 폐의 虛汗증을 낫게 함, 혈액을 맑게 함	6	1~9
胎生 不姙 子宮發育不振 小兒遺尿小兒夜尿	여성의 자궁발육부진 자궁내 질환으로 인한 불임증, 요통, 소아의 야뇨, 유뇨	3	1~4
遺精 助陽 陰萎 夢泄 澁情	양기, 신기 부족으로 인한 유정 정액부족, 발기부전, 성기능을 높이고, 속을 덥게 하며 기운을 세게함	5	2, 3, 6
滋養 强壯 神經衰弱 氣管支	기운을 돕고 몸을 가볍게 하며 식욕을 돋움. 천식, 폐의 허한 것을 막아줌	2	3, 4, 5, 9~11
皮膚病 活血 止血	입안이 헌데, 종기 부스럼	1	2, 3, 5
養毛	머리는 나게 하고, 희게 세는 것을 막아줌	4	2, 3, 4, 9
淸凉 止渴	갈증을 풀어주고 열을 내려줌	2	1~5, 8, 9

표 2-22. 한방 및 경험방에 의한 사용방법

처방번호	가공형태	가 공 방 법	출처번호
1	탕제(외용)	생잎을 달여 식힌 다음 약간의 몰약을 섞어 1일 2~3회 입가심	1
2	탕제(음용)	복분자나 덩굴딸기의 뿌리 10g을 달여 하루에 다 복용	2
3	탕제(음용)	뽕잎 15장과 복분자 4g, 차전자 4g을 함께 달여 장복	3
4	탕제(외용)	열매 100g에 물 1ℓ 넣고 잘 달여서 그 물로 잠자기 전에 머리를 감거나 즙을 짜서 두피에 바름	4
5	散劑 丸劑	복분자 100, 산수유 80, 황백 50, 연근 60, 산약 100g을 가루내어 꿀을 넣어 둥근 알약을 만들어 한번에 5~6g씩 하루 3번 복용	5
6	술	복분자 200, 파극천, 육종용 각각 100, 술 1,000㎖ 넣고 잘게 썰어 술에 20~30일 담가서 하루 2~3번 한번에 5~10㎖씩 식후에 복용	
7	복분자차 복분자청	복분자를 깨끗하게 씻어 꿀이나 설탕과 같이 용기에 10일 정도 재워서 밀봉하였다가 복분자청을 찻잔에 넣고 끓는 물을 부어 음용	6

표 2-23. 복분자 근연(유사)식물

학 명	*Rubus buergeri* Miquel(겨울딸기)
속 명	한매(寒苺), 지매(地苺)
재 배 지	일본·대만·중국 및 우리나라 제주도의 해발 700m이하 수림
활용부위	열매
용 도	지사, 음위, 강장, 청량음료재, 밀원자원

학 명	*Rubus corchorifolius* L. Fil(수리딸기)
속 명	현구자(懸鉤子), 속명: 산매(山苺), 매(木苺), 수매(樹苺), 연구자(沿鉤子)
재 배 지	일본·중국 및 우리나라 제주도 및 남부지방, 경상남도, 전라남·북도 해발 50~900m 지역의 산기슭 양지
활용부위	열매
용 도	명안, 지사, 음위, 공업용, 밀원용, 청량음료재

학　　명	*Rubus phoenicolasius* Maximowicz(가시딸기)
속　　명	붉은가시딸기
재 배 지	일본 및 우리나라 전국 각지의 심산지역 산기슭
활용부위	열매
용　　도	지사제, 강장, 양모, 밀원용, 약용

학　　명	*Rubus idaeus* Linne var. *microphyllus* Turczaninow(멍덕딸기)
속　　명	리백현구자(裏白懸鉤子)
재 배 지	아무르·서백리아 및 우리나라 남부지방·중부지방·북부지방의 해발 500~1,500m 지역 산야지, 특히 화전적지에 많이 자생
활용부위	열매
용　　도	태생, 지사, 음위, 간장, 양모, 밀원용, 약용
출처번호	1, 2, 4

3) 최근 연구 내용

(1) 복분자의 일반성분

복분자 숙과에 대한 성분 연구 결과를 종합하여 보면<표 2-24>와 같다.

표 2-24. 복분자 숙과의 일반성분

분　　류	성분명 및 함량(100g/%)
색　　소	카로틴, 염화시아닌배당체, 벤즈알데히드
유 기 산	Isocitric acid, astragalin, isoquercitrin, citronenemalic acid, tartaric acid, isocitric acid, astragalin, isoquercitric, citronene, citric acid, 레몬산(2.2%), 사과산, 포도주산, 살리실산, 카프론산, 개미산
탄수화물	포도당(43%), 과당(8%), 서당(6.5%), 펙틴
비타민	비타민 A 392 I.U, 비타민 B1 0.05 ㎎, 비타민 B2 0.04 ㎎, 니아신 0.4㎎, 비타민 C 29 ㎎
무 기 질	회분 0.5g, 칼슘 4㎎, 인 32㎎, 철 0.9㎎, 나트륨 2㎎, 칼륨 170㎎
지 방 산	씨- 기름(11.6%), 피토스테린(0.7%)
출처번호	19, 20, 21

(2) 미숙과실의 성분

한방에서 효능이 있는 것으로 알려진 미숙과에 대한 성분연구 결과는 <표 2-25>와 같으며 성숙정도에 따라서 유기산 및 탄닌 성분이 줄어들고 기타 당성분은 증가하였다.

표 2-25. 복분자 미숙과의 성분

연 구 내 용	출처 번호
과실이 성숙함에 따라서 유기산 농도, 폴리페놀 탄닌의 함량이 감소하고 당농도, 비타민 C 농도와 휘발성 방향족 화합물의 농도는 증가	19,20, 21,23
80% 함수 아세톤으로 추출하여 얻은 엑스로부터 가수분해서 탄닌으로서 1종의 gallotannin과 3종의 ellagitannin을 분리하였다. 이를 물리화학적 성상과 각종 기기분석 소견 및 문헌과의 비교를 통해 gallic acid, 2,3-(S)-HHDP-D-glucopyranose, sanguiin H-4, sanguiin H-6로 확인 동정	21,22, 23

(3) 복분자의 Terpenoids 성분 연구현황

복분자의 주 효능성분인 terpenniods류에 대한 연구분야는 <표 2-26>과 같다.

표 2-26. 복분자의 주효능 성분 분석

연 구 내 용	출처번호
열매에서는 ellagic acid, β-sitosterol와 diterpene 배당체를 분리하였다.	19~22, 24, 25
복분자 딸기잎을 추출 및 분리하여 화학적 실험을 한 결과, 6종의 화합물을 분리하였고 이화학적 및 분광학적 실험결과로부터 그 6종의 성분은 Kaempferol, quercetin, quercetin-3-O-β-D-글루루로니드의 나트륨염과 탄산나트륨염, 엘라긴산, Sanguiin H-5로 동정하였다.	26, 29

(4) 향기성분 연구현황

복분자의 향기성분에 대한 연구분야는 <표 2-27>과 같다.

표 2-27. 복분자의 향기성분

연 구 내 용	출처번호
Restronasla aroma simulator(RAS)와 gas chromatography olfactometry(GCO)를 이용하여 향 성분을 분석하였다. 신선한 raspberry의 특징적인 향 성분은 β-damascenone, diacetyl, sotolon, 1-hexen-3-one, 1-nonen-3-one, 1-octen-3-one, (Z)-3-hexenal 등인데 열을 가하면 ketone이 증가하여 대체적인 향 성분이 증가하는 반면 크림을 첨가하면 향 성분의 감소를 볼 수 있다.	49, 61
GC-sniffing techmique을 이용하여 분석한 주요성분은 ethanol(54.1%), linalool(23.7%), α-terpineol(5.1%)등이었다. Linalool, nerol, geraniol등의 성분이 단맛과 장미향으로 판단되었다.	60
Raspberry를 비롯한 과일, 향신료, 종자류 등 96가지 sample에 대해 anol, propylene, glycol, glycerin, triacetin, diethylene ether, 1,3-butylene glycol 등 6가지 carrier solvent로 GC 분석하였다. 결과 ethanol은 68종류, propylene glycol 31 종류, glycerin 18종류, triacetin 12종류의 향 성분을 분석하였다.	44, 51

(5) 생과의 유통연구 현황

복분자의 유통 현황에 대한 연구분야는 <표 2-28>과 같다.

표 2-28. 복분자 생과의 유통방법

연 구 내 용	출처번호
Ionizing radiation처리 및 이를 열처리, 냉장, CA 포장 등과 병행하여 저장성을 조사하였다. Strawberry의 유통과정중 저장을 향상시킬 수 있는 것으로 사료된다.	41, 44
Heritage raspberry(*Rubus ideaus* L.)을 저밀도 polystylene에 포장하여 0, 10, 20℃에서 저장하면서 실험하였다. 호흡률, ethanol 생성, 향성분 등에 기초하여 raspberry는 0℃에서는 산소농도 4 kPa, 10℃에서는 6 kPa, 20℃에서는 8 kPa 이상에서 보관하는 것이 좋다. 20℃에서 steady-state의 이산화탄소 농도 3~17 kPa는 산소흡수 또는 ethanol생성에 별 영향을 미치지 않는 것으로 나타났다.	45, 59

(6) 최근 효능 연구 현황

최근 수행된 연구 중 주요내용을 요약하면 <표 2-29>와 같다.

표 2-29. 복분자의 효능에 관한 주요 연구내용

연 구 내 용	출처번호
오미자, 구기자, 사상자, 토사자 및 복분자 수침 Ext를 투여한 결과는 복분자 수침 Ext만이 인삼 total saponin 분획물에서와 같은 뇌의 Norepinephrine과 Dopamine의 증가경향을 나타내었을 뿐, 나머지 생약들은 control의 수준을 유지하거나 감소시키는 경향을 나타내었다.	29
시험관내에서 HBs항원과 결합능이 있고 HBV DNA억제하는 생약제인 가자, 지유, 복분자, 그리고 대황을 duck hepatitis Bvirus(DHBV)감염 오리에 투여하여 감염후 2주와 2주후의 혈청중 DHBV DNA와 DHBV DNA polymerase 활성도를 조사하였다. 가자를 투여한 오리에서는 4주후에 DHBV DNA polymerase 활성도가 생약 투여전에 비하여 유의하게 낮아졌으며, 지유를 투여한 오리에서는 투여전에 비하여 유의한 차이를 보이지 않았다. 복분자와 대황을 투여한 군에서는 DHBV와 DNA polymerase 활성이 다같이 유의한 저하를 보여주었다. 기간중에 모든 오리에서 혈청중 transaminase 활성과 간장의 병리조직학적 소견은 변동을 보이지 않았다.	18
한국에서 시판하는 생약제 151종의 증류수 추출약을 사용하여 시험관 내에서 HBs 항원과의 결합능과 B형 간염 바이러스(HBV) dml DNA polymerase 억제능을 시험하고 그중 자유, 대황, 복분자, 그리고 가자의 4종류에서 특히 HBs 항원과의 특이적 결합능력과 DNA polymerase 억제효과가 있음을 관찰하였다. 또한 HBV DNA polymerase를 억제하는 9종은 백서의 갈락토사민 유발 간염에 대한 효과와 대식세포의 종양괴사인자 유리에 미치는 효과도 시험하였다.	14
식품의 효소적 갈변을 일으키며 생체 내에서는 melanin 생합성을 촉매하는 효소인 tyrosinase의 저해제를 천연물로부터 탐색하기 위하여 mushroom tyrosinase와 L-3,4-dihydroxyphenyl alanine을 이용한 효소반응 시스템을 도입하여 채소류, 과실류 및 약용식물류 등의 식용 129종 및 수용성 화합물 15종의 tyrosinase 활성저해능을 측정하였다. 엽경채류의 경우 무순〉 레드치커리〉 냉이〉 쪽파〉 브로콜리〉 꽃양배추의 순으로 50% 이상의 높은 저해능을 보였으며 근채류, 및 다류에서는 무, 마늘, 팽이버섯, 표고버섯, 느타리버섯, 녹차, 홍차가 50% 이상의 저해능을 보였다. 과채류의 경우 홍고추〉 모과 순으로 높은 효소저해 효과를 보여 50% 이상의 저해능을 나타내었으나 과실류는 전반적으로 저해능이 낮은 편이었다. 약용식물류에서는 오매〉 계피〉 복분자〉 상백피〉 측백엽〉 갈근〉 작약〉 산사자의 순으로 50% 이상의 효소활성 저해능을 보였으며, 초본류의 경우 올스파이스, 정향, 계피, 겨자가 50% 이상의 저해능을 보였다. 한편, 분석한 몇 가지 수용성 화합물에 있어서는 4-hexylresorcinol, L-cysteine, glutathione, sodium bisulfite, kojic acid가 강력한 tyrosinase 활성 저해효과를 나타냈다.	16

(7) 기타 식품제조 분야

가. 주요 연구내용

복분자를 이용한 가공제품에 관한 연구내용은 <표 2-30>과 같다.

표 2-30. 복분자를 이용한 가공제품의 연구내용

주 요 연 구 내 용	출처번호
Raspberry를 pulp fermentation, depectinized juice, pasteurized juice 세가지 방법으로 wine을 제조하여 anthocynine 및 색을 조사하였다. 가장 불안정한 anthocyanine인 cyanidin-3-glucoside는 발효 중 거의 대부분이 없어졌으며 depectinized, pasteurized wine은 저장 후에도 색상이 안정하게 유지되었다.	43
뉴질랜드산 raspberry로 제조한 wine 중 fermenting flash pasteurized pectinized juice extract를 monomericanthocyanin 함량이 높은 것이 저장 후 가장 갈변이 적었고 polymer에 의한 색상 변화는 없었다. 이는 SO_2와 HTST과정 중 산화 효소가 불활성화된 것이다.	47
Raspberry 주스의 냉장 중에 일어난 혼탁현상의 원인을 규명하기 위해 물리화학적 실험 결과 저온과 낮은 pH 환경에서 분자량이 큰 단백성 물질과 glucose 또는 mannose polysaccharidies와의 침전현상에 의한 것으로 추정된다. 이것은 또한 raspberry의 펙틴분해에 의한 limit-substrate, *Aspergillus niger*가 분비한 물질이라는 논의도 있었다.	48, 62
Raspberry 다당류를 분석하면 arabinans, arabinogalactans type Ⅱ, rhamnogalacturonans 등이다. 이 중 arabinan류는 arabinases 처리에 의해 감소시킬 수 있으나 나머지는 일반적인 pectin enzyme으로 잘 분해되지 않는다. 그 밖에 세포벽 다당류가 있는데 주로 고분자의 β-glucan로 이 β-glucan이나 펙틴류를 제거 방법에 대한 연구이다.	53, 57
Califonian raspberry liqueur의 저장중 암적색의 혼탁의 원인이 되는 것은 ellagic acid이다. 이를 Fourier Transform IR Spectroscopy와 UV spectroscopy를 이용하여 분석한 결과 ellagic acid는 원래 raspberry의 구성성분으로 농축물 kg당 10㎎ 이상 검출되었다.	55

나. 복분자 관련 주요 제품조사

국내·외에서 제조되어 유통되고 있는 가공식품종류를 조사한 결과는 <표 2-31>와 같다.

표 2-31. 복분자 관련 가공제품

제 품 명	나 라	판 매 원	특 징
Raspberry candy	미국	Golden Farm	무설탕, 무염, 후미가 없는 캔디
Herbal blend	미국	Nutri-net	Raspberry등 허브의 복합 정제
Pastry충전용 raspberry	미국	Baker	pastry 제조용
무카페인 raspberry 차	미국	Bigelow	천연 및 인공향 함유
Raspberry향 차	미국	Celestial Seansoning	신선한 raspberry향이 함유된 무카페인차
음료용 믹스	미국	Crystal Light	
Gell-O	미국	Gell-O	무설탕 raspberry gelatin
Gell-O gelatin mix	미국	Gell-O	무지방 raspberry gelatin mix
캔디	프랑스	La Vosgienne	raspberry향 함유 캔디
Drops	프랑스	La Vosgienne	raspberry향 함유 drops
비스켓	벨기에	LU Le Pim	raspberry 함유 비스켓
시럽	미국	Vermont Inc	향이 우수한 raspberry 시럽
소스	미국	Mott	raspberry와 사과를 이용한 소스
Cereal bar	미국	Nutri-Grain	저지방의 밀, 귀리와 raspberry를 이용한 cereal bar
Cran-raspberry refill	미국	Ocean Spray	raspberry와 cranberry 농축액
Cran-raspberry juice	미국	Ocean Spray	Light style의 음료
Cran-raspberry juice	미국	Ocean Spray	음료
All fruit raspberry	미국	Polaner	병조림
All fruit seedless raspberry	미국	Polaner	씨를 뺀 raspberry 병조림
Red raspberry Preserve	미국	Smucker	Red raspberry 잼
Black raspberry spread	프랑스	St. Dalfour Deluxe	Black raspberry 스프레드
Red raspberry spread	프랑스	St. Dalfour Deluxe	Red raspberry 스프레드
Orange raspberry juice	미국	Tropicana Twister	오렌지와 raspberry 함유 음료
Raspberry preserve	영국	Wilken&Sons Ltd	Raspberry 잼
Raspberry sedless preserve	영국	Wilken&Sons Ltd	씨를 뺀 raspberry 잼

2. 삼지구엽초 관련 국내·외 연구동향

1) 삼지구엽초의 생장특성

학 명		매자나무과(小蘗科: Berberidaceae) *Epimedium koreanum* NAKAI., *Epimedium grandiflorum* MORR.
국가명	한 국	음양곽(淫羊藿) - 줄기(莖) 및 잎(葉) 음양곽근(淫羊藿根) - 근경(根莖) 삼지구엽초(三枝九葉草), 仙靈脾 - 통칭
	일 본	淫羊藿イニョカク) - 뿌리, 줄기, 잎을 칭함 三枝九葉草(セヨウセイカリンウ) - 통칭
	영 명	barrenwort - 통칭
속 명 <神農本草經>		剛前, 仙靈脾, 放杖草, 千雨金, 黃速組, 三枝九葉草, 엽장초, 건계근
분 포		계곡의 나무가 성글게 선 숲에서 자라고 충청도 이북에 분포한다
특 성		성질은 따뜻하고(溫) 맛은 매우며 독이 없다.
생장특성		다년생 초본 높이: 30~40㎝ 줄기: 한 포기에서 여러 대가 나오고 곧게 자란다. 뿌리: 근경은 옆으로 뻗으며 잔뿌리가 많이 달리고 꾸불꾸불하며 원줄기의 밑에는 비늘 같은 잎이 둘러싸고 있다. 잎 : 根生葉은 엽병(葉柄) 길고 원줄기에서 1~2개의 호생(互生)하며 3개씩 2회 갈라지므로, 三枝九葉草라 한다. 小葉은 난형이며 끝은 뾰족하며 밑부분이 心臟底이고 길이 5~13.5㎝, 자비 1.5~7.2㎝, 가장자리에는 털 같은 톱니가 있다. 꽃 : 황백색이며 원줄기끝의 總狀花序에 아래로 향하여 달리고 꽃받침잎은 卵狀 披針形에 8개가 내외 2줄로 배열되어 바깥쪽의 4개는 작으면서 부동형이고 안쪽의 4개는 비교적 크고 同形이다. 꽃잎은 4개, 타원에 가깝고 수술은 4개 암술은 1개 花柱는 길다. 열매: 대과(袋果)는 방추형으로 성숙하면 두 개로 갈라진다. 개화기: 5월 결실기: 6월
출처번호		15

2) 삼지구엽초의 한방활용

한방효능	해 설	歷代醫方
主陰痿 地與陽之劑也	음위증(陰痿症)을 치료하는데, 양기가 세지게 하는 약제이다. 600g을 술에 담가 두고 그 술을 마시거나, 알약을 만들어 오랫동안 먹는다.	본 초
治四肢不仁	팔다리를 잘 쓰지 못하는 것을 치료한다. 물에 달여 먹거나 쪄서 먹거나 생것을 먹거나 다 효과가 있다.	본 초
治筋骨攣急	힘줄과 뼈가 오그라들고 땅기는 것을 치료한다. 달여 먹거나 술을 빚어 먹거나 다 효험이 있다.	본 초
治虛勞冷氣	허로(虛勞)와 냉증(冷症)을 치료하며 신(腎)을 보하고 기력을 도와준다. 달여 먹거나 술을 빚어 먹거나 다 효험이 있다.	본 초
	모든 풍랭증(風冷症)과 허로(虛勞)를 낫게 하며, 무릎을 보하며, 남자의 양기보양, 여자의 음기보양에 쓰인다. 노인의 기력보강, 건망증에 효과가 있으며, 술과 배합하여 쓰는 것이 효과가 좋다.	본 초

3) 삼지구엽초의 성분

(1) 일반성분의 종류 및 함량

성 분 함 량	출처번호
조단백질 8.63%, 조지방 1.21%, 조섬유 40.59%, 회분 5.20%, 수분 13.03%, 가용성 부기질소분 30.99% 및 icariin 0.94%, magnoflorine 0.16%	15

(2) 유용성분의 종류 및 효능

분 류	특성 및 효능	출처번호
부 위 별 성 분	◦ 지상부(莖과葉) : flavonoid인 icariin 및 icarisidⅡ(anhydroicaritin 3-O-α-rhamnoside), quercetin 정유, ceryl alcohol, hentriacontane, phytosterol, tannin, 油脂(지방산: palmitic acid, stearic acid, oleic acid, linoleic acid) ◦ 지하부(뿌리) : 기지성분인 icariin, epimedoside A 및 ikarisoside A n-alkane인 n-nonacosane, n-hentriacontane sterol인 canpesterol 및 β-sitosterol과 이들의 glycoside flavonoid인 2"-O-rhamnosyl icarisid Ⅱ	9, 10, 11
생리활성 물 질	◦ Alkaloid: magnoflorine, lignin, phenyletanoid glycoside, ionione 유도체, sesquiterpene glycoside 등 ◦ Flavonoid: icariin(hypotensive effect), epimedoside A ◦ Flavonoid glycosid: epimedin A, B, C, quercetin, anhydroicaritin-3-O-rhamnoside ◦ Lectin: 사람 및 여러동물의 혈액에서 응집을 일으키며, 혈구응집반응(생쥐의 적혈구 사용)은 25mM fructose 및 50mM arabinose에서, N-acetyl-D-glucosamine, N-acetyl-D-galactosamine에 억제되었으며, 나아가 5mM Ca^{2+}, Ba^{2+}, Mg^{2+}의 존재하에서 억제되었음	11, 15
성 분 별 효 능	성기능 흥분작용, 혈압강하작용, 혈당강하작용, 항virus작용, 이뇨작용(소량), 항이뇨작용(다량), 돌연변이 유발억제효과, 면역기능, 간기능개선, 항산화효과 및 소아마비, 신경쇠약, 만성기관지염의 치료에 이용됨	15

(3) 성분별 효능

분 류	특성 및 효능	출처번호
돌연변이유발 억제	◦ Icarisid Ⅱ(baohuoside Ⅰ) : *In vitro*에서 neutrophil chemotaxis, mitogen, mixed-lymphocyte culture, NK-cell cytotoxicity 및 IL-2 생성에 억제효과가 있는데 이들 효과는 dose-dependant하므로 anti-inflammatory 및 immunosuppressive agent로서의 기능성도 제시되었음. 또한 *in vitro*에서 6종의 cancer cell line에 대해서 cytotoxic 및 cytostatic effect가 있음이 밝혀졌고 IC_{50}는 2.8~7.5 ㎍/㎖이며 이 농도에서 DNA 및 RNA의 합성을 억제하나 단백질 합성은 억제하지 않았음 ◦ Lectin :분자량이 47Kd인 단량체로서 단백질 58.2%, 탄수화물 41.8%, xylose, aspartic acid, phenylalanine의 구성비가 높으며, propidium iodine 염색 후 세포주기를 분석하여 mitogenic activity를 알아본 결과 사람이나 생쥐의 림프구를 증식시키지 않았음	16, 21
혈압강하	Icariin, prenylflavonoid glycosides 등은 혈압강하, 말초혈관 확장 및 뇌내 혈관운동중추 억제작용이 있음	17, 24
간 기 능 개 선	Flavonoid인 icariin, flavanol glycoside인 icariside Ⅱ는 antihepatotoxic 활성이 있음	1, 7
면역기능	◦ 음양곽의 탈지 수용성 추출물 중 고분자 함유 분획이 대식세포의 탐식능을 강화하고 BC-47 cell의 증식을 억제하며, polysaccharide는 대식세포의 탐식능을 증대시키고 그 chemotaxis를 증가시키며 BC-47 cell과 P 815 cell의 증식을 억제함 ◦ 음양곽의 70% MeOH 추출물, icariin 및 epomedin이 간의 Kupffer cell에 의한 탐식작용을 활성화시킴 ◦ Quercetin 등 여러 flavonoids가 mast cell에서 Ca-uptake를 억제하여 histamine 유리억제 및 immunoglobulin 합성을 억제하여 체액성 면역 반응을 감소시킴 ◦ 음양곽 분획물(음양곽 MeOH 추출물의 EtOAc층; Fr.1, 음양곽 MeOH추출물의 H_2O층; Fr.2, 음양곽 MeOH 잔사의 침전물; Fr.3)로 나누어 생쥐의 면역반응에 미치는 영향을 실험한 결과, Fr.1 투여군은 정상대조군에 비해 비장의 중량비, Arthus 및 HA titer(적혈구응집소가: Hemagglutination titer)를 유의성있게 감소시켰으나, WBC는 유의성있게 증가시켰고 Fr.2 투여군은 정상대조군에 비해 간장의 중량비, Arthus 및 HA titer를 유의성있게 감소시켰으나, WBC는 유의성있게 증가시켰음. Fr.3 투여군은 정상대조군에 비해 간장과 흉선의 중량비, DTH(지연형과민반응: Delayed-type hypersensitivity), RFC(비장세포의 rossete 형성능: Rosette Forming Cell), phagocytic activity 및 WBC를 유의성있게 증가시켰다. 따라서 Fr.1과 2 투여군은 체액성 면역반응을 감소시켰으나 말초순환 백혈구수는 증가시킨 반면 Fr.3투여군은 세포성 면역반응, 대식세포의 활성 및 말초순환 백혈구수를 증가시키는 효과가 있었음	8, 12

분 류	특성 및 효능	출처번호
항산화 효과	◦ 삼지구엽초의 주성분은 flavonoid glycoside로서 지상부는 icariin이고 지하부는 epimedioside A이다. 6월부터 9월까지 4개월간 월별로 채집해서 메탄올 엑스를 취해서 HPLC를 실시한 결과 icariin, epimedioside A, icarisoside A 외에 2″-O-rhamnosyl scarisoside A 및 2″-O-rhamnosyl icarisid Ⅱ도 소량 함유되어 있음을 확인하였으며, 그 수확시기는 flavonoids함량이 최대인 6월과 7월에 걸친 초여름이 최적기인데, 그 이유는 시간이 지남에 따라 점차로 감소되기 때문임 ◦ 음양곽의 메탄올 추출물을 각종 식용유지에 첨가하여 75℃에서 저장하면서 과산화물가의 변화를 측정하므로써 항산화성을 검토한 결과, lard와 corn oil에 대한 항산화 효과가 인정되었고 특히 lard는 항산화 효과가 컸으며 첨가농도에 따라 효과가 증가되었고 추출물을 120℃에서 120분간 가열하였을 때에도 66% 이상의 항산화성이 잔존하였으나 대두유에 첨가한 결과 자외선에 의한 광산화가 급격히 촉진되었음. 추출물 중의 유효 항산화 성분은 tocopherol류와 flavonoids류이며, 이 중 α, β, γ 및 δ-tochpherol의 함량은 각각 21.61, 1.48, 5.50 및 3.75 ㎎%이었음	2~6, 9~11, 14, 15 18, 20~22

(4) 식품 및 의약품으로서의 이용

분 류	이 용 분 야
단 일 차	◦ 제조방법 물 2L에 음양곽 30g, 계피 5g을 넣고 15분 정도 끓인 후에 음용한다. 음양곽에는 icariin, epidin, 지방유 중의 지방산등 많은 성분이 함유되어 있음 ◦차의 효능 남성호르몬을 증가시키고, 정력을 보강하며, 항균작용이 있어 신장을 보하고, 성기불능과 권태증 등 무기력증의 치료에 효과적이며 몸 속에 쌓여 있는 당분을 분해하는 작용이 있으므로 고혈압이나 당뇨병에도 효능이 있음
복 합 차	◦ 제조방법 음양곽 100g을 우려낸 물에 두충 40g에 술을 조금 넣어 진액이 없어질 때까지 볶아서 넣고 끓이다 끓기 시작하면 10분 정도 후에 찌꺼기를 걸러 내고 꿀이나 설탕을 타서 마심 ◦ 차의 효능 간과 신장의 피를 맑게 하여 기능을 원활하게 하며 근육을 튼튼하고 강하게 함. 또한 신장의 피를 맑게 해 주면서 腸을 길러주고, 두충은 陰氣를 보하여 줌
강장/강정제	신과 양기를 보하여 정력을 증진시키고, 정기를 돋우며 뼈를 튼튼하게 하고 풍습을 없애고 플라보노이드 배당체인 icariin이 강정작용을 하며, epimedin은 성호르몬의 분비를 촉진시키고 성욕을 왕성하게 함. 또한 두뇌활동을 돕고 건망증, 무기력증에 효과가 있으며 피로회복, 식욕부진, 히스테리에 효과적임
출처번호	1, 7, 10, 13

(5) 화장품으로의 이용

분 류	이 용 분 야
주름개선	음양곽에 함유된 tocopherol은 광 보호제이며, 세포막을 유리라디칼 손상으로부터 보호하며, 항산화 능력 때문에 제품의 유효기간에도 효과적임
항 산 화 효 과	Flavonoid glycoside인 icariin, epimedioside A과, tocopherol류가 피부의 산화지방질 생성을 억제함
출처번호	14

3. 인진쑥 관련 국내·외 연구동향

1) 인진쑥의 생장특성

학 명		*Artemisia capillaris* THUNB., *A. capillaris var. arbuscula* MIQ
국가명	한 국	사철쑥(인진쑥, 애탕쑥, 더위지기) 韓名 : 茵陳蒿
	일 본	かわらよもぎ 茵蔯蒿: Artemisiae capillaris Flos
	중 국	全草: Artemisiae capillaris Herba
속 명 <神農本草經>		茵陳蒿, 茵陳, 因陳蒿- 사철쑥 및 同屬 近綠植物의 어린 줄기와 잎
서 식 지		물가 모래땅, 산야 저지대
분 포		전국 각지에 야생하며, 지리적으로는 일본, 중국, 만주, 대만, 필리핀에 분포
약 효		퇴황달(退黃疸), 청열이습(淸熱利濕), 해열, 이담(利膽), 소염이뇨, 전염성 간염 A에 효과가 있다.
특 성		성질은 약간 차고(微寒) 맛은 쓰고 매우며(苦辛) 독이 없다.
생장특성		다년초 높이: 30~100㎝ 줄기: 밑부분은 목질이 발달하여 나무처럼 되고 가지가 많이 갈라진다. 잎 : 꽃이 피지 않는 가지 윗부분의 잎은 葉柄이 길며 원줄기를 둘러싸고 길이 1.5~3.8㎝로서 2회 羽狀으로 가라지며 裂片은 실같이 가늘고 위로 올라갈수록 잎이 작아지며 엽병은 길이 2~6.5㎝ 꽃 : 8~9월에 피고 길이 1.2~1.5㎜, 나비 1~1.2㎜로서 피기 전에는 밑으로 처지며 원줄기 끝에 큰 원추화서(圓錐花序)에 달리며 花梗은 길이 1~2㎜이다. 총포(總苞)는 둥글고 털이 없으며 包는 3~4줄로 배열되고 외편은 난형 鈍頭로서 뒷면에 능선이 있으며 내편도 타원형 圓頭로서 능선이 있다. 암꽃은 6~12개이고 兩性花는 2~7개이다. 열매: 수과(瘦果)는 길이 0.8㎜

2) 인진쑥 유사식물(근연식물)

학 명	개똥쑥(*Artemisia annua* LINNE)
속 명	全草: 黃化蒿, 臭蒿, 菁蒿(Artemisiae Ching-Hao Herba) 果實: 黃化蒿子
분 포	제주도, 서울 근교, 경기, 평북, 함북에 야생하며, 중국, 일본, 대만에 분포
약 효	청열(淸熱), 말라리아에 의한 뇌성마비, 양혈(凉血), 조열(潮熱), 도한(盜汗), 해열제로 결핵의 열, 만성 간헐열, 산욕열, 황달, 신경성 열병, 지혈, 변혈(便血), 봉독(蜂毒)에 외용함

학 명	쑥(*Artemisia princeps* var. *orientalis*)
속 명	艾, 艾蒿 애엽(艾葉)- 잎을 말린것
분 포	전국 각지에 야생하며, 지리적으로 일본, 만주에 분포
약 효	뜸쑥의 제조원료, 통경(通經), 지혈(止血), 지통(止通), 수렴성 지혈, 부인대하, 복통, 건위

학 명	황해쑥(*Artemisia argyi* LEVL. et VANT) *Artemisia princeps var. orientalis* (PAMPAN.) HARA
속 명	艾蒿, 醫草, 灸草, 黃草, 甛艾, 艾
분 포	초지, 황야에 나며 중부지방에 분포
약 효	抗菌작용, 溫經, 止血, 안태(安胎)의 효능, 복부의 冷症에 의한 통증, 설사전근(泄瀉轉筋), 만성하리(慢成下痢), 토혈(吐血), 월경불순, 대하(帶下), 태동불안, 옹양(癰瘍: 큰 부스럼), 개선(疥癬)

학 명	개사철쑥(*Artemisia apiacea* HANCE)
속 명	全草: 菁蒿, 蒿, 草蒿, 方潰 뿌리: 菁蒿根 果實: 菁蒿子
분 포	제주, 충남, 강원, 경기, 황해도에 야생하며, 일본, 중국, 만주에 분포
약 효	淸熱, 서병(暑病), 황달
성 분	꽃: 정유, 7-hydroxy-8-methoxycoumarin, artemisiaketone, α-ponene, daphnetin 뿌리: 7-isopentenyloxy-8-methoxycoumarin

학　　명	더위지기(Artemisia iwayomogi KITAMURA)
속　　명	茵蔯蒿: 말린 莖葉
분　　포	표고 100~1,800m, 수평적으로 전북(덕유산), 경기, 경북, 충북, 강원, 황해, 평남, 평북, 함남에 야생하며, 지리적으로 일본, 사할린, 알타이 지방, 시베리아, 다후리아, 몽고 만주에 분포
성　　분	경엽(莖葉): esculetin-6-methylether, esculetin-7-methylether

3) 인진쑥의 한방활용

(1) 동의보감에 나타난 인진쑥의 이용

한반효능	해　　설	처방 번호
茵蔯五冷散	황달로 온몸이 누렇게 되고 소변이 벌건 것을 치료한다.	1
茵蔯三物湯	황달로 소변이 잘 나오지 않는 것을 치료한다.	2
酒煮茵蔯湯	주달(酒疸)에 쓰인다.	3
遇　仙　丹	蟲積을 치료한다.	4
澹寮五淋山	몸푼 뒤에 생기는 여러 가지 임병(五淋), 즉 고림, 석림, 냉림, 열림 등을 치료한다.	5
通　苓　散	서습(暑濕)으로 설사하는 것을 치료하는데, 수분과 찌꺼기를 잘 갈라지게 하고 번열(煩熱)을 없앤다.	6
當歸掂痛湯	습열로 생긴 각기로 붓고 아픈 것을 치료한다.	7
茵蔯蒿湯	태음병으로 황달(黃疸)이 온 것을 치료한다.	8
陶氏茵蔯湯	황달 때 열이 성하여 대변이 잘 나오지 않는 것을 치료한다.	9
茵　蔯　散	습열로 생긴 황달을 치료한다.	10
鍼　砂　丸	곡달, 주달과 습열로 생긴 황달 등을 치료한다.	11
芪　蔯　湯 黃　芪　散	황한을 치료한다.	12
茵蔯茯苓湯	음황으로 소변이 잘 나오지 않고 번조하면서 갈증이 나는 것을 치료한다.	13

(2) 동의보감에 의한 병증에 따른 처방

처방번호	처 방 전	歷代醫方
1	인진 40g, 오령산(五苓散) 20g을 가루내어 한번에 8g씩 미음에 타서 먹는다.	입 문
2	인진 12g, 치자·황련 8g을 각각 썰어서 1첩으로 하여 물에 달여 먹는다.	입 문
3	40g을 청주에 달여서 먹는다.	의 감
4	견우자(절반은 생것으로 절반을 볶아서 가루를 낸다) 160g, 삼릉·봉출·인진·빈랑(생것) 각각 20g을 가루내어 섞어 160g, 밀가루 40g, 조협(조각) 20g을 물에 불렸다가 주물러서 짜낸 즙으로 쑨 풀에 반죽하여 벽오동씨만하게 알약을 만들어 한번에 12g씩 새벽에 찻물로 먹는다. 병이 경하면 한번만 먹어도 효과가 있으나, 심하면 두 번 이상 먹되 반드시 궂은 것(惡物)이 다 나올때까지 써야 한다.	의 감
5	치자인 6g, 적복령·적작약 각각 4g, 목통·활석·감초 각각 3.2g, 죽엽·인진 2g을 각각 썩어서 1첩으로 하여 빈속에 물에 달여 먹는다.	영 류
6	택사, 백출, 저령, 적복령, 목통, 인진, 구맥, 차전자 각각 4g을 썰어서 1첩으로 하여 등심초 1묶음, 맥문동 10알을 넣고 물에 달여 먹는다.	득 효
7	강활·인진(술여 출여 볶은 것)·황금(술에 축여 볶은 것)·감초(볶은 것) 4g, 지모·택사·적복령·저령·백출·방기 각각 2.4g, 인삼·고삼·승마·갈근·당귀·창출 1.6g을 각각 1첩으로 하여 물 2잔에 잠깐 동안 담가 두었다가 절반이 되게 달여서 아침 빈속과 잠잘 무렵에 각각 한번씩 먹는다.	보 감
8	인진호 40g, 대황 20g, 치자 8g을 각각 썰어서, 먼저 인진을 물 3잔에 넣고 절반이 되게 달인 후 여기에 2가지 약을 넣고 다시 절반이 되게 달인다. 그리고 찌꺼기를 버리고 따뜻하게 하여 하루 두 번 먹는다. 그러면 오줌이 잘 나오며 그 색이 벌겋다. 그리고 배가 점차 꺼지면서 황달이 오줌으로 빠진다.	중 경
9	인진 8g, 대황·치자·후박·지실·황금·감초 각각 4g을 썰어서 1첩으로 하여 생강 2쪽, 등심 1웅큼을 넣어 물에 달여 먹는다. 소변이 잘 나오지 않는 데는 오령산(五苓散)을 섞어서 쓴다.	입 문
10	인진·치자·적복령·저령·택사·창출·지실·황련·후박·활석 각각 4g을 썰어서 1첩으로 하여 등심 1웅큼과 함께 물에 달여 먹는다.	회 춘
11	침사 300g, 향부자·창출 각각 160g, 신국·인진·맥아 각각 80g, 백작약·당귀·생지황·천궁·청피 각각 60g, 삼릉·봉출·진피 각각 40g, 치자·강황·승마·건칠 각각 20g을 가루내어 식초에 쑨 풀로 반죽하여 벽오동씨만하게 알약을 만들어 한번에 60~70알씩 생강을 달인 물로 먹는다.	정 전
12	석고 8g, 황기, 적작약·인진·맥문동·약전국 각각 4g, 감초 2g을 각각 썰어서 1첩으로 하여 생강 5쪽을 넣어 물에 달여 먹는다.	입 문 단 심
13	인진 12g을 1첩으로 하고 여기에 백복령·저령·활석·당귀·관계 각각 4g씩을 넣어서 물에 달여 먹는다.	활 인

4) 인진쑥의 성분

(1) 일반성분의 종류 및 함량

분 류		성 분 명 및 함 량
부위별	생줄기	수분 45.8, 단백질 1.5, 지질 0.8, 탄수화물 50.7, 회분 1.2(단위 %) 무기질(칼슘 107.4mg, 나트륨 3.5mg, 칼륨 424.7mg, 인 51.2mg, 철분 1.3mg)
	생뿌리	수분 59.5, 단백질 1.6, 지질 1.5, 탄수화물 32.5, 회분 4.8(단위 %) 무기질(칼슘 82.8mg, 나트륨 20.8mg, 칼륨 344.2mg, 인 82.1mg, 철분 42.6mg)
	건조잎	수분 12.2, 단백질 18.1, 지질 7.7, 탄수화물 52.8, 회분 9.2(단위 %) 무기질(칼슘 322.2mg, 나트륨 14.6mg, 칼륨 3238.3mg, 인 1114.9mg, 철분 24.5mg)
가공제품별	생 즙	수분 97, 단백질 0.5, 지질 0.2, 탄수화물 1.8, 회분 0.5(단위 %) 무기질(칼슘 33.6mg, 나트륨 1.6mg, 칼륨 205mg, 인 34.3mg, 철분 0.4mg)
	엿	인진쑥을 물에 삶은후 농축하여 만든 인진쑥엿 수분 10.7, 지질 5.0, 단백질 10, 탄수화물 60.8, 회분 13.5(단위 %) 무기질(칼슘 263.6mg, 나트륨 36.2mg, 칼륨 12203.3mg, 인 1146.7mg, 철분 110.8mg)
	환	수분 4.4, 단백질 10.0, 지질 1.2, 탄수화물 72.4, 회분 12.0(단위 %) 무기질(칼슘 292.3mg, 나트륨 25.0mg, 칼륨 11745.8mg, 인 935.4mg, 철분 78.9mg)
지 방 유		Stearic acid, palmitic acid, oleic acid, linoleic acid, arachidic acid, montanic acid
비 타 민		생체 100g 중에 총 비타민 A 7,940 IU, 베타카로틴 4,100 μg, 비타민 B1 0.44 mg, 비타민 B2 0.06mg, 나이아신 4.5 mg, 비타민 C 20mg
출처번호		LA000404

(2) 유용성분의 종류별 특성

분 류	종 류 및 효 능
생리활성 물 질	◦ 정유 capillarin, capillin, capillone, capillene, cineol, β-pinene, dimethylescritin 등으로 全草 0.27%, 果穗 1% 함유 ◦ 유효성분 eucaripton, artemisiaketone, scoparone(개화기 全草: 1.98%), scopoletin (幼苗), p-hydroxyacetophenone, esculetin-6,7-dimethylether(개화기 잎: 2%), chlorogeinc acid, caffeic acid, arcapillin등

분 류	종 류 및 효 능
利膽작용	Esculetin-6,7-dimethylether, capillarisin, chlorogeinc acid, scopoletin, scoparone(6,7-dimethoxycoumarin), capillarisin, p-hydroxyacetophenone, caffeic acid, arcapillin
혈압강하	Scoparone(6,7-dimethoxycoumarin)
止喘,利尿작용	정유성분인 β-pinene, capillen, dimethylescritin, chorogenic acid
최담작용	Capillarisin, 6,7-dimethylescuretin(cholerectic activity)
피 부 의 광 감 작 촉진작용	◦ 인진쑥의 주요 생리활성물질은 hydroxycoumarin류에 속하며 aesculetin, scopoletin, umbelliferone, daphnetin 등이 있으며 그중 capillarin은 isocoumarin 골격을 가짐 ◦ Coumarin중에는 피부의 광감작 촉진작용(skin photosensitization), 발아 억제작용, 혈관 확장작용, 살충작용, 항혈액 응고작용, 항균작용, 항착상 작용, 약물대사 효소 억제작용, 간보호작용 등이 있는 화합물이 있어 의약품 개발에 좋은 대상 화합물임
생체방어 리듬조절	◦ 소염, 해열, 이뇨, 구충, 발한, 진통, 두부백선, 변비, 풍습, 안질, 학질, 피로, 원기회복, 식욕부진, 건위, 수족찬데, 피부가려움, 월경불순, 불임, 냉대하, 정혈, 타박상, 창질, 세안, 두통, 눈을 밝게하는 등의 효능이 있음 ◦ 황달, 요독증, 급성열병, 담낭염, 담석증, 입안이 허는 증세, 장염, 고혈압, 동맥경화 등에 널리 사용해 왔으며 특히 급만성 간염, 간경화증을 비롯한 간기능 개선작용을 비롯하여 돌연변이 억제작용, 항염증작용, 항균작용, 항산화작용을 나타냄
출처번호	4

(3) 유용물질의 성분별 분석

분 류	특 성 및 효 능	출처번호
돌연변이 억 제	◦ 쑥(*Artemisia princeps* var. *orientalis*), 사철쑥(*Artemisia capillaris*), 황해쑥(*Artemisia argyl*), 덤불쑥(*Artermisia rubripes*), 구와쑥(*Artermisia laciniata*) 등 5종의 Artermisia속 식물에 대해 AFB_1을 이용한 항돌연변이 효과를 검색한 결과, 덤불쑥의 MeOH 추출물이 1.25㎎/plate에서 79%, 2.5㎎/plate에서 91%의 강한 활성이 관찰되었고 나머지 *Artermisia*속 식물들의 저해효과도 인정되었음 ◦ 쑥의 분획물중 n-BuOH 분획물이 비교적 강한 항돌연변이 효과가 나타났으며, 활성성분 연구를 위해 EtOAc 분획물에서 분리한 4,5-dicaffeoylquinic acid는 1.0㎎/plate에서 75%의 돌연변이 억제활성이 관찰되었음	1

분 류	특 성 및 효 능	출처 번호
간기능 개 선	◦ 인진쑥 순(bud)의 추출물은 antihepatotoxic activity를 갖으며 flavonoids와 coumarin(6,7-dimethylescuretin) 성분에 기함 ◦ 사철쑥 다당체 추출물을 정제하여 얻은 2종의 다당체 분획(ACP-UMF, ACP-ULF)중 ACP-UMF 분획 결과 중성당 71.9%, uronic acid 27.6%, 분자량 약 17,000D, 당조성 arabinose 10.05, xylose 1.67, mannose 5.45, galactose 39.06, glucose 15.43%였으며, ACP-ULF 분획은 중성당 54.6%, uronic acid 45.4%, 분자량 약 5,500D, 당조성 arabinose 11.60, xylose 11.15, mannose 6.37, galactose 32.47, glucose 18.35%이었음 ◦ 사염화탄소로 독성을 입힌 간세포에 대한 정제된 각 다당체의 회복효과를 알아본 결과, 사염화탄소로 독성을 입게 되면 GPT가 배양액 중으로 유출되면서 그 값이 현전히 증가하게 되는데 ACP-UMF는 1, 10, 100μM의 농도에서 GPT 수치를 감소시켜 정상상태의 28.9, 31.3, 62.8% 수준까지 회복 효과를 나타냈으며, ACP-ULF도 각 농도에서 GPT 수치를 감소시켜 정상상태의 23.9, 31.3, 62.8% 수준까지 간세포 회복 효과율을 나타냈고 사염화탄소는 간의 약물대사 효소인 cytochrome P-450 dependent mixed function oxidase에 의해 ·CC13과 CC100·의 매우 강한 반응성을 가진 자유기들로 변화하는데 이들이 세포의 지질 및 단백질에 결합함으로써 지질 과산화를 초래하며, 간에서 합성되는 triglyceride의 유출을 억제함으로써 지방간을 일으키는데 이에 지질 과산화의 지표인 MDA 생산량을 측정함으로 알아본 결과, ACP-UMF를 작용시키면 100μM에서 정상상태의 23.8%, ACP-ULF는 10μM과 100μM에서 각각 정상상태의 34.3, 38.1% 수준까지 회복시켜 지질과산화 억제 효과를 나타냈음	4, 6
항산화 효 과	◦ 인진쑥 추출물을 Sprague-Dawley계 rat에게 4주간 급여 사육하고 brain homogenate와 반응시켜 MDA를 측정하여 항산화활성을 검색한 결과, rat의 간장 cytosol중의 GST와 glutathione의 농도를 증가시키고 MDA 생성을 억제함으로써, 간장에서 생성되는 유해활성 산소에 의한 damage로부터 생체보호 효과를 나타냄 ◦ 인진쑥에서 분리한 신규한 flavone 성분(5,2′,4′-trihydroxy-6,7,5′-trimethoxyflavone)은 choleretic action(催膽작용)을 갖음	3,7,8

(4) 유용물질의 산업적 이용

가. 기능성식품 분야

분 류	이 용 분 야
숙취해소	여러 영양성분과 활성 영양소, 비타민, 미네랄이 풍부하여 간기능 개선에 도움이 되며 체내 독성 노폐물을 몸 밖으로 내보내어 간을 깨끗이 하고 간의 해독 기능을 도와 지방대사를 원활히 하여 피로회복, 체력개선에 효과적임
변비해소	쑥에 함유된 양질의 섬유소와 탄닌의 흡수작용을 통해 대장의 수분대사조절, 묽은 변을 해소시켜 주며, 장의 연동운동과 점액분비를 원활히 하여 단단한 변을 부드럽게 하여주며, 또한 배의 냉증을 몰아내어 몸을 따뜻하게 하므로 장의 근본적인 해소를 통해 규칙적인 배변의 촉진효과를 가짐
비만방지	살이 찌면 어혈(혈액순환이 나빠 오래된 피가 고여있는 상태)이 생기고 살이 찌는 악순환이 반복되는데, 인진쑥에는 클로로필이라는 엽록소가 있어 체중감소에 도움이 되며, 피를 맑게 하고, 혈액에 남아 있는 콜레스테롤을 줄여서 혈압 조절, 어혈 해소, 지방 대사를 정상적으로 도우며 지방분해, 특히 여성의 비만에 효과적임
충치억제	사람 및 동물의 충치균인 *Streptococcus mutans* 생육 억제작용
피부병 완화	인진쑥과 고삼(苦蔘)을 같이 쓰면 두드러기 등에 효과적임
출처번호	7

나. 화장품 분야

분 류	이 용 분 야
노화방지	◦몸을 따뜻하게 하는 인진쑥은 비타민 A_1, B_1, B_2, C 그리고 칼슘 철분 등이 많으며 비타민 A는 쑥에서 그 모체인 카로틴 성분으로 존재하여 노화의 원인인 과산화지질 농도를 억제함 ◦사철쑥 다당체 추출물은 지질과산화 억제 효과를 가짐 ◦여러 flavonoids(scoporetin, scoparone)는 활성산소를 제거하여 피부 노화의 방지에 효과적임
미백작용	다당체 추출물은 미백효과가 있음
피부미용	피부로부터 흡수하는 클로로필의 작용으로 혈액을 맑게 해주고 세포를 활발하게 움직이게 하며 내장을 따뜻하게 하여 몸 기능의 정상화 작용을 하며 원활한 수분대사로 피부에 탄력과 윤기를 부여함
출처번호	4

제 3 장
미생물 자원의 이용

1. 산업미생물의 종류와 특징

산업적 측면에서 미생물에 대별하면 발효미생물(fermentative microorganism), 부패미생물(putrifactive microorganism), 및 병원미생물(pathogenic microorganism)로 나눌 수 있다. 이 중에서 발효미생물은 산업적으로 유용하게 사용할 수 있는 미생물을 총칭하는 것으로 식품산업, 의약품산업, 화학공업, 환경산업 등에 광범위하게 이용되고 있다. 공업적으로 이용할 수 있는 미생물의 일차적인 구비조건은 다음과 같다.

1) 적정배지에서 대량으로 쉽고 빠르게 생장할 것
2) 생리적으로 안정하며 원하는 대사활성을 오래 유지할 것
3) 최적생장을 위한 환경조건이 간단할 것
4) 오염으로부터의 방지가 용이할 것

공업미생물의 배지로 사용되는 원료는 가격이 저렴하고 용이하게 구할 수 있는 것이어야 한다. 따라서 공업미생물은 당밀이나 옥수수 전분과 같은 값싼 에너지원에 최소한의 필수영양소를 첨가한 배지에서 왕성하게 성장할 수 있어야 한다. 또한 최적생장을 위한 환경조건이 간단하여 이를 만족시키기 위한 발효장치나 운전비용이 가급적 적게 들어야 한다. 오염으로의 방지가 저렴하고 쉽도록 하기 위하여 내염성 미생물을 사용하거나 내열성 세균을 이용한 고온발효 등이 행해지고 있다.

최근 유전공학적인 방법으로 실험실 수준에서 유용한 균주들이 수없이 개발되고 있으나 그들의 생리적 안정성이 결여되어 산업적으로 이용되지 못하는 경우가 허다하다.

이러한 이유로 전통 발효식품에서 분리한 미생물을 산업적으로 이용하는 경우가 많다.

전통적으로 주정발효에는 누룩 또는 곡자, 장류발효에는 메주가 발효 스타터의 용도로 사용되었으며, 전통 발효기술에는 잘 만들어진 이전의 발효제품을 스타터로 사용하는 경우가 많다. 이런 경우에는 유용한 미생물이 스타터의 우점균으로 존재하여 발효를 순조롭게 진행하게 되는데 그 이외의 다른 균들의 영향도 받게 된다. 유용한 미생물을 순수 분리하여 스타터로 사용한 것은 동양에서는 주류 및 장류발효에서 코오지의 사용이, 서양에서는 빵효모의 이용과 치즈 및 요구르트 발효에서 스타터의 사용이 각각 1세기 전부터 시작되었다. 1940년대부터 곰팡이를 이용한 항생물질의 생산이 제약산업의 혁명을 가져왔으며 뒤이어 미생물에 의한 효소생산, 아미노산 생산 등이 이루어 졌고 최근에는 비타민이나 호르몬과 같은 생리활성 물질의 생산에까지 미생물의 역할이 확대되고 있다.

공업미생물의 종류는 일반적으로 미생물이 생산하는 산업소재 또는 최종물질의 종류에 따라 구분한다. 본고에서는 편의상 주류생산에 사용되는 효모와 곰팡이, 유기산생산에 이용되는 세균과 곰팡이, 아미노산 생산균, 효소생산균, 항생물질 생산균, 생리활성물질 생산균. 용매발효균, 생물균체 생산균으로 분류하여 균주별 주생산 물질과 특징을 정리하였다.

1) 주류산업의 미생물

생산물질	균 주 명	주요 발효기질	비 고
약탁주, 청주	*Aspergillus, Rhizopus, Absidia, Mucor*	곡류, 서류	누룩의 미생물
	Aspergillus oryzae	곡류	
	Aspergillus kawachii	곡류	Koji
	Saccharomyces cerevisiae	곡류	
맥주	*Saccharomyces cerevisiae*	보리, Hop	상면 효모
	Saccharomyces carlsbergensis	보리, Hop	하면 효모
포도주	*Saccharomyces cerevisiae(Sacch. ellipsoideus)*	포도	

2) 장류산업의 미생물

생 산 물	균 주 명	주요 발효기질	비 고
재래식 간장, 된장, 고추장	*Aspergillus, Bacillus*	콩	메주균
일본식 간장, 된장	*Asp. oryzae*	밀(쌀)+콩	코오지균
청국장, 일본 낫또	*Bacillus subtillis*	콩	

3) 유기산발효공업의 주요 미생물

생 산 물	균 주 명	주요 발효기질	비 고
Lactic acid	*Streptococcus lactis,* *Pediococcus lindneri,* *Ieuconostoc mesenteroides,* *Lactobacillus delbrueckii,* *Rhizopus oryzae*	당밀, 전분 당화액, Glucose, Sucrose, Lactose	
Citric acid	*Citromyces pfefferianus,* *Aspergillus niger, Asp. wentii,* *Asp. awamori, Candida lipolytica,* *Arthrobacter paraffineus,* *Penicillium janthinellum*	당질, sucrose, n-paraffin	

4) 아미노산 발효공업의 주요 미생물

생 산 물	주요 발효미생물	주요 발효기질	비 고
Glutamic acid α-ketoglutaric acid succinic acid	*Corynebacterium glutamicum* *(Micrococcus glutamicus)* *Brevibacterium lactofermentum* *Brev. flavum* *Brev. divaricatum* *Microbacterium ammoniaphilum*	당밀, glucose, 전분 당화액, 초산, 탄화수소, n-paraffin, 폐당밀(고 biotin)	biotin 요구성
Lysine	*Ustilage maydis* *bacillus megaterium* *Achromobacterdelmarvae*	탄화수소, 초산, 감자당 밀, 부원료, 탈지 대두 박, 가수 분해물	
Glutamine	*Brevibacterium flavum* *Brev. lactofermentum* *Microbacterium flavum var.* *glutamicum,* *Corynebacterium glutamicum*		

5) 효소생산산업의 주요 미생물

생 산 물	주요 생산균주	주요 발효기질	비 고
α-Amylase	*Bacillus subtilis* *Aspergillus oryzae*	밀기울, 대두박	
Glucoamylase	*Rhizopus delemar* 등		
Cellulase, Hemicellulase	*Tricoderma viride* *Irpex lacteus* *Asprgillus niger*	cellulose	
Invertase	*Saccaromyces cerevisiae*	sucrose	
Lactose	*Saccharomyces fragilis* *Candida Pseudotropicalis*	밀기울, lactose	젖당 발효성 효모

6) 항생물질 생산산업의 주요 미생물

생 산 물	주요 발효미생물	주효 발효기질	비 고
Penicillin	*Penicillum notatum* *Pen. chrysogenum Q176*	lactose, 대두유, corn steep liquor	
Cephalosporin	*Emericellopsis, Paecilomyces,* *Streptomyces lipmanii,* *Str. clavuligerus* *Str. lactamdurans*	methionine 첨가 배지	
Streptomycin	*Streptomyces griceus* *Str. humidus(digydrostreptomycin),* *Str. reticuli,* *Str. griseocarneus(hydroxystreptomycin),* *Str. griseus(mannosidostreptomycin)*	glucose, 대두유	

7) 생리활성물질 생산산업의 주요 미생물

생 산 물	주요 발효미생물	주효 발효기질	비 고
Vitamin B2	*Ashbya gossypii,* *Eremothecium ashbyii,* *Candida* 속, Pichia 속 효모, *Clostridium* 속 세균	폐당밀, 어분, glucose, peptone, corn steep liquor	
Vitamin B12	*Propionibacterium freudenreichii* *Propionibacterium shermanii* *Streptomyces olivaceus* *Micromonospora chalcea* *Pseudomonas denitrificans*	Co 함유 배지	
Vitamin C	(sorbose 발효) *Acetobacter suboxydans* *Gluconobacter roseus* *(Isovitamin C)* *Pseudomonas flurescens* *Serratia marcescens*	L-sorbitol, corn steep liquor, 대두분	

8) 용매발효공업

생 산 물	주요 발효미생물	주요 발효기질	비 고
alcohol	*Saccharomyces cerevisiae* *Shizosaccharomyces pombe*	당밀, 아황산펄프폐액, 고구마, 옥수수, inulin 섬유질	
Glycerol	*Saccharomyces cerevisiae*	알콜 발효액, 아황산	
Acetone, butanol	*Clostridium acetobutylicum* *Cl. saccharoacetobutylicum*	옥수수	
Butanediol	*Aerobacter aerogenes* *(Enterobacter aerogenes)* *Serrtia marcescens* *Bacillus subtilis*	당, 전분	

9) 생물균체 생산산업

생 산 물	주요 발효미생물	주요 발효기질	비고
아황산 펄프폐액을 이용한 효모	*Candida utilis, Can. lipolytica,* *Can. tropicalis*	목재 당화액, 펄프 폐액	
석유계 탄화수소를 이용한 균체 단백	*Candida tropicalis, Can. lipolytica,* *Can. intermedia, Nocardia, Pseudomonas,* *Corynebacterium*	석유계 탄화수소, Mathanol, Propane	
	Methylomonas methanica, *Methylococcus capsulatus,* *Methylovibrio soengenii,* *Methanomonas margaritae*	Methane	
Methane 및 석유화학 2차 제품을 이용한 균체	*Pseudomonas, Methanomonas,* *Methylococcus, Methylomonas,* *Protaminobacter, Pseudomonas, achromobacter,* *Bacillus Methanomonas methylovora의 세균,* *Kloeckera, Pichia, Hansenula, Candida,* *Saccharomyces, Torulopsis 속의 효모*	Methanol	
	Candida, Pichia, Saccaromyces, *Picha mogi, Hansenula miso*	Ethanol	
단세포 녹조류의 균체	*Chlorella ellipsoidea, C. pyrenoidosa, C. vulgaris* *Spirulina platenis, S. maxima*	CO_2 태양 광선	
빵효모	*Saccharomyces cerevisiae*	감자 당밀, 첨채 당밀	

2. 한국의 전통발효식품

전통발효식품은 맛, 영양성 및 저장성이라는 측면에서 한국인의 식생활에 매우 중요한 역할을 해왔다. 발효식품이 한국에서 매우 중요한 위치를 차지하게된 배경은 크게 두 가지의 요인이 있다. 즉, 첫째는 발효식품의 독특한 맛을 형성할 수 있는 지리적, 기후적인 조건이며, 둘째는 곡류위주의 식문화에 따른 짜고 고기맛이 나는 부식을 필요로 하는 식습관이다.

한국의 전통발효식품은 제조에 사용한 주원료에 따라 분류하면 발효대두식품(fermented soybean foods), 발효곡류식품(fermented cereal foods), 발효채소식품(fermented vegetable foods), 발효수산식품(fermented fishery foods)으로 구분할 수 있다. <표 3-1>은 우리나라 전통발효식품의 종류와 발효특성 및 공업화 정도를 요약한 것이다.

표 3-1. 한국의 전통발효식품 종류와 특징

Fermented products	Substrates	Fermentation conditions				Commercial status
		Heat treatment	Temperature (℃)	Period (days)	Key microorganisms	
Soybean products Kanjang	Soybean Salt (22%)	Yes	25~30	180	*A. oryzae* *A. sojae* *S. rouxii*	25%
Doenjang	Soybean Salt (8~12%)	Yes	25~30	90~120	"	20%
Kochujang	Soybean, Rice, Red pepper Salt (10%)		25~30	90~120	"	25%
Cereal product Yakju	Rice (or Wheat)	Yes	15~20	7~30	*A. oryzae* *S. cerevisiae*	100%
Vegetable product Kimchi	Cabbages, Garlic, Red pepper Green onion, Salt (3%)	No	10~20	3~7	*Leuc.mesenteroides*	1%
Fishery product Jeotkal	Fishes(or Shellfishes) Salt (20~25%)	No	20	90~120	*miscellaneous*	90%

1) 발효대두식품

전통 대두 발효식품은 크게 나눠 간장, 된장, 고추장, 청국장 등이 있으며, 청국장을 제외하고 이들은 전통적인 방법으로 제조할 때는 스타터로 메주를 사용하는데, 메주는 증자한 대두에서 *Aspergilus oryzae, Aspergilus sojae* 및 *Bacilus subtilis* 등의 야생균들이 서식하면서 이 균들이 분비하는 protease에 의해 아미노산이나 핵산이, lipase에 의해 지방산이, amylase에 의해 환원성 당들이 생성되어 풍미가 향상되고 소화성이 증대된 발효산물이다. 이때 곰팡이들은 메주의 표면에, 세균들은 주로 메주의 내부에서 발효에 관여하는 것으로 알려져 있다. 청국장은 증자한 대두를 *Bacilus subtilis*로 발효시켜 점질물이 생성이 되고 특유의 향기를 갖게한 발효식품이다.

한편 전통적인 제조방법은 고도의 경제성장에 따른 식문화의 변화와 더불어 감소하였으며 순수하게 *Aspergilus oryzae*만을 접종하여 발효시키는 공업적인 생산이 이루어지고 있다. 그러나 아직도 발효대두식품은 전통적인 방법과 공업적인 방법이 병용되고 있는 실정이다. <표 3-2>는 장류제품의 생산량과 공업화율의 변화를 보여주고 있다.

표 3-2. 장류의 수급동향

품목 년도	간장			된장			고추장		
	추정소요량	공장공급	비율	추정소요량	공장공급	비율	추정소요량	공장공급	비율
1980	397,540	108,765	27.3	274,375	53,995	19.1	131,317	35,750	27.2
1981	398,200	108,920	27.4	282,677	51,236	18.1	141,338	35,620	25.2
1982	406,063	114,736	28.3	287,330	55,386	19.3	143,296	35,598	24.8
1983	393,714	109,461	27.8	274,680	54,627	19.9	139,036	36,205	26.0
1984	399,895	109,560	27.4	263,320	54,436	20.7	139,393	35,921	25.8
1985	404,602	107,890	26.7	275,638	46,270	16.8	141,724	32,548	23.0
1986	415,580	108,657	26.1	278,638	46,177	16.6	143,324	33,220	23.2
1987	415,628	109,760	26.4	278,620	46,170	16.6	143,194	33,239	23.2
1988	415,700	115,248	27.7	277,050	45,246	16.3	143,185	33,737	23.4
1989	416,000	144,000	34.6	278,000	57,000	20.8	146,000	42,000	28.7
1990	416,700	167,040	40.0	278,450	59,300	21.2	148,600	43,890	29.5
1991	417,800	169,030	40.5	279,000	61,100	21.9	149,800	48,833	32.6
1992	419,200	170,720	40.7	284,500	62,800	22.1	156,500	56,200	35.9
1993	421,100	171,200	40.6	281,000	68,300	24.3	160,900	64,600	40.1
1994	422,700	172,147	40.7	278,000	83,982	30.2	165,700	70,434	42.5
1995	414,300	178,818	43.2	280,200	94,444	33.7	160,100	77,058	48.1

2) 발효곡류식품

우리나라의 전통 발효 곡류식품은 주류가 주종을 이루고 있으며 문헌상에 나타나는 전통주류의 종류는 200여 가지가 넘으나 일제시대와 해방이후 식량부족의 사태를 겪으면서 대부분 소멸되었다. 이들은 오늘날의 주류법으로 다시 분류하게 되면 양조곡류, 증류주류, 기타주류로 구분할 수 있으며 <표 3-3>과 같이 정리되고 있다. 양조곡류는 가장 오래된 우리의 전통주이며 순곡주류와 약용가향곡주류로 구분되며 순곡주류는 거르는 방법에 따라 탁주와 청주로 나누어지나 그 기본 제조방법은 동일하다. 이들을 제조할 때에 발효스타터로 누룩을 사용한다.

누룩은 증자하지 않은 밀이나 호밀의 분쇄물에 수분을 35%되게 가하고 원판상으로 성형시킨 다음 여러 가지 자연서식 미생물에 의해 발효되어 독특한 향을 지닌 것으로 제조된 술에 특유의 향미를 부여한다. 누룩중에 존재하고 있는 미생물들은 전분당화에 관여하는 Aspergillus sp. 및 Rhizopus sp. 와 알코올발효에 관여하는 Saccharomyces cerevisiae 와 Hansenula sp. 등이 혼재되어 있다. 따라서 누룩은 메주와 함께 자연발효 스타터의 대표적인 예가 된다.

우리나라 주세정책의 잘못으로 인하여 전통주인 탁주와 약주의 산업적 발달이 이루어지지 못한 반면 맥주의 생산소비가 1970년대 이후 급격히 증가하여 전통주의 시장을 대부분 점유하게 되었다. 주정산업에서 생산되는 알코올을 이용하여 만든 희석식 소주는 우리나라 증류주의 대표적인 제품으로 자리를 잡았으며 그 시장 규모 또한 대단히 크다.

표 3-3. 우리나라 전통주의 분류

釀造穀酒

(1) 單釀酒類

- 一般單釀酒 계명주(鷄鳴酒), 하일주(夏日酒), 하일청주(하일청주), 하절삼일주(夏節三日酒), 하절주(夏節酒), 청감주(淸甘酒), 편주(扁酒), 합주(合酒), 황감주(黃甘酒), 내국향온주(內局香醞酒), 동파주(東波酒), 백화춘(百花春), 부의주(浮蟻酒), 옥로주, 점강주, 점강청주, 황화주(黃化酒), 이화주 (梨花酒)
- 速成酒 급주(急酒), 급시주(急時酒), 일일주(一日酒), 시급주(時急酒), 급청주, 삼일주(三日酒)

(2) 이양주류(二釀酒類)

- 一般二釀酒 죽엽주(竹葉酒), 절주(節酒), 두강주(杜康酒), 청명주(淸明酒), 하향주, 향온주(香醞酒), 유화주, 사시주(四時酒), 감주(甘酒), 황금주(黃金酒), 행화춘주(杏花春酒), 진양주, 진상주, 일두주(一斗酒), 육병주, 오호주,일해주(一亥酒), 오병주, 별주, 연해주, 신청주(新晴酒), 신상주, 소백주, 세신주(細辛酒), 석탄주, 석탄향, 별주, 백단주, 박향주, 만년향, 당백화주, 단점주, 남성주, 구가주, 경면녹파주(鏡面綠波酒), 회산춘, 무시주(無時酒), 사절주, 집성향(集成香), 소곡주, 벽향주, 백화주(百花酒), 백하주, 백로주(白露酒), 녹파주(綠波酒), 감향주(甘香酒), 감하향주 등
- 續成酒 칠일주(七日酒), 두강주(杜康酒)

(3) 三釀酒 삼해주(三亥酒), 호산춘, 일년주(一年酒), 순향주, 성탄향(聖嘆香), 오주

(4) 四釀酒 사마주(四馬酒)

藥用, 加香穀酒類

(1) 藥用穀酒 오가피주(五加皮酒), 구기주(枸杞酒), 창포주(菖蒲酒), 복령주(茯笭酒), 감국주(甘菊酒), 고본주, 천문동주(天門冬酒), 무술주(戊戌酒), 지황주(地黃酒),중산황동주, 신선고본주(神仙高本酒), 조하주, 밀주(密酒), 계명주(鷄鳴酒), 자주(煮酒) 등

(2) 加香穀酒 송액주(松液酒), 송절주(松節酒), 송자주(松子酒), 송령주, 송화주(松花酒), 도화주(桃花酒), 연엽주(蓮葉酒), 법주(法酒), 닥나무잎술, 국화주(菊花酒), 배화주, 유자피주, 하엽주(荷葉酒), 하엽청주(荷葉淸酒), 두견주(杜鵑酒)등

蒸溜酒

純穀蒸溜酒 안동소주(安東燒酒), 문배주, 찹쌀소주, 삼해소주, 紅酒, 보리소주, 사철소주, 수수조수, 옥수수소주 등

藥用蒸溜酒 섬라주, 죽력고(竹瀝膏), 진도홍주, 이강고(梨薑膏)

加香蒸溜酒 감홍로(甘紅露), 천축주(天竺酒),토밥소주

其他酒類

混成主 과하주(過夏酒), 왜미림주, 송순주(松荀酒), 강하주

果實酒 포도주(葡萄酒), 모과주, 앵도주(櫻桃酒), 산치주(山梔酒), 무화과주, 딸기주, 자리주(紫李酒), 선도주, 설리주, 연육주, 서과피주, 산사육주, 밀감주(蜜柑酒), 유자주, 석류주(石榴酒) 등

異壤酒 (보통의 제법이 아닌 특수한 발효기법을 이용함) 청서주, 봉래춘, 죽통주, 지주, 동양주

特殊酒類 신국주(신국을 불처럼 응용)

3) 채소발효식품

한국의 김치는 세계적으로 알려진 대표적인 채소발효식품이다. 거의 모든 채소류가 김치의 원료로 사용될 수 있어 김치의 종류는 100여 가지 이상이나, 배추김치, 깍두기, 동치미가 가장 많이 사용되는 대표적인 김치류이다. 김치는 고춧가루를 사용하는 보통 김치와 고춧가루를 사용하지 않는 백김치 혹은 물김치로 크게 양분할 수 있다. 두 종류 모두 3-5%의 식염을 함유하여 유해 미생물의 생육을 방지하는 염장식품이며 유산균의 선택적 발효에 의하여 보존성이 연장된다. 그러나 김치는 유산균 발효에 의하여 pH4.0 내외일 때 최적의 맛을 가지며 더 이상 발효가 진행되면 시어져 기호성이 크게 떨어진다. 이 점이 pH2-3이 되도록 발효시키는 독일의 사우어크라우트와 다른점이며, 따라서 김치의 주발효균은 Leuconostoc mesenteroides 인 반면 사우어크라우트의 주발효균은 Lactobacillus plantarum 이라고 판단된다.

김치의 산업화는 1970년대의 월남파병과 중동건설붐을 타고 시작되었으나 그후 아파트 주거생활의 보편화 산업체를 비롯한 단체급식의 수요증가로 이어져 김치산업은 꾸준한 성장추세를 보이고 있다<표 3-4>. 80년대에 이후에는 김치의 수출이 일본을 비롯한 세계각국으로 확대되면서 저장성 향상과 유통구조의 선진화가 이루어지고 있다<표 3-5>. 우리국민은 하루 평균 약 100g의 김치를 소비하고 있으며 국내 전체 김치생산량은 150만톤에 달하고 이중 10%은 공장김치로 공급하고 있다. 앞으로 산업화율도 크게 증가할 것으로 기대되고 있다<표 3-6>.

표 3-4. 공장김치 연도별 생산량 및 매출액 추이

연도별	생산량(천톤)	판매액(억원)	연평균 생산량 증가율(%)	연평균 판매액 증가율(%)
1983	28	130	-	-
1988	78	370	22.7	23.3
1993	140	1,396	12.4	30.4

자료 : 농협중앙회, 가공사업부 추산(1983~1988) 실적치 조사결과(1993)

표 3-5. 연도별 김치수출 추이

연도별	수출량(톤)	일본수출량(톤)	수출금액(천불)
1986	3,879	1,212(31.2)	4,901
1988	6,125	3,682(60.1)	13,234
1990	5,850	3,385(57.9)	14,776
1992	7,193	5,116(71.1)	23,089
1993	9,319	6,998(75.1)	34,225
연평균 증가율(%)	13.3	28.5	32.0

표 3-6. 김치수요량과 산업화율의 전망

연도별	1일 1인당 소비량(g)	1인당 연간 소비량(kg)	연간 김치 총소비량(천톤)	공장김치 소비량(천톤)	공장김치 소비율(%)
1988	96.8	35.3	1,494	78	5.2
1993	94.1	43.4	1,511	140	9.3
1995	85.9	31.4	1,400	177	12.6
2000	92.5	33.8	1,557	317	20.4
2001	91.1	33.3	1,542	357	23.2

4) 발효수산식품

한반도는 지리적으로 삼면이 바다이므로 다양한 수산물이 생산되어 이를 원료로 하여 각 지역마다 독특한 방법으로 수산 발효식품을 제조하고 있다. 우리나라 전통 수산발효식품은 크게 나누어 고염 젓갈류와 저염 식해류로 구분된다. 젓갈류는 20% 내외의 식염만으로 염장하여 발효를 진행시키는 것으로 거의 모든 수산자원, 예를 들면 생선류, 갑각류, 조개류와 생선의 알, 내장, 지느러미 등 모든 부분을 원료로 사용한다. 원료인 수산물에 식염을 가하여 부패균을 억제하면서 자가소화 효소 또는 내염성미생물로 발효시킴으로서 제조공정이 비교적 단순하고 제품은 원료단백질의 분해산물에 의한 독특한 감칠맛이 있어 반찬이나 조미소재로서 이용되고 있다. 고염 젓갈류는 원료의 원형을 유지하는 젓갈과 여액을 취한 젓국으로 나누는데, 두가지 모두 김치의 맛을 내는 부재료로 많이 사용되고 있다. 최근에는 유기산, 알코올 등을 첨가하여 식염 농도를 10% 수준으로 낮추어 냉장유통으로 공급되는 다양한 젓갈류들이 반찬용으로 제조 판매되고 있다.

저염 식해류는 생선의 내장을 제거하고 식염으로 하룻밤 절군 것에 좁쌀 또는 쌀밥, 마늘, 고춧가루와 함께 버무려 2-3주 동안 젖산발효를 시킨 것으로 함경도와 강원도의 동해안 지역에서 즐겨먹는 발효식품이다. 제품의 식염함량이 8-10% 이므로 밥반찬으로 다량 섭취할 수 있어 중요한 단백질 급원이 될 수 있다. <표 3-7>은 우리나라에서 생산되는 주요 수산발효식품의 생산량 추이를 모은 것이다.

표 3-7. 한국 수산발효식품의 생산량 추이(1984년)(M/T)

	Total production	Salt-fermented
Anchovy	155,124	974
Shrimp	29,249	1,412
Squid	95,050	145
Oyster	8,574	61
Sea urchin	4,933	1,037
Clam	-	598
Pollack roe	-	1,659

3. 유산균의 산업적 이용

1) 유산균이란?

유산균이라 함은 포도당 또는 유당과 같은 탄수화물을 분해 이용하여 유산을 생성해 내는 박테리아로서 단백질을 분해하지만 부패시키는 능력은 없다. 유산균은 또한 포도당을 발효하여 거의 유산만을 만드는 것을 Homo발효성 유산균이라 하며, 유산 외에 초산, 에틸알콜, 탄산가스 등을 생성하는 것을 Hetero발효성 유산균이라 한다. 지금까지 밝혀진 유산균은 300~400종 정도 알려지고 있으며 그중 20여 종류가 주로 발효성 및 발효산업에 이용되고 있다.

2) 유산균과 건강

유산균을 가장 많이 이용하는 분야는 발효유 분야인데 유산균 발효유의 음용효과는 영양적인 효과와 발효유에 의해서 공급되는 유산균의 장내에서 유익한 작용을 들 수 있다. 발효유제품은 영양생리적으로 우수한 식품으로 간주되고 있다. 요구르트의 정기적인 이용은 장수 및 건강에 좋다고 알려져 있다. 그 건강증진효과는 젖산균배양중에 형성된 대사산물이 장내 부패균의 성장저해작용을 일으키는데 근거를 두고 있다.

– 유산균의 건강효과 –

유산균효과	1.정장효과를 가진다. 2. 감염에 대하여 저항성이 증가한다. 3. 유당불내증을 경감시킨다. 4. 혈중 콜레스테롤을 감소시킨다. 5. 혈중 암모니아를 감소시킨다. 6. 장내 유해물질의 생성을 저해한다. 7. 항종양 효과를 가진다. 8. 위장장애를 억제한다. 9. 수명을 연장시킨다.

(1) 유산균의 균체 성분의 효과

발효유중의 유산균이 위산이나 담즙산에 의해 사멸하였을 경우 혹은 살균유산균음료로부터 섭취하였을 때 생각할 수 있는 것으로 사균으로부터 유리된 균체 성분이 장으로부터 흡수되어 생체의 면역기능을 자극하여 암 등 각종 질병에 대한 면역기능을 강화시켜 주고 간 기능을 촉진하는 것을 생각할 수 있으며 장내의 유독 물질을 해독하는 작용을 한다.

Table 1. Classification and uses of lactic acid bacteria

Genus	Morphology	Type of fermentation	Aeroboc growth	Major species uses and distribution
Strptococcus	Diplococci Streptococci	Home	+	*S. lactics, S. cremoris*:Butter, Cheese *S.thernophilus*:Yoghurt, Cheese *S. faecalis*:Lactic acid bacteria preparation
Pediococcus	Tetracocci	Home	+	*P. cerevisiae* : Spoiled beer *P. halophilus* : Miso, soy sauce
Leuconostoc	Diplococci	Hetero	+	*L. mesenteroides, L. citrovorum* Fermented food, dextran production
Lactobacillus	Bacilli	Home	+	*L. bulgaricus*:Yoghurt, fermented milk-based drink *L. Helveticus*:Cheese, yoghurt *L. acidophilus*:Yoghurt, fermented milk-based drink *L. casei*:Cheese, culturedmilk, fermented milk-based drink *L. plantarum*:Fermented foods, silage
	Bacilli	Hetero	+	*L. fermenti, L. brevis* : Fermeted product
Bifidobacterium	Bacilli	Hetero	−	*B. breve, B. bifidum, B. infantis, B. longum, B. adolescentis* : Fermented milk, *lactic acid bacteria preparation* : The intestin of infants and adult *B. thermophilum, B. pseudolongum* : The intestine of animals

(2) 살아있는 유산균의 장내효과

① 유산균이 살아있는 상태로 장내에 도달할 경우 외래병원균이나 장내부패성 세균과 영양성분을 경쟁적으로 섭취하여 잡균의 성장을 저해함

② 유산균 자체적인 신진대사에 의해 형성된 항균성 물질에 의하여 증식을 억제하거나, 생성된 유기산에 의하여 장내 pH가 저하되어 타균의 성장을 억제함

③ 장내의 유해물질을 이용하거나 흡수하고 그 합성을 저해함

④ 숙주의 면역력을 높이는 작용을 함

Table 2. 세계 각국의 발효유의 종류

제 품 명	원 산 지	주 원 료	주 요 균 종
유산발효유			
Yoghurt	불가리아	우유, 탈지유, 설탕	*L. bulgaricus, Str. thermophilus*
Culturedbutter milk	미국	버터밀크, 탈지유	*Str. lactics, Str. diacetilactics,*
Acidophilus milk	독일	우유	*L. acidophillus*
Bifidus milk	독일	우유	*Bif. bifidus, L. acidphilus,*
Biogurt	독일	우유, 탈지유	*Str. lactics, L. acidphilus*
Bulgarian milk	불가리아	전유, 탈지유	*L. bulgaricus*
Gioddu	알지나아	우유, 마유, 산양유	*sac. sardous, Bacillus. sardous*
Taette	스칸디나비아	우유, 탈지유	*Str. lactis*
Skyr	아이슬랜드	탈지유	*Str. thermophillus, L. bulgaricus*
Dahi	인도	우유	*Streptococcus, Lactobacillus.* 효모
Zabady	이집트	수우유, 우유	*Str. thermophillus, L. bulgaricus*
알코올 발효유			
Kefier	코카시스	우유, 산/면양유	*Sac. kefier, Str. lactics* *Str. thermophilus, Str. cremoris*
Kumiss	중앙아시아	마유, 낙타, 당나귀유	*Sac. torula, L. bulgaricus*
Leben	아라비아	수우유, 우유, 산양유	효모, *Bac. lebens*
Mazun	알메니아	수우유, 우유, 면양유	*Str. lactics, L. actobacillus*
Chal	중앙아시아	낙타유	효모, *L. casei, Str. thermophilus*
Urda	칼 파 차	양유, 유청	효모
Scuta	칠 레	유청	효모
몽고유산삽주	몽 고	우유	효모
유즙화주	극 지	마유, 면양유	효모

(3) 유산균의 정장작용

유산간균과 비피더스균은 생후 1~2일 정도 지나서 검출되며, 생후 4~5일 째에서는 비피더스균이 유아의 장내균총의 최 우세균을 구성하게 되고 비피더스균이 우세함에 따라서 다른 세균 군은 감소한다. 그 후에 안정한 균형이 잡힌 장내균총이 형성된다.

Fig. 1은 신생아의 생후 7일까지 장내 균총의 변화를 표시한 것이다. Fig. 2는 연령에 따른 장내 균총의 변화를 나타낸 것이다. 유산균은 장내에서 길항 물질과 유기산 (유산, 초산 등) 등을 생성하여 인체에 해로운 부패균, 병원성 세균 등의 성장을 억제하는 역할을 한다.

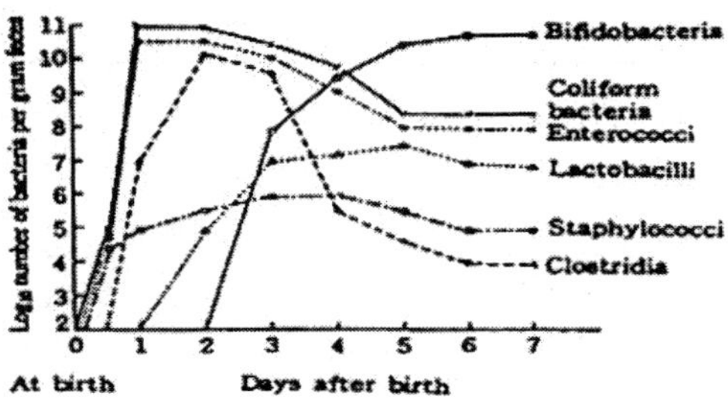

Fig 1. Change in intestinal flora during first 7days after birth.

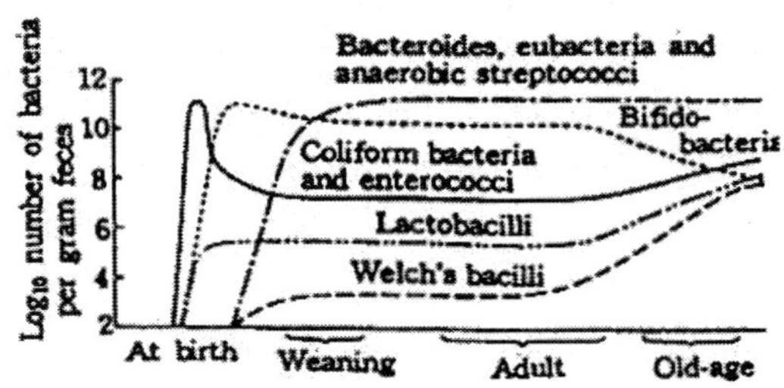

Fig 2. Change in intestinal flora the with age.

(4) 설사와 변비의 개선

유산균에 의해 생성되는 유산은 장내의 산도를 증가시켜 소장에서의 장의 연동운동을 완만하게 하여 주어 소화흡수를 촉진하여 대장에서는 장의 운동을 조절하여 변비설사를 예방하는 것으로 알려지고 있다. 설사는 소아과 영역에서 대단히 많은 질환이다. 설사의 분변 균총은 그의 원인에 따라 변화의 차이가 인식되며 통상 비피더스균과 박테로이드스의 혐기성 균이 감소하고 장내 세균과에 속하는 대장균, 장구균이 증가하는 경향을 나타낸다.

(5) 혈중 콜레스테롤 저하효과

최근에는 정기적인 요구르트의 이용에 따라 동물과 인간에게서 콜레스테롤과 지방저하 작용이 나타났음이 밝혀졌다. 또한 유산균은 장내에서 스테롤(sterol)물질을 성장에 이용함으로써 장으로부터의 콜레스테롤 섭취를 감소시켜 순환기계통의 건강유지에 도움을 주는 것으로 알려지고 있다.

(6) 유산균 발효유의 항암효과

장내 세균총과 암과의 관계에서 발암에 관계하는 위험인자로 손꼽히는 것은 아미노산 대사생성물, 니트로스화합물, 담즙산 대사생성물, 암모니아, 유화수소 등이 있다. 이러한 물질이 암의 발생과 관련이 있는 것으로 알려지고 있다.

Bogdanov와 그의 동료들은 *L.bulgaricus*가 강력한 항암효과를 가진다는 것을 알아낸 최초의 사람들이다. 그후에 그들은 sacoma-180과 견고한 Ehrlich ascites tumor에 대한 생물학적 활성의 가능성이 있는 3가지 glycopeptide를 분리하였다. 이러한 것은 Blastolysin이라고 총칭되는 것이며, 정맥제 복강 또는 복강내 주사에 의하여 효과가 나타나고 치료한 동물에서는 영구적으로 면역력을 가지게 되므로 면역기구를 통하여 나타나는 효과라고 결론지었다.

*L. acidophilus, L. bulgaricus, L.casei, L.helveticus*의 각종 변이종으로부터의 추출물에도 sacoma-180이나 Ehrlich carcinoma57의 증식억제의 효과가 있음이 보고되었다<Table 3>.

Table 3. Anti-neoplasm effects of lactobacilli

Material administered	Tumor model
L. acidophlis	Colon enzymes Ehrlich ascites tumor Chemically-induced Sarcoma-180
L. acidophilus extract	Sarcoma-180 KB-line cells Hi-line cells
L. bulgaricus	ehrlich ascites tumor Sarcomor-180
L. bulgaricus extract	Sarcomor-180 ehrlich ascites tumor AKATOL intestinal carcinoma Plasmacytoma MOPC-315 Melanosarcoma Leukemia P-388
L. casei	Sarcomor-180 Leukemia L-1210
L. casei extract	Sarcomor-180
L. helveticus ss.jugurti	Ehrlich ascites
L. helveticu extract	Sarcomor-180
Yogurt	Ehrlich ascites tumor Chemically-induced

3) 유산균의 산업적 이용분야

발효산업에 유용한 작용을 하는 유산균은 현재 많은 분야에서 이용되어지고 있으며 앞으로도 계속 확대되고 발전되어질 것이다. 현재 유산균이 상업적으로 이용되고 있는 분야와 그 특성에 대하여 알아보기로 하자.

(1) 유가공 산업에서의 유산균의 이용

① 발효유

현재 산업에서 가장 많이 이용되고 있으며 연구 또한 가장 많이 이루어졌다. 발효유에서는 그 동안 유산간균속(*Lactobacillus*)의 단일 균주가 종균으로 이용되어져 왔으나 현재는 유산간균과 유산구균(*Lactococcus*) 그리고 *Bifidus*등을 혼합배양한 제품들이 출시되고 있으며 현재는 특수한 효과를 지닌 유산균을 개발하여 제품으로 출시된 것들이 많다. 기존의 장건강 개선효과 이외에 인체의 면역기능을 향상시켜주는 유산균을 첨가한 요쿠르트와 위궤양과 위염의 주된 원인인 헬리코박터 파일로리 억제기능을 가진 농후발효유까지 선보이게 되어 가장 폭넓고 지속적인 연구가 진행되어질 수 있는 분야이다.

② 치즈 및 발효버터, 크림

치즈는 원유에 유산균과 렌넷(rennet)등을 첨가하여 응고시킨 후 숙성시킨 것을 말하는데 치즈의 숙성과정 중 유산균의 역할은 매우 중요하다. 치즈자체의 풍미를 좌우하는 주된 역할도 있지만 만일 유산균의 활력이 나빠지면 잡균의 오염이 진행되어 팽창되거나 악취와 고미를 나타내게된다. 주로 *Lactococcus spp.*와 *Lactococcus lactics*가 이용되어진다. 발효버터는 크림을 미리 산생성 유산균과 향취생성 유산균의 혼합 스타터로 발효시켜 버터에 부드러운 산미와 향취를 부여한 것으로 유산균이 주된 역할을 하며 발효크림에서 또한 동일한 역할을 한다. 주로 *Leuconostoc*속이 이용되어진다.

(2) 전통식품에서의 유산균이용

우리나라 전통식품에서도 유산균이 관여하고 있는데 대표적인 식품이 바로 된장, 간장, 김치 등이다. 된장이나 간장의 제조공정 중 콩, 밀, 쌀 등을 이용하여 제국을 만드는 공정이나 된장이나 간장의 숙성과정 등에서 여러 종류의 유산균이 관여하며 유산을 생성함으로써 국균의 생육에 적합한 pH를 제공하여 준다. 또한 숙성에 관여하여 숙성을 촉진시키고 풍미개선에도 효과가 있다. 여기에 관여하는 유산균은 *Pediococcus*속이다. 김치 또한 유산균이 관여하는 대표적인 식품인데 김치는 재료 지역 계절에 따라 독특한 맛을 내는데 제조에 따른 증식유산균의 종류에 따라 결정되어지게 된다. 김치의 숙성에 관여하는 유산균으로는 *L. plantarum, L. brevis, Str. faecalis*이외에 *Leuconostoc*등이 보고되어졌다.

(3) Bacteiocin 생산에의 이용

유산균에서 생성되는 Bacteiocin은 항균활성을 갖게 되는데 대표적인 것이 nincin이다. 이것은 주로 *Lactococcus spp, Lactobacillus spp*에서 생산되며 식품과 사료의 부패세균을 억제하여 식품의 보존제로 이용되어진다. Nincin은 주로 통조림 가공에 있어서 내열성 부패균의 생육 억제용으로, 치즈 제조시 낙산균의 오염방지와 잡균의 생균억제제로 이용되어지고 있다.

(4) 의약품 개발에서의 유산균이용

유산균 정장제는 장내에서 서식하는 유산균을 제제화한 의약품 및 동물약품으로 이용되어지고 있다. 유산균의 효과는 장내세균총의 개선, 장내이상발효의 개선, 부패균에 의한 독성물질의 무독화 작용, 설사변비의 개선, 콜레스테롤저하작용, 면역기능의 강화 및 항암효과에 이용되어지고 있으며 probiotics로서 그 유효성이 중요시되고 있다. 현재 국내에서도 많은 의약품이 제조되어 판매되어지고 있으며 많은 개발과 연구가 진행되어지고 있다.

(5) 화장품에서의 유산균의 이용

화장품에서 유산균이 이용된다는 것은 약간은 생소한 이야기다. 식품과 의약품에서는 유산균자체가 사용되어지지만 화장품에서는 유산균 배양액이 사용되어지는 것이 다른 점이다. 유산균 배양액의 주된 성분으로는 유산, 유당, 아미노산, 인산염 등이 있는데 이것들은 피부각질성분과 유사하여 피부의 항산화작용 및 보습작용, pH조절작용 및 피부균형 등의 제어기능을 발휘하여 화장품의 소재로 개발되고 있다. 주로 *Str. salivarius, Bipidobacterium* 등의 배양액이 검토되어지고 있으며 *Lactococcus*속의 일부 유산균이 생성하는 hyaluronic acid를 화장품의 소재로 쓰고 있다.

(6) 가축사료에의 이용

가축사료에 첨가되는 유산균은 사람의 정장작용과 일치하는 점이 많다. 1~2주안의 가축들은 설사병에 걸리면 폐사하기 쉬운데 사료에 유산균을 첨가하여 설사에 의한 폐사를 막는데 주로 쓰인다. 또한 사료에 유산균을 첨가하여 키우면 성장률이 증가하는 경향을 보인다.

제 4 장
식품재료와 영양소

1. 식품의 영양적 의의

식품은 우리에게 필수영양소를 공급하여 주는 영양학적 측면이 있다. 식품들이 지니고 있는 영양소는 식품의 종류에 따라 다르다. 이러한 식품들을 어떻게 선택하여 섭취해야 하는가 결정하는 일은 우리 심신의 건강유지를 위하여 대단히 중요한 일이다.

표 4-1. 다섯 가지 기초 식품군

	군 별	식품군	주요 영양소	식품명
구성식품	I	고기, 생선, 알 및 콩류	단백질	쇠고기, 돼지고기, 닭고기, 토끼고기, 생선, 조개, 굴, 두부, 콩, 달걀, 햄, 베이컨, 소시지, 치즈, 두유, 생선묵
	II	우유 및 유제품, 뼈째먹는 잔생선,	칼 슘	멸치, 뱅어포, 잔새우, 잔생선, 사골, 우유, 분유, 아이스크림, 요구르트
조절식품	III	채소 및 과일	무기질 및 비타민	시금치, 당근, 쑥갓, 상추, 풋고추, 부추, 깻잎, 토마토, 배추, 무, 양파, 파, 오이, 양배추, 콩나물, 숙주, 미역, 다시마, 파래, 김, 톳, 사과, 귤, 감, 딸기, 포도, 배, 참외, 수박, 과일주스, 과일통조림
에너지식품	IV	곡류(잡곡포함) 감자류	당 질	쌀, 보리, 콩, 팥, 옥수수, 밀, 감자, 고구마, 토란, 밤, 밀가루, 미숫가루, 국수류, 떡류, 빵류, 과자류
	V	유지류	지 방	참기름, 콩기름, 옥수수기름, 유채유, 쇠기름, 돼지기름, 면실유, 들기름, 쇼트닝, 버터, 마가린, 깨, 실백, 호도

한편, 영양소를 여섯 가지로 분류하듯이 우리는 수많은 식품들을 그 식품에 함유된 영양소가 유사한 식품끼리 묶어 분류할 수 있다. 이렇게 분류된 다섯 가지 기초 식품군은 <표 4-1>과 같다. 첫 번째 군인 육류, 어류, 난류 및 두류등 신체를 구성하고 열량을 공급하여 주는 단백질 급원식품들이다. 두 번째 군인 우유 및 유제품과 뼈째 먹는 생선 등은 구성요소인 칼슘을 함유하고 있는 칼슘급원 식품들이다. 세 번째 군인 채소와 과일류에는 수분, 무기질과 비타민류와 섬유소가 많이 함유되어 있으며, 인체의 조절작용에 관여한다. 넷째 군인 유지류는 열량을 공급해 주고, 음식에 맛을 제공하고, 부드러운 질감을 매일 골고루 섭취하면 하루에 필요한 모든 영양소의 대부분을 섭취할 수 있다. 건강을 유지하기 위하여 우리는 이와 같은 여러 가지 식품들을 균형있게 골고루 섭취해야 한다.

2. 식품재료의 종류

식품재료를 분류하는 방법은 여러 가지가 있다. 예를 들면 생산에 의한 분류, 식품군(群)에 의한 기초적 분류, 공급 영양소별 분류, 그리고 용도에 따른 분류 등이다. 일반적으로 생산에 의한 분류를 많이 택하며, 자원면을 고려하여 나누어 보면 다음 <표 4-2>와 같다.

표 4-2. 생산자원 면을 고려한 식품재료의 분류

자 원 구 분	해당 식품재료의 예
농산식품재료	곡류·두류·서류·채소류·과실류 등
축산식품재료	육류·유(乳)류·난(卵)류 등
수산식품재료	어패류·해조류·고래류 등
임산식품재료류	버섯류·산채류 등
기타식품재료류	유지류·향신료·조미료·식품첨가물 등

1) 농산식품재료

농산식품재료에는 곡류·두류·서류·채소류·과실류 등이 있다. 곡류는 농산물 중에서도 가장 많이 생산되고 전분질이 주성분이다. 곡류는 인류의 주식량으로서 구미·중국 등은 밀을, 아시아·중동 등은 쌀을, 라틴 아메리카는 옥수수를 많이 이용하지만 그밖에도 보리·호밀·수수·조·메밀 등이 일부 이용되고 있다.

두류에는 콩이나 땅콩처럼 단백질 이외에 지방질이 많고 당질이 적은 것과, 팥·완두

·녹두·강낭콩 등과 같이 지방질이 적고 전분질이 많은 것들이 있다. 서류는 감자·고구마·타피오카 등 전분질로 된 식품재료로서 곡류대용으로 많이 이용된다. 서류는 식량작물 중에서도 생산성이 가장 높지만 저장성이 낮다.

그리고 근채류·엽경채류·과채류 등이 있는 채소류는 비타민, 무기질 등의 영양분과 섬유질이 함유되어 체내 대사작용을 도와주고 소화를 도우며 기호성을 증진시킨다. 채소류와 유사한 작용이 있는 과실류에는 인과류(사과 등), 준인과류(감귤류 등), 핵과류(복숭아 등), 장과류(포도·딸기 등) 및 견과류(밤·호도 등)가 있다.

2) 축산식품재료

축산식품재료에는 식육류, 유제품 및 알류 등이 있다. 이러한 동물성 식품은 양질의 단백질을 함유하고 기호성이 좋지만 생산량이 제한되어 있다. 식육류는 식육(쇠고기·돼지고기·양고기 등)과 조육(닭고기·오리고기·칠면조고기 등)으로 구분된다. 우유제품은 영양분이 거의 완전에 가까울 만큼 균형있게 함유되어 있고 소화성도 좋으나 변패되기 쉬우므로 각별한 가공처리나 유통상 주의가 필요하다.

3) 수산식품재료

수산식품재료에는 동물성인 어패류와 식물성인 해조류가 있다. 일반 어류(魚類), 연체류(오징어·문어 등), 조개류·갑각류(새우 등), 극피류(해삼·해파리 등)가 어패류에 속하며 이들은 육질이 좋고 맛이 좋으나 저장성이 문제가 되어 냉동이나 통조림 등으로 가공된다. 해조류에는 김·미역·다시마 등이 있다.

4) 기타 재료들

기타 식품재료들에는 식용유지·조미료·향신료·식품첨가물 등이 있으며, 이들은 식품조리가공에 있어서 주재료로 사용하기보다는 향미증진, 품질개선, 조리나 가공의 편의 등을 제공하기 위한 것이 대부분이다.

3. 榮養의 개요

1) 榮養의 意義

우리들이 생명을 유지하고 건강한 생활을 다스려 나가며 또 성장·발육하려면 外界에서 여러 가지 물질을 체내에 받아들여서 이용해야만 한다. 이와 같이 외계에서 여러 가지 물질을 받아들여서 이것을 이용함으로써 성장, 활동, 건강 유지 등의 生命現象을 이끌어 나가는 것을 榮養(nutrition)이라고 한다.

이러한 榮養의 목적으로 섭취하는 물질을 榮養素(nutrients)라 하며, 이것은 食品을 통하여 체내에 받아들이고 있다.

참고 WHO(World Health Organization ; 世界保健機構), FAO(Food and Agriculture Organization ; 國際聯合食糧農業機構) 등의 국제연합 기관에서 선정한 榮養·食糧用語의 正義에 의하면 nutrition은 다음과 같이 설명하고 있다.
"The processes where by living organisms utilize food for maintenance of life, growth, the normal functioning of organs and tissues, and the production of energy."

2) 榮養素의 작용

영양소는 그 종류에 따라 체내에서의 기능도 달라진다. 이들 영양소를 體內作用에 의하여 분류하면 熱量素·構成素·調節素 3 가지로 대별된다.

(1) 熱量素

체내에서 化學反應을 받아 熱을 발생하는 것, 곧 에너지源이 되는 것은 주로 탄수화물과 지방질이고 단백질도 일부 관여한다. 따라서 세 영양소를 묶어서 熱量素(energy nutrients)라고 한다. 또 세 영양소는 섭취량이 많다는점 등을 고려하여 3大榮養素라고도 한다.

(2) 構成素

組織의 增殖이나 更新에 쓰이는 영양소는 결국 體成分을 구성하는 것이라고 볼 수 있다. 이것으로 단백질·무기질·물을 들 수 있고, 탄수화물이나 지방질도 주로 貯藏物質이란 형태로 여기에 관여하고 있다. 그리하여 이들을 일괄하여 構成素(constitution nutrients)라고 한다.

① 단백질은 構成元素 가운데 N가 있다는 점이 탄수화물이나 지방질과 다르며, 조직을 구성하는 가장 기본적인 물질이기 때문에 榮養上 특히 그 중요성이 인정되고 있다.
② 무기질은 주로 이빨이나 뼈 등 硬組織의 構成에 관여하고, 또한 모든 體細胞, 體液속에도 존재한다.
③ 물은 모든 組織, 細胞, 體液 속에 함유되어 있다.
④ 지방질 중에서 中性脂肪은 皮下·가슴·배·허벅지, 각종 臟器 등에 저장되어 있고, 複合脂肪質은 神經組織 등의 구성에 관여한다.

⑤ 탄수화물은 glycogen 형태로서 肝臟이나 筋肉에 저장된다. 또 혈액 중에도 거의 일정한 농도로 glucose로서 함유되어 있는데, 이것을 血糖(blood glucose)이라고 한다.

(3) 調節素

신체의 기능을 조절하는 영양소로서 비타민·무기질 및 단백질을 들 수 있는데, 이들을 調節素(regulatory nutrients)라고 한다.

2) 榮養素의 종류

일반적으로 영양소라 하면 탄수화물(carbohydrates)·脂肪質(lipids)·蛋白質(proteins)·無機質(minerals)·비타민(vitamins)등 5종류가 있다.

물론 체중의 약 60%를 차지하고, 또 여러 영양소가 각각 榮養的인 구실을 하려면 반드시 물의 협력을 필요로 하기 때문에 물은 당연히 영양소에 들어가야 하겠으나, 이것을 제외하는 것은 酸素와 마찬가지로 애쓰지 않아도 섭취될 수 있기 때문이다.

(1) 탄수화물

탄수화물(炭水化物, carbohydrate)은 분자식 $(CH_2O)_n$을 가지는 유기물로서, 분자내에 수산기(-OH)를 많이 가지는 알데히드(aldehyde), 케톤(ketone) 또는 그 유도체를 총칭한다. 이들은 생물체내 에너지대사의 공급원 또는 저장원으로서 뿐만 아니라 생물체의 구성성분으로서도 매우 중요한 생명분자이다. 탄수화물의 기본 구성단위분자를 단당류(單糖類, monosacc-haride)라 하며, 단당류 2분자가 결합하여 이루어진 이당류(二糖類, disaccharide), 많은 수의 단당류가 결합하여 된 다당류(多糖類, polysaccharide)로 분류된다.

가. 단당류

단당류에는 탄소 수가 3개인 3탄당(三炭糖, triose)에서부터 7개인 7탄당(heptose)까지 여러 종류로 구분되지만, 생물학적으로 중요한 단당류는 6탄당과 5탄당이다<그림 1>. 동물체에 가장 많이 들어 있는 6탄당은 포도당(glucose)으로, 에너지를 얻는 세포호흡의 가장 중요한 재료이며, 우리가 먹는 각종 탄수화물은 간에서 쉽게 포도당으로 전환된다. 6탄당에는 이 밖에 과당(fructose), 갈락토오스(galactose) 등이 있고, 리보오스(ribose)와 데옥시리보오스(deoxyribose)가 중요한 5탄당으로 모두 핵산의 당 성분이다.

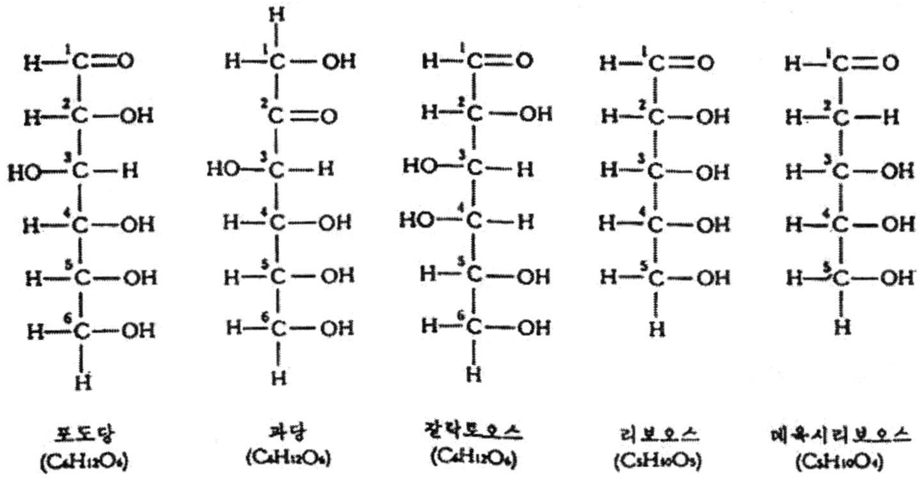

그림 4-1. 단당류의 종류와 구조식

나. 이당류

단당류 2분자가 결합된 것이 이당류이며, 맥아당(麥芽糖, maltose), 유당(乳糖, lactose), 자당(蔗糖, sucrose 설탕) 등이 이에 속한다. 이들의 결합은 단당류간의 두 -OH 사이에서 물(H_2O) 한 분자가 빠지고 형성되는 배당결합(配當結合, glycosidic bond)에 의한다. 유당은 갈락토오스와 포도당 사이에서, 그리고 서당은 포도당과 과당 사이에서 각각 배당결합에 의해 만들어진다.<그림 4-3 (a)맥아당(포도당+ 포도당) (b) 유당(갈락토오스+ 포도당) (c)자당(포도당+ 과당)>.

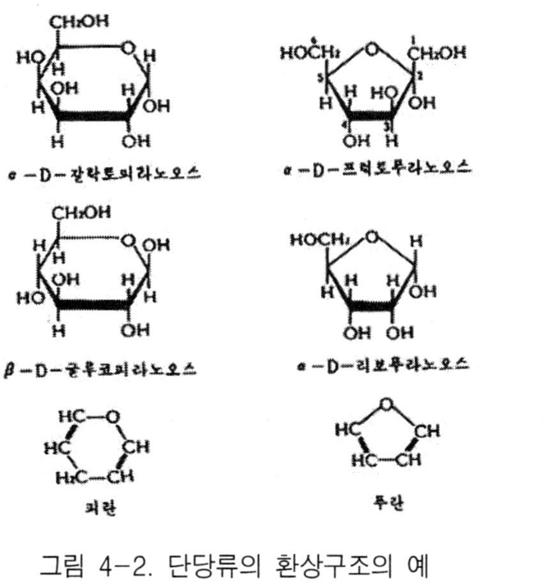

그림 4-2. 단당류의 환상구조의 예

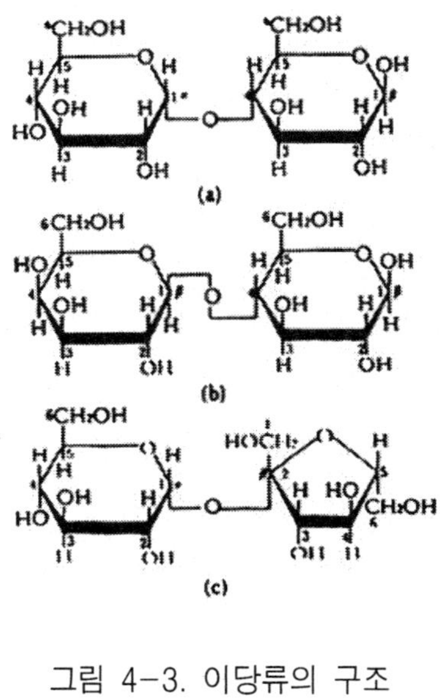

그림 4-3. 이당류의 구조

다. 다당류

다당류는 수많은 단당류가 중합되어 형성된 것으로, 가장 널리 분포하고 있는 것이 전분(starch, 녹말), 글리코겐(glycogen) 및 셀룰로오스(cellulose)등이며, 이들은 모두 포도당으로 구성되어 있으나 각각 구조가 다르다.

전분은 식물의 저장분자로서, <그림 4-4(a)>에서 보는 바와 같이 포도당이 배당결합으로 연결된 사슬형의 긴 분자 형태인 아밀로오스(amylose)와, 분지점(分枝点)에서 α-1,6결합에 의해 분지하는 아밀로펙틴(amylopectin)으로 구성된다. 글리코겐은 동물의 저장분자로서 전분과 유사한 구조를 형성하나, 가지를 더 많이 가지고 있으며 동물체의 간(肝)이나 근육에 저장된다.

셀룰로오스는 식물 세포벽(cell wall)의 주요 구조성분으로서 식물체의 50%이상을 차지하는데, 이 분자는 포도당이 β-1,4배당결합으로 된 중합체이다.<그림 4-4(b)>

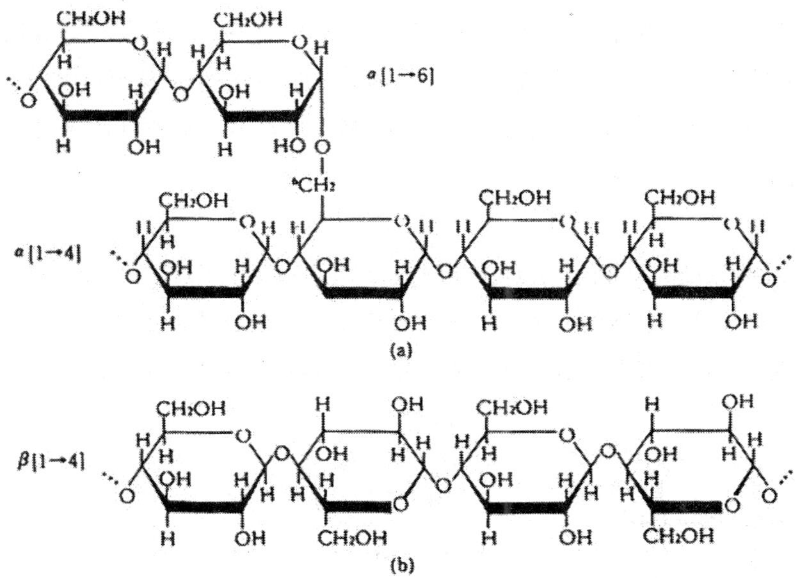

그림 4-4. 다당류의 구조 (a)전분(또는 글리코겐), (b)셀룰로오스

다당류의 일종인 키틴(chitin)은 곤충이나 갑각류의 외골격의 주요 구성성분이며, 포도당 2번 탄소의 -OH 대신에 아미노기 ($-NH_2$)가 결합된 분자인 N-아세틸 글루코사민(N-acetylglucosamine; NAG)의 중합체(重合體)이다<그림 4-5>.

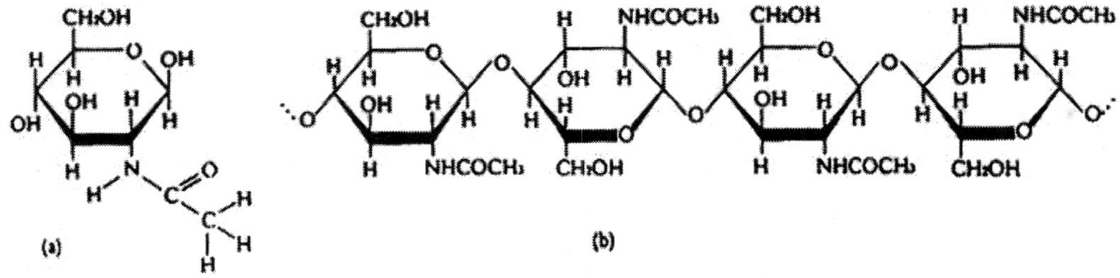

그림 4-5. N-아세틸 글루코사민(a)과 키틴의 구조(b)

(2) 지질

지질(脂質, lipid)은 물에는 거의 녹지 않고 에테르, 벤젠 등 유기용매(有機溶媒)에 잘 녹는 유기화합물들을 일컬으며, 생물학적으로 중요한 지질에는 중성지방, 인지질 및 스테로이드 등이 있다. 지질은 생물체의 중요한 에너지원으로 작용하며, 세포막의 주요 구조성분이기도 하다.

가. 중성지방

중성지방(中性脂肪, neutral fat)은 글리세롤의 -OH기 3개와 지방산(脂肪酸, fatty acid)의 카르복실기 (-COOH) 사이의 에스테르결합으로 형성된 분자로서, 트리아실글리세롤(triacylglycerol) 또는 트리글리세리드(triglyceride)라고도 부른다<그림 4-6>.

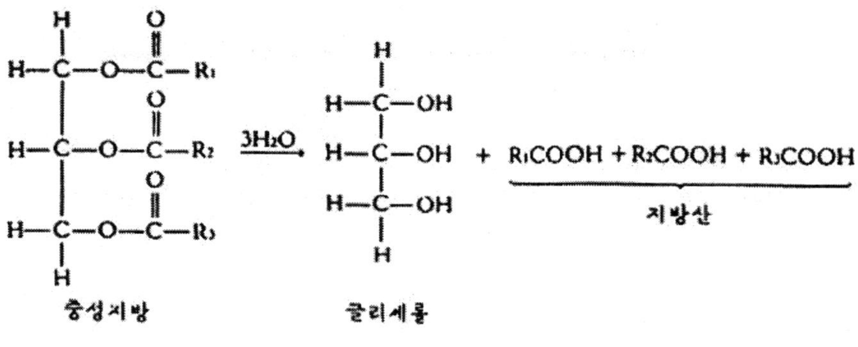

그림 4-6. 중성지방의 가수분해

중성지방 분자에 들어 있는 3개의 지방산이 모두 같은 경우도 있고, 다른 경우도 있다. 분자구조에서 알 수 있듯이 중성지방의 특성은 지방산에 의해 결정된다. 지방산은 긴 사슬형의 탄소화합물로서 마지막 탄소에 카르복실기를 가지며, 동물체 지질에는 약 30여종의 지방산이 있다. 지방산의 탄소 수는 짝수이며, 동물성 지방에는 탄소 수 18개의 스테아르산(stearic acid)으로 된 지방이 가장 많다.

지방산 중 분자를 구성하는 탄소원자가 단일 결합으로만 연결된 것을 포화지방산(saturated fatty acid)이라 하고, 하나 또는 그 이상의 이중결합이 있는 것을 불포화지방산(unsaturated fatty acid)이라 한다<표 4-3>.

표 4-3. 지방산의 명칭과 구조

지 방 산	분 자 식	융점(℃)
포화지방산		
Lauric acid	$CH_3(CH_2)_{10}COOH$	44
Palmitic acid	$CH_3(CH_2)_{14}COOH$	63
Arachidic acid	$CH_3(CH_2)_{18}COOH$	75
Lignoceric acid	$CH_3(CH_2)_{22}COOH$	84
불포화지방산		
Oleic acid	$CH_3(CH_2)_7CH{=}CISCH(CH_2)_7COOH$	13
Lineolic acid	$CH_3(CH_2)_4(CH{=}CHCH_2)_2(CH_2)_6COOH$	-5
Arachidonic acid	$CH_3(CH_2)_4(CH{=}CHCH_2)_4(CH_2)_2COOH$	-50

포화지방산은 불포화지방산에 비해 융점(melting point)이 높다. 따라서 동물성 지방은 포화지방산을 많이 가지고 있으므로 실온에서 고체 도는 반고체 상태로 존재하며, 식물성 지방은 불포화지방산을 많이 함유하고 실온에서 액체상태로 존재하므로 기름(oil)이라고 부른다.

포유동물은 리놀레산(linoleic acid)과 리놀렌산(linolenic acid) 등을 체내에서 합성하지 못하므로 반드시 음식물로 섭취해야 하는데, 이를 필수지방산(essential fatty acid)이라 한다.

나. 인지질

인지질(燐脂質, phospholipid)은 생체막(biomembrane)의 구조성분으로서 매우 중요한 물질이다. 이것은 글리셀롤의 알코올성 수산기(-OH)의 하나가 지방산이 아닌 인산과 에스테르결합한 분자이다<그림 4-7>. 보통 인산기는 다시 콜린(choline)이나 에타놀아민(ethanolamine)과 같은 질소화합물과 결합하는데, 그림에서와 같이 콜린이 결합된 인지질을 레시틴(lecithin, 또는 phosphatidylcholine)이라 하며, 콜린 대신 에타놀아민이 결합된 것은 세팔린(cephalin)이라 한다.

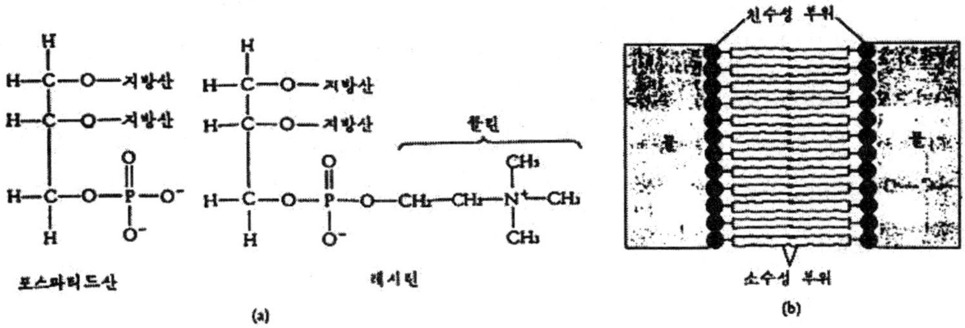

그림 4-7. 인지질의 구조(a)와 지질 이중층의 형성(b)

인지질분자에서 지방산이 결합된 부위는 소수성(疏水性, hydrophobic)이지만, 인산기 및 여기에 결합된 질소화합물 부위는 전하를 띠는 친수성(親水性, hydrophilic)이다. 이와 같이 한 분자내에 친수성의 극성부위와 소수성인 비극성부위를 가지므로, 인지질은 물에서 극성부위가 물과 접촉하고, 비극성 부위는 물과 접촉하지 못하는 성질을 갖게 되는 것이다. 이러한 성질은 세포막의 기본 구조인 지질의 이중층(lipid bilayer) 구조에서도 같다.

다. 스테로이드

스테로이드(steroid)는 다른 지질분자와는 상당히 다른 구조를 하여, 그림에서 보는 바와 같이 4개의 탄소고리화합물을 기본 골격으로 한다. 생물체에서 콜레스테롤(cholesterol), 담즙산염, 성호르몬, 부신피질호르몬 등이 스테로이드 화합물이며, 특히 콜레스테롤은 각종 스테로이드분자의 합성재료이고 또한 동물 세포막의 구조성분이기도 하다<그림 4-8>.

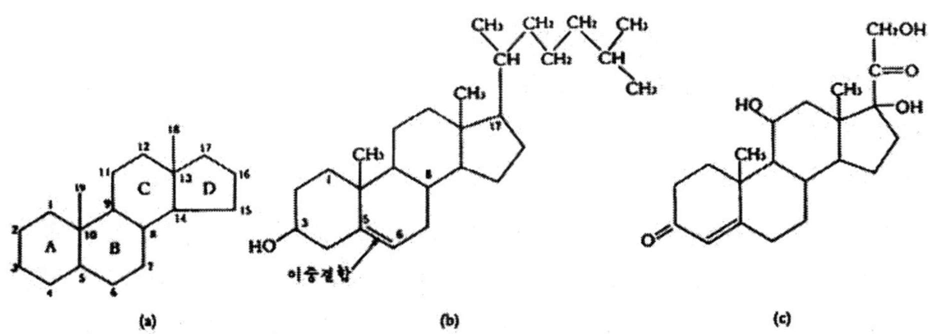

그림 4-8. 스테로이드 (a)스테로이드 분자의 기본골격 (b)콜레스테롤 (c)코르티솔

(3) 단백질

단백질은 세포 건조중량의 50%이상을 차지하며, 세포의 구조성분으로서 뿐만 아니라, 효소(enzyme), 호르몬, 운반단백질 등 각종 생체 기능을 담당하는 생명의 제1차적인 기본물질이다.

가. 아미노산

단백질의 구성단위는 아미노산(amino acid)이며, 오른쪽의 식에서와 같이 동일 탄소에 결합된 아미노기(amino group; $-NH_2$)와 카르복실기(carbonyl group; $-COOH$)를 가지며, R로 표시된 곁사슬(側鎖, side chain)에 따라 아미노산의 종류는 달라지는데, 약 20여종이 있다.<표 4-4>

표 4-4. 아미노산의 종류

일반명	기호	구조	일반명	기호	구조
글리신	Gly; G	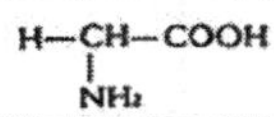	글루탐산	Glu; E	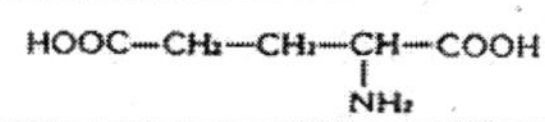
알라닌	Ala; A	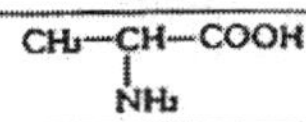	글루타민	Gln; Q	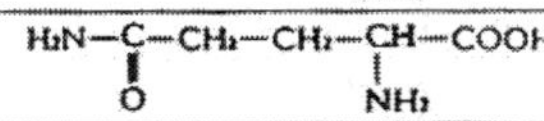
발린	Val; V	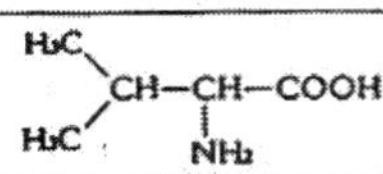	아르기닌	Arg; R	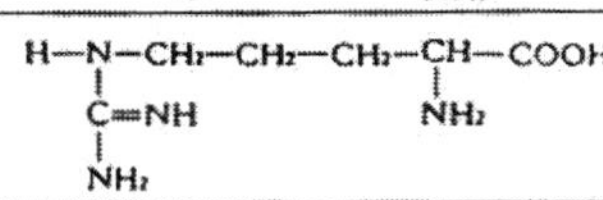
루신	Leu; L	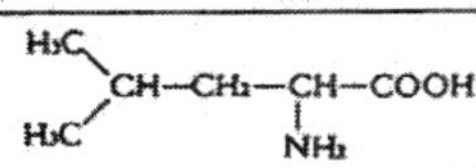	리신	Lys; K	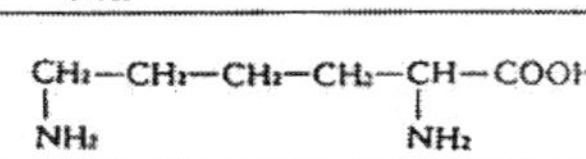
이소루신	Ile ; I	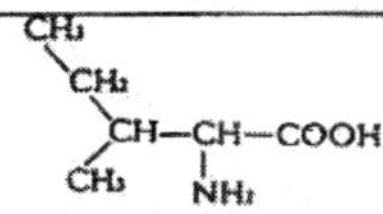	히스티딘	His; H	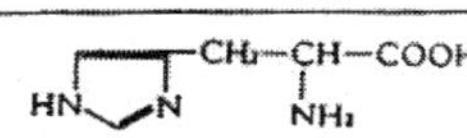
세린	Ser; S	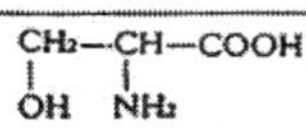	페닐알라닌	Phe; F	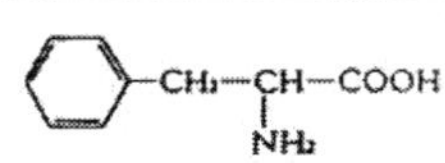
트레오닌	Thr; T	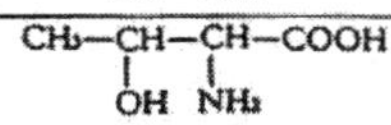	티로신	Tyr; Y	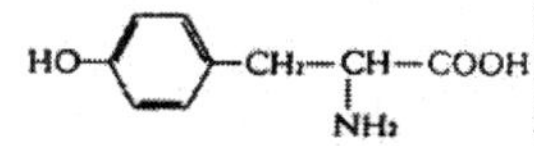
시스테인	Cys; C	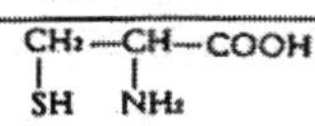	트립토판	Trp; W	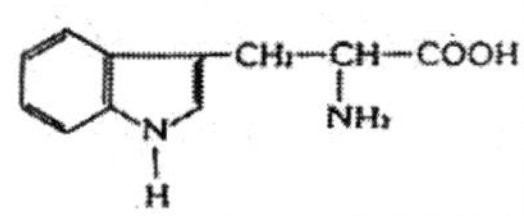
메티오닌	Met; M	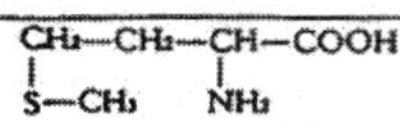	프롤린	Pro; P	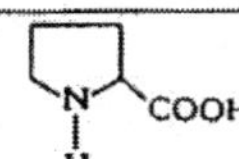
아스파르트산	Asp; D	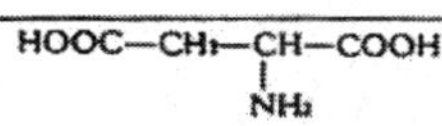			
아스파라긴	Asn; N	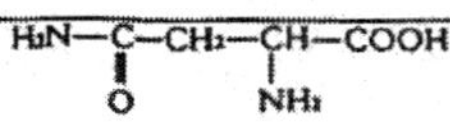			

아미노산은 수용액의 pH에 따라 $-NH_2$가 H^+을 받아 $-NH_3^+$로 될 수 있고, 또한 $-COOH$는 H^+을 내어 $-COO^-$로 될 수 있으므로, 산이면서 동시에 염기로 작용하는 양성전해질(ampholyte)이다. 따라서 아미노산은 용액의 pH에 따라 하전상태가 변하고, 그 화학적 작용도 다르게 나타나는 성질을 가지며, 아미노산이 중합되어 만들어진 단백질도 이와 같은 성질을 갖는다<그림 4-9>. 또한 아미노산과 그 염기는 그 작용에 의해 pH의 변화를 막아주는 역할도 하므로 생물체내에서의 중요한 완충제 역할도 한다.

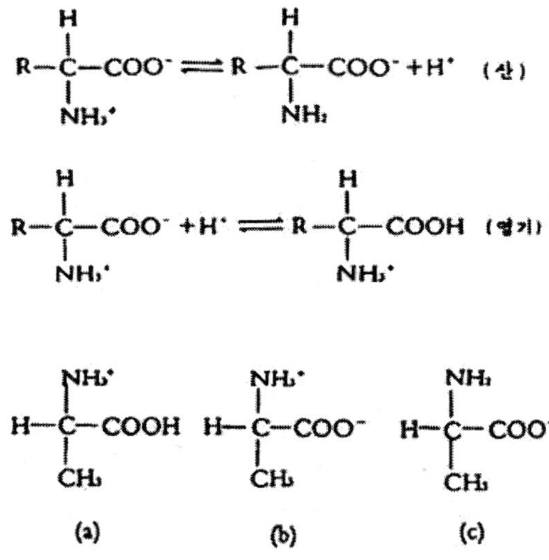

그림 4-9. 알라닌 용액의 pH변화에 따른 하전상태

(a)산성 용액 (b)중성 용액 (c)알칼리성 용액

아미노산들은 한 아미노산의 아미노기와 그 다음 아미노산의 카르복실기 사이에서 물이 한 분자 빠지고 형성되는 펩티드결합(peptide bond)에 의해 결합된다<그림 4-10>. 단백질은 수많은 아미노산들이 펩티드결합에 의해 연결된 폴리펩티드(polypeptide)이며, 폴리펩티드를 이루는 아미노산의 배열순서(sequence)를 단백질의 1차구조(primary structure)라 하는데, 아미노산은 20종뿐이지만 이들이 펩티드결합하여 만드는 단백질은 그 아미노산의 수와 배열순서에 따라 수많은 종류를 만들 수 있어서, 생물체에는 다양한 각종 단백질이 존재함을 짐작할 수 있다. 단백질을 이루는 아미노산의 배열순서는 유전물질인 DNA(또는 RNA)의 유전정보에 의해 결정되는 것이다.

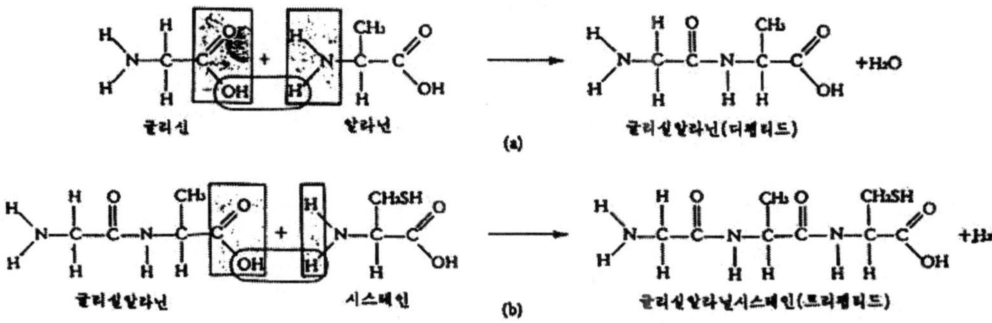

그림 4-10. 아미노산의 펩티드결합

(a)글리실알라닌(디펩티드) (b)글리실알라닐시스테인(트리펩티드)

1956년 F.SANGER에 의해 펩티드 호르몬인 인슐린(insulin)의 1차구조가 밝혀진 이래, 현재까지 많은 단백질의 1차구조가 밝혀지고 있다<그림 4-11>.

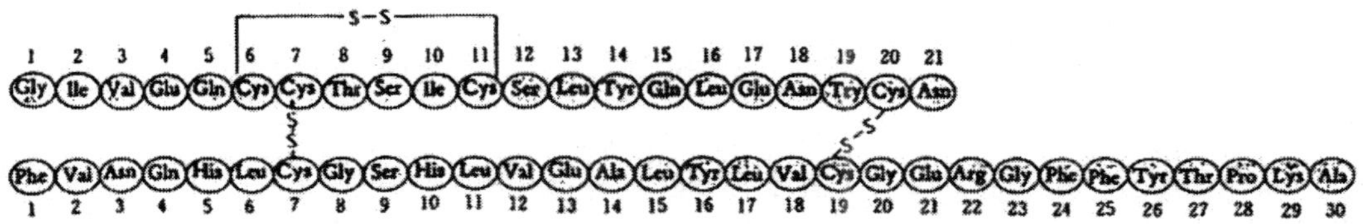

그림 4-11. 단백질(소의 인슐린)의 1차 구조

(4) 비타민

비타민(vitamin)이란 정상적인 생명활동을 하는 데 있어서 미량이지만 꼭 필요한 유기화합물로서, 체내에서 다른 영양소로부터 합성할 수 없으므로 외부에서 섭취해야 하는 물질이다. 식물체는 그들이 필요로 하는 모든 유기물을 스스로 합성할 수 있기 때문에 문제가 없으나, 동물체는 비타민이 요구되며 그 종류는 동물에 따라 각각 다르다. <표 4-5>에 지금까지 발견된 비타민의 종류, 구조 및 그 생리기능을 간단히 표시하였다.

표 4-5. 비타민의 종류와 생리작용

	명 칭	주요 생리작용	결핍증
지용성	A 레티노이드 (retnioide)	로돕신(시홍)의 구성성분, 상피조직의 건강 유지	야맹증, 상피조직의 각질화
	B 칼시페롤(calciferol)	장에서의 Ca^{2+} 흡수촉진	구루병, 골연화증
	E토코페롤(tocopherol)	항산화제	동물 불임
	K 필로키논 (phylloquinone)	프로트롬빈 합성에 관여	혈액응고 지연
수용성	B_1 티아민(thiamin)	탈탄산·산화적 탈탄산 효소의 조효소 성분	각기병, 다방설 신경염
	B_2 리보플라빈 (riboflavin)	체내의 산화환원반응, FMN·FAD의 성분	구순염, 구각염
	B_5 판토텐산 (pantothenic acid)	체내 물질대사 관여, CoA의 성분	탈모, 피부병
	B_6 피리독신 (pyridoxine)	단백질 대사에 관여하는 효소의 조효소	피부염, 성장정지 빈혈
	니아신(niacin)	체내 산화환원반응, NAD·NADP의 성분	피부염
	비오틴(biotin)	체내 지방산합성에 관여	피부병, 생장 억제
	엽산(folic acid)	핵산대사에 관여하는 효소의 조효소	빈혈
	B_{12} 코발라민 (cobalamin)	핵산합성 관여	악성 빈혈
	C 아스코르브산 (ascorbic acid)	체내 산화작용	괴혈병

(5) 무기질

가. 인체와 무기질

우리의 신체를 구성하고 있는 원소 중 유기물질을 구성하는 원소는 탄소, 수소, 산소, 질소로 이들은 체중의 96%를 차지하고 있으며, 나머지 4%는 무기질(mineral)로 이루어 졌다<그림 4-12>.

유기물질의 구성원소는 체내에서 산화되나 무기질은 유기질의 산화 후에도 회분(ash)으로 남는다. 무기질은 체내의 함량 및 1일 필요량에 따라 다량원소(macromineral)와 미량원소(micromineral)로 분류한다.

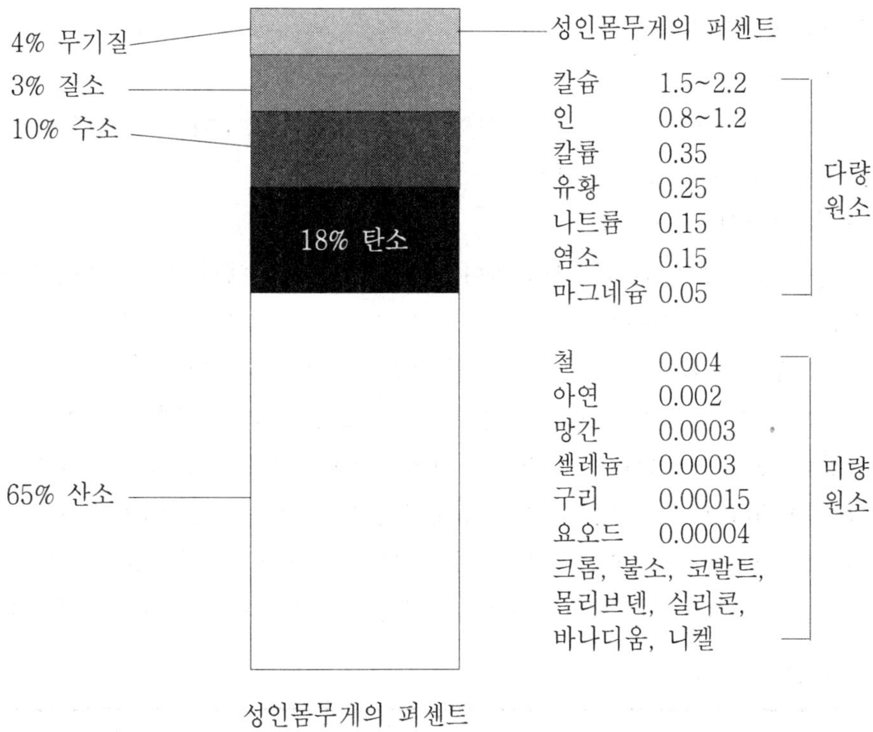

그림 4-12. 인체의 원소구성

다량원소는 체내에 비교적 많이 함유되어 있고, 1일 필요량이 100mg이상의 필수적으로 필요한 무기질을 의미한다. 반면에 미량원소는 체내에 소량 필요하나, 사람에게 필연적으로 필요한 무기질과 필연성이 완전히 증명되지 않는 무기질이 있다<표 4-6>.

나. 무기질의 체내 기능

무기질은 체내에서 매우 중요한 역할을 담당하고 있으며, 그 종류에 따라 여러 가지의 기능이 있는데, 일반적으로 다음과 같이 요약할 수 있다.

① 신체의 구성성분

ㄱ. 경조직의 구성성분

Ca, P, Mg, F 등은 골격과 치아를 구성한다.

ㄴ. 연조직의 구성성분

P는 핵단백질, 세포핵 등을 구성하며, 신경조직에도 인지질의 형태로 들어 있다. Fe은 hemoglobin을 형성하며, 함황아미노산에는 S가 들어있다.

ㄷ. 체액의 구성요소

무기염류는 체액에 용해되어 여러 가지 기능조절에 관여한다.

② 신체의 조절작용

ㄱ. 수분평형조절

조직 내와 체액 중의 무기염류 사이에 무기염류의 농도가 높은 곳으로 물이 흘러 들어가 체액교환이 이루어진다.

ㄴ. 산과 염기의 평형조절

신체는 항상 중성을 유지해야 한다. 체내의 대사과정에서 발생한 탄산은 K, Na과 같은 염기성과 결합하여 탄산염을 형성하며, 단백질대사에서 발생한 암모니아는 알칼리성으로 황산이나 인산과 결합하여 소변으로 배설된다.

식품은 조직 속에서 연소 후에 산성을 나타내거나 알칼리성을 나타내는 원소를 공급한다. 산성을 나타내는 원소는 유황(S), 인(P), 염소(Cl)등 단백질이 높은 식품에 많이 존재하며, 산성을 형성하는 원소가 많은 식품은 산성식품이라 한다. 그 반면에 알칼리성을 나타내는 원소는 나트륨(Na), 칼슘(Ca), 칼륨(K) 등이 있으며, 이 원소들은 야채와 과일에 풍부하여 이 식품들을 알칼리성 식품이라고 한다.

표 4-6. 무기질의 분류

다량원소(macrominerals) (1일 필요량 100mg이상)	미량원소 (trace minerals)	
	필수적 미량원소(essential) (1일 필요량 100mg 이하)	필수적으로 증명되지 않은 초미량원소(essentiality unclear)
Calcium(Ca) Phosphorus(P) Magnesium(Mg) Sodium(Na) Potassium(K) Chloride(Cl) Sulfur(S)	Iron(Fe) Iodine(I) Zine(Zn) Copper(Cu) Manganese(Mn) Chromium(Cr) Cobalt(Co) Selenium(Se) Molybdenum(Mo) Fluoride(F)	Silicon(Si) Vanadium(V) Nickel(Ni) Tin(Sn) Cadmium(Cd) Arsenic(As) Aluminum(Al) Boron(B)

ㄷ. 근육의 정상적 기능조절

근육조직은 무기질을 함유한 체액 속에서 수축과 이완작용을 하게 되며, 칼슘이온은 수축작용을, 나트륨, 칼륨, 마그네슘은 이완작용을 주로 맡는다. 이러한 무기질의 농도에 이상이 생기면 근육의 경련이 일어나거나 근육의 강직현상이 나타난다.

ㄹ. 신경의 정상적 기능조절

신경도 무기질을 함유한 체액 속에서 자극전달이 이루어진다. 칼슘은 신경을 흥분시키고 신경세포 사이에 자극전달에 관여하는 acetylcholine이 방출되는 데에도 관여한다.

ㅁ. 혈액의 응고작용

칼슘은 혈액을 응고시켜서 출혈을 방지한다.

ㅂ. 조직 내에서 산화작용

Hemoglobin을 구성하는 철분은 산소(O)를 운반하고 조직에 공급하여 산화작용을 돕는다. 요오드(I)는 갑상선호르몬을 형성하며 조직 내의 대사작용 및 에너지대사를 촉진시킨다.

ㅅ. 촉매적 기능

무기질은 약간의 금속효소(metalloenzyme)를 구성하거나 효소반응을 촉매하여 생리기능을 수행한다. 마그네슘, 칼륨, 염소 등은 포도당분해과정을 촉매하고, 마그네슘과 망간은 지방분해에 관여한다.

제 5 장
식품의 조리 · 가공과 저장과학

1. 식품의 조리적 의의

1) 조리의 의미

날것(자연 식품 자체)으로는 도저히 먹을 수 없는 것을 식용 가능하도록 식품 재료로서의 폭을 넓히는 것을 조리라 한다. 조리의 주목적은 식품을 먹기 쉽게 또한 식품 자체가 지니고 있는 맛성분이 두드러질 수 있도록 음식으로서의 수응력(受應力)을 증진시키는 것이다. 조리를 통하여 식품의 풍미를 증진시키고, 소화·흡수를 개선시키며, 자연 식품 속에 함유되어 있는 독성물질을 제거할 뿐만 아니라 식품에 부착되어 있는 비위생적인 오염물질을 제거하여 우리가 안심하고 먹을 수 있도록 청결하게 하고, 또한 시각을 자극하여 보기에도 먹음직스럽게 조작함으로써 식욕을 촉진시키는데 그 목적이 있다.

2) 조리와 식품의 영양가

식품을 조리 가공함에 있어서 특히 주의하고 유념해야 할 점은 영양가의 변화이다. 식품의 영양가 변화는 농산물, 수산물, 축산물의 생산 단계에서부터 시작된다. 각각의 생산지에서 생산된 식품은 시장을 경유하여 소비자의 손에 들어오고, 이것을 조리·가공하여 먹게 된다. 생산지에서 소비자에게 오기까지는 여러 가지 형태의 보존, 저장 그리고 수송이라는 단계가 있다. 이러한 과정에서도 식품의 영양가는 변화하며, 이러한 영양소 손실은 온도, 광선, 산소 등 저장조건에 의하여, 그리고 미생물에 의한 부패에 의하여 일어난다.

3) 식품의 폐기 부위와 영양가

식품은 가식 부위와 비가식 부위로 나뉜다. 때로는 폐기 부분에 먹을 수 있는 것이 상당량 있는 뿐만 아니라 의외로 영양가가 높은 경우도 있다. 그러나 식미와의 관계도 있으므로 무조건 모두 먹을 수는 없는 일이다. 폐기 부위의 영양소를 버리게 된다는 것이 아쉽다고 느껴지지만, 다른 식품을 통하여 영양소 보충을 할 수 있다. 우리나라 사람들은 다른 나라 사람들에 비하여 식품의 활용도를 꽤 넓히고 있다. 육류에 있어서도 내장 부위와 뼈까지 잘 이용하고 있다.

4) 수용성 성분의 손실

식품의 조리과정에서 가장 우선시 되는 것은 물에 세척하는 조작이다. 세척은 식품에 오염된 흙, 기생충의 알이나 유해세균 또는 농약 같은 유해성분을 말끔히 제거한다는 의미도 있다. 또한 물에 오래 담가 둠으로써 쓴맛이나 떫은맛 성분을 제거하기도 한다. 그러나, 동시에 수용성 영양성분이 제거된다는 점을 명심해야 한다.

5) 가열조리에 의한 득과 실

식품을 조리하는 데는 삶거나 찌는 등 가열과정이 가장 흔하게 이루어진다. 열을 가하면 유해균이나 기생충을 제거하는 입장에서 위생상 좋다고 볼 수 있지만 가열처리로 인한 영양소 손실이 발생한다. 열을 가하는 또 하나의 목적은 전분의 소화를 좋게 하는 것이다. 가열처리는 유독성분을 파괴하여 식품으로서의 가치를 높여 주기도 한다. 압력솥에서 가열하면 빨리 조리되고 섬유소도 연해져 소화성이 좋아질 뿐만 아니라 혀에 와 닿는 촉감도 부드러워져 식미를 증진시키고, 가열처리 시간이 단축되어 영양소의 보유에도 효과적이다.

6) 가열에 의한 영양소의 변화

(1) 단백질의 변화

단백질은 높은 온도에서 가열하면 딱딱하게 응고되어 소화성이 나빠진다. 단백질 식품 즉 육류, 생선류 및 알류를 조리할 때는 약한 불에 가열처리 하거나 또는 높은 온도에서 가열할 때에는 조리시간을 단축해야 한다. 뼈, 연골, 껍질, 힘줄 등의 주성분인 collagen은 물에 용해되지 않고 또한 소화성도 나쁘지만, 이것에 물을 가하여 약한 불로 오래 끓이면 gelatin으로 변하여 소화성이 높아진다. 단백질을 전분과 당분을 같이 혼합하여 높은 온도에서 가열하면 필수아미노산인 lysine이 화학반응을 일으켜 그 효력을 상실한다. 육류를 물에 넣고 약한 불에 오래도록 삶으면 침출되는 유리 아미노산이나 이노신산, 즉 extract 성분은 육류의 맛성분이지만, 영양소로서의 가치는 그렇게 크지 않다.

(2) 지방질의 변화

지방질은 열처리에는 큰 영향을 받지 않지만, 튀김기름을 반복 사용하면 지방산이 중합되어 점점 소화하기 어려운 상태로 된다. 따라서 튀김기름은 너무 많이 반복해서 사용하지 않는 것이 좋다. 튀김에 사용한 기름은 보관하는 동안에도 화학반응을 일으켜 위장을 자극하는 알데하이드류(aldehydes)와 같은 유해성분이 형성되므로 사용상 주의가 요망된다.

(3) 비타민의 변화

비타민류는 식품의 조리방법 여하에 따라 그 손실률이 많이 좌우된다. 비타민 C는 신선한 채소나 과일 속에 다량 함유되어 있으나 수용성이면서 열에 약하다. 채소를 삶아서 데친 물을 버리면 많은 양의 비타민 C가 유출된다. 채소를 기름에 볶으면 기름이 채소의 표피를 싸서 산소와의 접촉을 막아 공기와의 접촉을 차단함으로써 비록 고온에서 조리를 하더라도 식품의 내부에까지 열이 전달되지 않아 열에 의한 영양소 손실을 막아준다. 비타민 B_1은 비타민 C보다는 덜 예민하지만, 이 역시 열에 약한 영양소이다. 특히 알칼리 물질과 접촉이 되면 더 쉽게 파괴된다. 알칼리에 약한 영양소는 비타민 C, B_1, B_2등이다. 빵이나 과자를 구울 때 밀가루에 들어 있는 비타민 B_1은 팽창제인 베이킹 파우더나 중조에 의하여 거의 모두 파괴된다. 식품분석표에 의하여 계산되어진 수치가 충분하다고 하여도 실제로 우리 몸에 받아들여진 양에는 많은 차이가 있다. 대체적으로 25%의 비타민 A, 30%의 B_1, 25%의 B_2, 50%의 비타민 C의 손실이 있다고 추산하는 것이 안전하다. 이러한 영양소 손실률은 식품의 종류, 취급법과 조리법에 따라 크게 차이가 있다.

2. 식품재료의 가공과 저장

식품가공에는 조리를 위한 원재료의 1차 가공(즉, 재료의 재생산)이 있고, 1차 가공제품을 활용하여 설계된 식품을 대량 생산하는 2차 가공이 있다. 원재료의 1차 가공제품의 예는 밀에서부터 만들어진 밀가루이고, 또 2차 가공제품의 예는 밀가루로부터 만든 라면이나 빵·비스킷 등이다.

따라서 식품가공은 전문인에 의하여 식품원재료를 대량생산시설에서 여러 가지 조작을 가하여 제품을 만들어내는 과정이라고 할 수 있다. 이 과정에서 참여하는 전문인을 우리는 식품제조(가공)기술자라고 부르고 있다.

한편, 원재료나 가공제품을 식용하기 전까지 일정기간 여러 가지 방법으로 보존하는 조작을 저장이라고 할 수 있다. 예를 들면 채소나 과실을 저온시설에서 일정기간 보관하거나 아이스크림이나 요구르트를 cold chain system(저온유통체계)에서 관리하는 여러 과정들이다.

건조·냉장·냉동 등의 조작을 가하거나 특정 시설에서 보관하는 것이 보통의 저장방법이며 가공식품 역시 하나의 식품이므로 경제성과 실용성을 고려하여 저장하고 있다. 식품의 가공과 저장의 기능과 목적을 요약하여 정리하면 다음과 같다.

① 식품의 영양과 맛을 개선(改善)할 수 있고,
② 가공함으로써 수송(輸送)·저장을 간편하게 할 뿐 아니라,
③ 날 것으로는 이용하지 못하는 것을 교묘하게 이용할 수 있으며,
④ 식품의 이용기간을 연장할 수 있고,
⑤ 시장에 출하(出荷)하는 수량과 종류를 조절할 수 있으므로 식품의 이용 범위를 넓힘과 동시에 식품의 가치를 높이는 결과가 된다.

3. 식품가공과 저장의 의의

우리들이 일상적으로 식용하고 있는 식품은 대부분이 농산물·수산물 및 축산물들로서 이들 대부분은 가공·저장하여 이용하고 있다. 따라서 식품의 가공과 저장은 국민생활과 문화 그리고 경제면에서 중대한 역할을 담당하게 된다. 이를 다음 몇 가지로 나누어 살펴볼 수 있다.

1) 품질이 우수한 가공·저장식품의 공급

가공·저장과정을 통하여 고품질의 식품을 생산공급함으로써 국민복지 향상은 물론 국민건강에 크게 기여하게 된다. 뿐만 아니라 이러한 식품은 해외에 수출하여 외화를 획득하는 기회도 된다.

2) 국민의 식생활문화 향상에 기여

다양한 가공·저장식품을 계절이나 시간에 관계없이 국민 모두가 이용함으로써 정서적이고 합리적인 식생활을 영위할 수 있게 한다. 따라서 옛날과 같이 배고픔을 극복하

기 위한 가장 기본적인 욕구의 충족이 아니라 여유와 정서를 향유하는 식생활문화에까지 이르게 한다. 고급 우유제품, 각종 기호음료, 신선한 과실은 가공과 저장 과정이 없으면 그 공급이 불가능하다.

3) 조리기술 및 조리노동에 대한 대체기능

가공·저장식품의 확대 이용은 주부들의 조리활동을 줄여주는 중요한 계기가 된다. 각종 간편식품의 등장은 가정에서의 조리기술과 조리노동을 대신하는 기능을 갖게 되었고, 주부들의 여가선용이나 사회참여 기회를 넓히는 계기가 되었다.

4) 농·수·축산물 효용에 대한 기여와 가격안정

여러 가지 농·수·축산물은 본래의 품질을 장기간 유지할 수 없으며 쉽게 부패하고 변질된다. 특히 수분함량이 많고 신선한 육류·어패류·과실 채소류·우유류 등에서 부패 변질이 심하여 이들을 충분히 이용하지 못하는 경우가 많다.

곡류 등도 비록 수분이 많지 않다고 하지만 일정한 저장조건에서 저장하지 않거나 가공과정을 거치지 않고 그냥 두면 막대한 질적·양적 손실을 가져오게 된다. 따라서 가공 저장은 농·수·축산물의 효용(效用) 증대와 가격안정에 크게 기여하게 되므로 이를 제2의 생산이라고 한다.

5) 생산의 기업적 발전 유도

과실이나 채소 그리고 어패류 등의 생산은 계절적인 제약을 받으며, 다른 식품에 비하여 변질되기 쉽다. 또 성수기에는 시장에 출하가 많아 자연적으로 가격이 폭락하는 등 폐단이 있다.

따라서 적절한 가공 및 저장을 하면 이용하는 기간을 연장할 뿐 아니라, 지리적 범위를 확대하여 이용도를 높임으로써 여러 가지 조건에 제약을 받지 않고, 생산자체를 기업으로서 발전하도록 한다.

6) 생산경영(生産經營)의 합리화

농·수·축산물을 가공 및 저장함으로써 농·어민에게 여러 가지 유익한 점이 많다.

① 농·어민들의 잉여(剩餘) 혹은 영세 노동력을 활용할 수 있고,

② 농산물의 가격을 안정시킬 수 있으며,

③ 자급자족하게 되므로 농가의 지출을 경감시킬 수 있고,

④ 부산물을 이용하고,
⑤ 식생활을 개선하여 생활향상을 기할 수 있다.

7) 관련산업의 발전

식품가공·저장의 확대와 고도이용은 관련산업을 크게 발전시킬 수 있다. 예를들면 관련시설을 제공하는 기계장치산업, 포장에 관련된 제지(製紙) 및 플라스틱산업 그리고 관련시설을 운영할 때 소요되는 각종 에너지 산업 등이다. 식품가공·저장은 수많은 관련산업을 발전시킬 수 있는 중요한 요인이 된다.

4. 식품가공의 원리와 방법

1) 식품가공방법의 기본원리

식품재료(또는 원재료)는 온도·습도·빛·공기·화합물질 및 미생물 등에 쉽게 변하는 불안정한 물질이다. 따라서 재료의 종류와 특성 특히, 가공에 적합한 성질에 따라 여러 가지 조작을 가하여 새롭고 우수한 제품을 만드는 것을 식품가공이라고 한다.

그러므로 식품가공은 그 과정에 의하여 원료의 형태나 그 특성에 변화를 주게 되고 또 영양학적·관능적·물성학적으로 우수한 품질을 부여하게 된다. 식품가공은 단순공정으로 이루어지는 것은 아니며 여러 가지의 가공조작 또는 가공단계를 거치는 것이 보통이다.

따라서 식품가공원리에는 <표 5-1>에서와 같이 물리적·화학적·미생물학적 방법 및 기타 방법이 있으며 각 방법에 따라 여러 가지 조작이 많이 있으나 어느 하나의 조작방법만으로 식품가공의 목표를 달성할 수 있는 것은 아니다. 따라서 여러 가지의 조작방법이 서로 복합되어야 비로소 완성된다고 할 수 있다. 본 란에서는 중요한 몇 가지 조작만으로 중심으로하여 살펴보고자 한다.

표 5-1. 식품가공원리에 따른 여러 가지 식품가공조작

가 공 원 리	가 공 조 작
물리적 방법	분쇄·추출·여과·압착·체질·농축·건조 등
화학적 방법	가열·산/알칼리처리·식염처리·효소처리 등
미생물 발효방법	절임·알콜발효·산발효·젓갈담금 등
기타 방법	압출성형방법·초음파처리방법·냉동/냉장 등

2) 식품가공방법의 기초조작

(1) 분쇄와 혼합

가. 분쇄(粉碎)

분쇄는 (원)재료를 가루로 만드는 것이며 분쇄하는 목적은 물질의 표면적을 크게 하여 각종작용을 충분히 하거나, 내용물을 분말상태로 하여 잘 혼합할 수 있게 하는 것이다.

표면적의 증가는 분쇄도(粉碎度)가 높을수록 커지며, 분쇄에 필요한 에너지는 총 표면적의 증가와 비례하여 커진다. 분쇄에 필요한 분쇄기는 안팎의 분쇄기 사이에 재료가 분쇄되는 원추철구식 분쇄기, 회전수가 서로 다른 한쌍의 롤(roll) 사이에서 압축되면서 분쇄되는 롤형 분쇄기<그림 5-1 참조>, 그리고 회전드럼(rotrting shell) 속에 금속볼과 원료를 함께 넣어 미분쇄하는 볼밀(ball mill) 등이 있다.

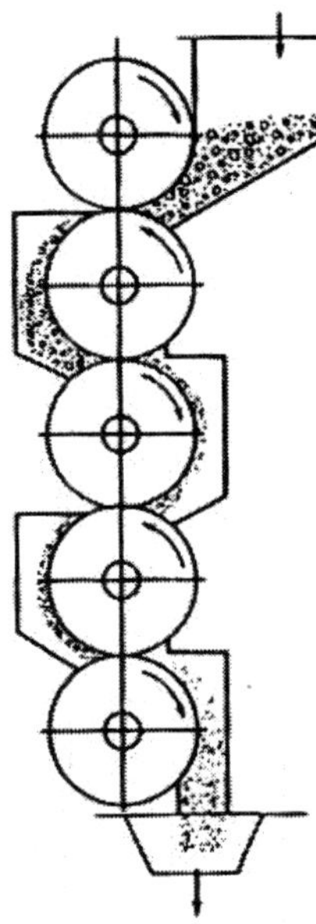

그림 5-1. 롤(Roll)형 제분기

나. 혼합(混合)

여러 가지 재료를 서로 섞는 조작을 말하며 균일한 반응 또는 가열효과를 얻을 수 있다. 넓은 의미에서의 혼합에는 좁은 의미의 혼합·교반·반죽·압연(working)·균질화·교동(churning)등이 있다.

(2)가열·농축·증발

가. 가열(加熱)

식품가공 조작 중에 가장 많이 행해지는 가공(또는 조리) 조작이다. 재료의 조직을 부드럽게 하거나 성분을 변질시키는 조작에 사용된다. 가열조작에는 자숙(煮熟), 증숙(蒸熟), 배소(焙燒)가 있는데, 자숙은 물과 함께 가열하는 것이며, 증숙은 수증기로 처리하는 것을 말한다. 그리고 배소는 볶음이라고도 하며, 직접·간접적인 방법으로 원료를 굽는 조작이다.

가열조작에 의하여 유해미생물을 사멸, 녹말의 호화, 효소의 불활성화, 단백질의 변성, 당류와 아미노산과의 반응, 당의 캐러멜화, 유지의 중합 그리고 물성의 변화 등 여러 가지 현상이 일어난다. 이와 같이 가열에 의하여 결국 멸균, 소화율 향상, 향미 형성, 물성 조정 등이 이루어지며, 가공의 목적을 달성하게 된다. 그리고 이와 같은 조작을 위한 각종 가숙기, 증숙기, 배소기가 있다.

나. 농축 및 증발

(원)재료나 중간 가공중의 재료 또는 중간제품에 함유된 수분을 줄이는 조작을 농축·증발이라고 하며 천일증발(天日蒸發)·분무증발(噴霧蒸發)과 액속에 열풍을 불어넣어 증발시키는 직접가열법, 2중솥을 증기로 가열하는 간접가열법이 있다. 일반적으로 농축이 진행되면 점도(粘度)가 커지고 비등점이 높아져 타기 쉽다. 소규모의 농축·증발기에는 2중솥이나 표준증발관이 있고, 대규모 농축·증발기에는 다중효용증발관<그림 5-2 참조>, 진공농축기, 냉동농축장치 등이 있다.

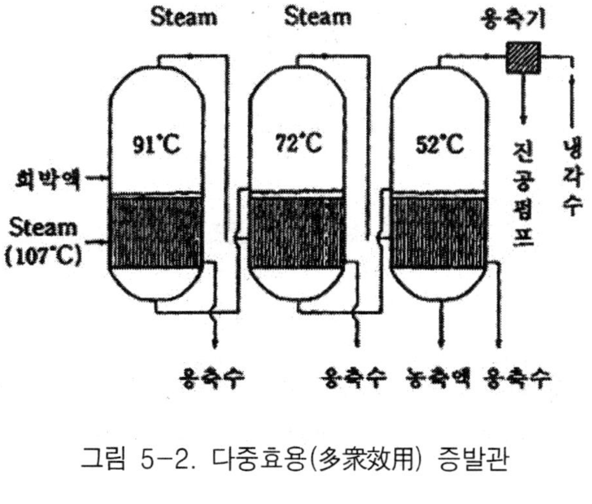

그림 5-2. 다중효용(多衆效用) 증발관

다. 분리·여과·압착

일반적으로 물질을 추출·분리할 때는 용제(溶劑)나 흡착제를 이용하는 방법, 고체입자의 크기를 나누는 체질(sieving), 고체와 액체를 분리하는 여과(filtration), 소량의 액체를 고체로부터 분리해 내는 압착, 비중의 차이에 의하여 분리하는 원심분리(遠心分離) 등의 방법을 이용하고 있다.

체질을 위해서는 수평식평형체와 회전식체가 있다. 그리고 원심분리기에는 회분식(回分式)과 연속식이 있으며, 여과기에는 감압 및 가압 여과기가 있다. 한편 압력을 가하여 고체 중에 소량의 액체를 분리하는 압착장치로는 수압식 또는 유압식 압착기(oil press)가 있다.

(4) 건조(乾燥)

(원)재료의 수분을 부분 제거하는 조작이며 재료의 형태나 특성에 따라 건조기구나 탈수장치를 적절히 선택해야 한다. 이에 대한 내용 설명은 다음의 '식품저장 방법의 기초조작'편에서 설명하기로 한다.

(5) 압출성형(壓出成形)

최근 크게 각광 받고 있는 압출성형(壓出成形)은 옥수수·밀·보리 등과 같은 전분질 곡류와 콩과 같은 단백질 곡류의 가공에 응용할 수 있는 다목적 가공조작이다. 이는 특수한 압출성형장치(extruder)에 의하여 이루어지며, 혼합·조분쇄·가열·열교환·성형·팽화 등의 기능은 extruder 단일장치 내에서 행할 수 있다.

압출성형장치는 일반적으로 전분의 호화, 단백질의 열변성이 쉽게 일어나는 장치로서 조립(組立) 및 팽화(膨化) 식품의 생산, 식물조직단백질(또는 인조육)의 생산 등에 많이 사용된다. 우리가 흔히 접하는 각종 스낵류가 압출성형기술에 의해 생산되는 대표적인 식품이라고 하겠다.

5. 식품저장방법의 종류와 기초조작

1) 식품저장방법의 종류

(원)재료나 중간제품 또는 완제품의 품질은 지속적으로 변화되고 부패된다. 이와 같은 변패(變敗) 원인은 여러 가지가 있겠으나 미생물의 오염, 효소의 작용, 기타 물리화학적 작용에 의하여 일어나는 것으로 알려져 있다. 변패현상을 막기 위한 저장방법에는 다음과 같은 것이 있다.

① 건조법 ② 냉각법 ③ 가열법
④ 염장법 ⑤ 당장법 ⑥ 산장법
⑦ 훈연법 ⑧ 조사살균법 및 가스저장법

2) 식품저장방법의 기초조작

(1) 건조

(원)재료 또는 식품에 함유되어 있는 수분을 적저수준까지 감소시킴으로써 재료 또는 식품을 가능한 한 안전하게 저장하는 방법이다. 수분 중에서도 식품의 변패에 직접 관여하는 자유수를 감소시키는 건조방법에는 일광(日光)건조법과 인공(人工)건조법으로 크게 나눈다.

가. 일광건조

가장 오래된 건조방법의 하나이며 농산물이나 해산물의 건조에 아직도 많이 이용되고 있는 방법이다. 그러나 건조 후 품질이 좋지 못하고 대규모의 체계적 건조에는 적당하지 않다.

나. 인공건조

(원)재료 또는 식품의 종류와 특성에 따라 인위적인 여러 가지 조건을 고려하여 만든 건조기를 이용하여 체계적으로 대량 건조하는 방법이다. 많이 이용되고 있는 인공건조법에는 풍건조법·감압건조법·동결건조법·분무건조법·포말건조법·고주파건조법·적외선건조법 등이 있다.

이 가운데 건조에 이용되는 가열방식은 열풍·고주파·적외선 등이며 이들 세 가지 방식은 유사한 점이 많다. 그러나 장시간 고온가열에서 일어나는 품질변화를 최소한으로 하면서 독특한 완제품을 만들 수 있는 방법은 분무건조법과 동결건조법이라고 할 수 있다.

분무건조법은 커피농축액을 건조하여 인스턴트 커피를 만들 때 혹은 우유를 건조하여 분유를 만들 때 많이 활용하는 방법이다. <그림 5-3>에서와 같이 액상재료를 노즐(nozzle) 또는 atomiger로 분무하여 작은 방울로 만들어 표면적을 크게 하면서 열풍으로 건조시키게 된다.

한편, 동결건조법은 재료 또는 식품 내의 수분을 동결상태에서 얼음을 승화시켜 건조시키는 방법이다. 보통 동결건조기는 식품을 동결상태로 유지할 수 있는 냉동시설, 감압을 유지할 수 있는 감압시설, 승화열을 공급할 수 있는 가열장치로 구성되어 있으며, 여기에 증발되는 다량의 수분을 응축·제거할 수 있는 장치가 부착되어 있다.

동결건조방식은 건조과정 중 화학반응이나 영양소 파괴가 거의 없고 향미 보유나 수분 복원력 등이 가장 좋은 건조방법이다. 그러나 비용이 많이 드는 방법으로 고급제품(고급 커피 등)에 이용된다. 열풍건조 중 터널식 건조는 사과·바나나 등의 건조에, 가열드럼건조는 으깨거나 풀 상태 재료의 건조에 각각 활용된다.

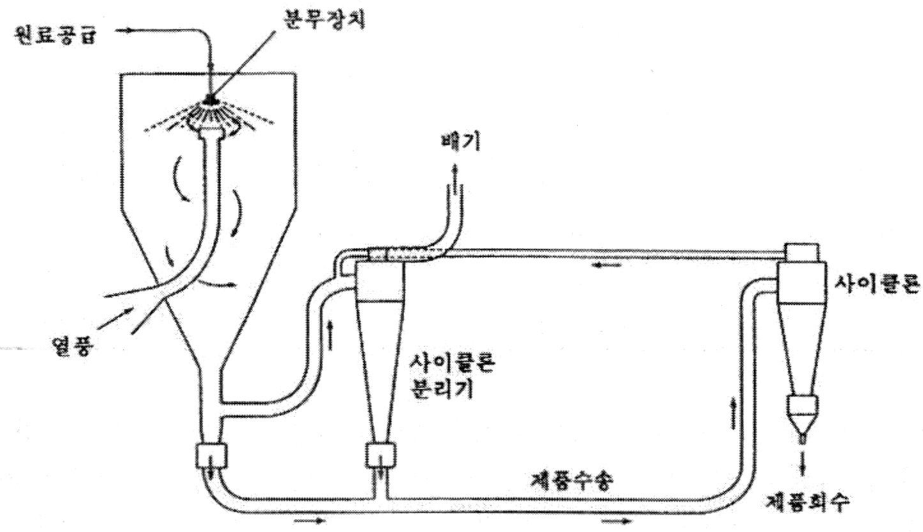

그림 5-3. 분무건조기의 구조와 건조조작

(2) 냉장과 냉동

가. 냉장(冷藏)

비교적 저온범위(0~5℃)에서 짧은 기간 동안 재료 또는 식품을 저장하는 방법을 냉장이라고 할 수 있다. 냉장을 하면 미생물을 파괴할 수 없지만 성장·번식을 어느 정도 억제할 수 있으며, 식품 내 화학적·효소적 반응을 낮출 수 있다. 내장온도는 0℃~5℃ 사이를 말하며, 각 가정에 냉장고가 보편화됨에 따라 냉장저장이 식품의 저장방법으로 가장 빈번히 사용되고 있다.

표 5-2. 식품별 온도에 따른 유효저장일수

저장식품	저장 가능기간(일수)		
	0℃	22℃	38℃
육 류	6~10	1	1이하
생 선	2~7	1	1이하
닭고기	5~18	1	1이하
건조육류 및 생선	1,000이상	350이상	100이상
과 일	2~180	1~20	1~7
건조과일	1,000이상	350이상	100이상
엽채류	3~20	1~7	1~3
괴경류	90~300	7~50	2~20
견과류	1,000이상	350이상	100이상

육류·닭고기·생선·계란·우유제품·채소와 과실의 저장을 위하여 냉장은 가장 좋은 방법 중의 하나이다. <표 5-2>는 식품별 온도에 따른 유효 저장일수를 나타낸 것이다. 육류의 예를 들면 0℃에서는 6~10일간 좋은 품질을 유지할 수 있고 22℃에서는 1일, 38℃에서는 1일 이하로 유지할 수 있다.

보통 냉각방법으로는 얼음을 이용하는 빙냉각법(氷冷却法), 액화탄산가스를 동결 고체화시킨 dry ice를 이용하는 방법, 냉동기에 의한 방법 등이 있으며 가장 보편적인 방법은 후자의 방법이다.

나. 냉동(冷凍)

식품을 동결된 상태로 저장하는 방법이다. 사실상 냉장과 같은 목적과 원리로 활용하는데 미생물 성장이나 화학반응 그리고 효소반응은 거의 억제할 수 있지만 채소와 과실의 조직감 파괴 등 품질저하를 초래하게 되므로 바람직하지 않는 경우도 많다.

<그림 5-4>에서와 같이 냉동식품의 품질저하는 동식물 세포의 동결하는 모양에 의하여 결정되며 세포밖에 큰 얼음 결정(氷結晶)이 생기면 나쁜 상태이고, 세포 내에 다수의 미세한 얼음 결정이 생기면 좋다고 한다.

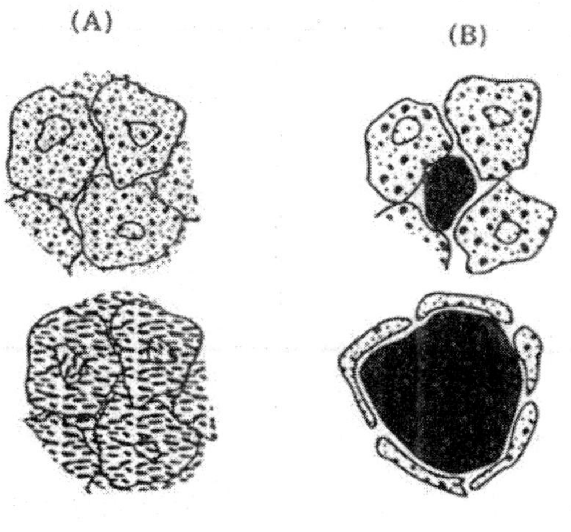

그림 5-4. 세포의 동결과정 중 얼음결정의 생성

세포 밖에 얼음 결정이 생기는 것은 식품의 품질이 좋지 못한 것으로 완만동결(緩慢凍結) 및 냉장온도가 높은 경우에 일어난다. 이로 인하여 세포막이 파괴되고, 세포의 탈수·압축으로 인하여 단백질의 변성을 일으키고, 해동(解凍)했을 때 수분이 흡수되지 않고 유출되기 쉬우며, 조직이 거칠어지고 맛이 감소된다. 따라서 완만동결보다는 -25℃ 내외로 급속동결시켜 얼음 결정이 미세화 되도록 하는 것이 바람직하다.

보통 냉동(동결)방법은 공기냉동법·접촉식냉동법·침지식냉동법·분무식냉동법 등이 있다. 냉동식품의 고품질을 유지할 수 있는 저장기간을 쇠고기의 예를 들어 살펴보면 -20℃에서는 약600일, -15℃에서는 250일 그리고 -10℃에서는 약 90일 정도 된다.

그리고 냉동 중 식품의 품질손상은 여러 가지가 있다. 즉, 고체화되면서 세포가 파괴되고 표면이 딱딱해지며 부분적으로 효소반응이 일어나 유리지방산이 생성되면서 산화되고 갈변반응도 일어나게 된다.

다. 저온유통체계(Cold Chain System)

재료 또는 식품을 어획·도살·수확·가공 직후의 초기단계에서부터 가정 또는 식당의 냉장고 그리고 슈퍼마켓의 냉장고에 도달할 때까지 해당 저온으로 연속 관리하는 체계를 저온유통체계라고 한다.

이에 알맞은 재료나 식품으로는 우유·아이스크림·육류·농산물·수산물 등이 있다. 저온유통체계에서는 재료 및 식품의 저온수송·저온저장·저온판매가 필수적이며, 해당 재료 및 식품의 저장 적온(適溫)에 유의하여야 한다<표 5-3 참조>.

표 5-3. 저온유통체계에 따른 식품의 저장온도

식 품 명	저장온도(℃)	식 품 명	저장온도(℃)
우 유	3~7	돼 지 고 기	1~3
아이스크림	-18~-10	햄	2~4
버 터	4~7	소 시 지	2~4
치 즈	4~7	간(肝)	2~4
달 걀	3~7	물 고 기	1~2
쇠 고 기	1~5	새 우	1~3

(3) 가열살균(殺菌)

가열(加熱)이란 조리·가공·저장의 목표달성을 위한 가장 중요한 기본 조작이며 저장성을 높이기 위하여 식품변패의 원인이 되는 미생물의 성장을 억제시키거나 사멸시키는 방법에 대해서 간단히 설명하고자 한다.

일반적으로 살균효과는 미생물의 수가 적은 초기에, 건열(乾熱)보다 습열(濕熱)일 때, 식품액(液)의 pH가 중성 또는 산성 영역일 때 더 좋다. 그러나 가열살균 조건은 단순하지 않으며 이를 결정하는 여러 가지 인자들이 있다. 즉, 가열온도·가열시간·가열방법·주된 미생물 등에 따라서 가열살균의 효과가 달라진다.

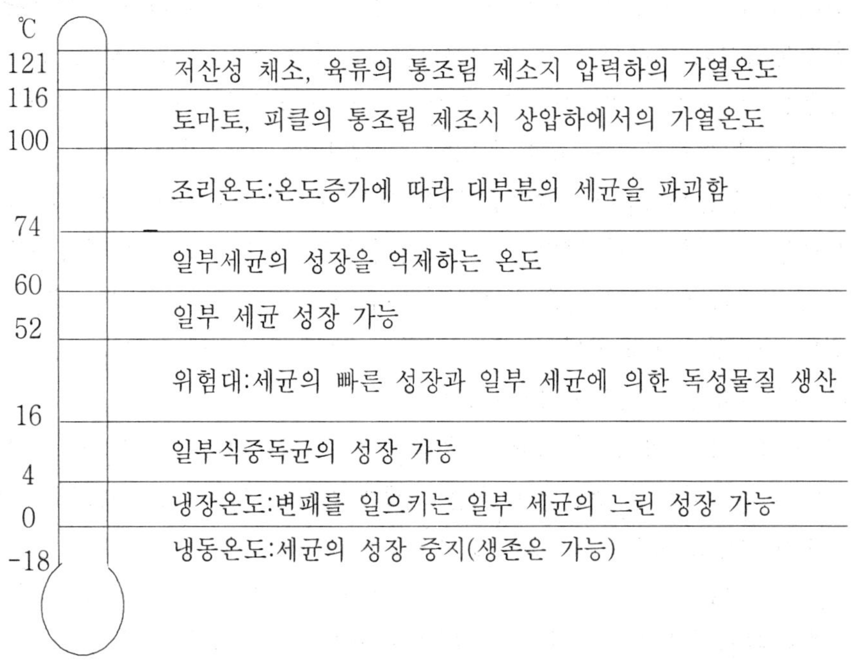

그림 5-5. 식품의 온도와 세균의 성장과의 관계

일반적으로 특정세균의 경우 가열치사곡선(加熱致死曲線)이나 가열치사시간 등을 실험적으로 측정하여 정확한 가열조건을 정한다. <그림 5-5>는 세균조절을 위한 식품의 온도를 나타낸 것이다.

가열살균방법에서는 저온살균(pasteurization), 고온단시간살균(high temperature short time method), 초고온멸균(ultra-high temperature treatment)등이 있다. 일반적인 가열살균 외에도 적외선살균·자외선살균·초음파살균·방사선조사살균 등이 있으며 살균방법에 따라 사용되는 기구나 장치도 각각 다르다. 특히, 통조림이나 병조림은 가열살균법에 의한 좋은 저장방법의 하나라고 할 수 있다.

우유의 예를 들어 살펴보면 우유의 병원균(病原菌)과 포자를 형성하지 않는 부패균의 60~70℃에서 30분이면 완전히 사멸시킬 수 있다. 그러나 포자를 형성하는 부패균, Clostridium·Bacillus 등의 포자는 내열성이 높아 쉽게 사멸되지 않는다. 따라서 완전히 살균하기 위하여 더 높은 온도인 100℃에서 장시간 가열할 필요가 있다. 그러나 우유는 주로 병원균 또는 일반 부패균이 문제가 되므로 저온살균을 하거나 고온단시간 살균 또는 초고온순간 살균하면 된다.

(4) 기타 저장방법

가. 염장(鹽藏)

소금의 농도와 미생물의 종류에 따라 다르겠지만 소금에 대한 미생물의 저항성은 비교적 낮다. 그러나 특수한 세균·효모 및 Gram양성(陽性)의 구균(球菌)은 고농도의 소금용액에서도 생육할 수 있으므로 호염균(好鹽菌)이라 불린다. 간장에 번식하는 특수한 효모는 15%이상의 소금용액에서도 생육할 수 있다.

일반미생물의 소금에 대한 저항성은 낮으므로 식품의 저장성을 높이기 위하여 소금에 절이는 염장(salting)의 방법을 택하는 경우가 많다. 염장법에는 식품을 소금물에 담가서 식품조직에 소금물을 침투시키는 염수법(鹽水法)과, 고기 등에 소금을 직접 뿌려서 이것을 퇴적(堆積)하거나 혼합하여 저장하는 건염법(乾鹽法 : dry salting)이 있다.

나. 당장(糖藏), 산저장(酸貯藏) 및 기타 저장

식품을 설탕이나 물엿에 넣어 절임하거나 pH가 낮은 초산(식초) 혹은 젖산용액에 넣어 절임하여 저장성을 높이는 방법을 당장(sugaring) 혹은 산 저장(pickling)이라고 한다.

당장의 경우 삼투압을 이용하여 설탕 또는 전화당을 식품에 첨가하여 젤리·마말레이드·잼·가당연유(加糖煉乳)·과실의 설탕절임 등으로 저장하는 방법이다. 그러나 특수한 효모와 곰팡이에는 67% 설탕용액에서도 잘 생육하는 호당성(好糖性) 미생물이 있으므로 염장 때와 같이 식초 등의 산을 적당량 가하면 저장효과를 높일 수 있다.

한편 산 저장은 식초(또는 초산), 젖산 등을 이용하여 식품을 저장하는 방법이다. 농산물인 마늘·오이·토마토·죽순 등의 식초 절임이나 칼피스(calpis)·요구르트 등의 젖산음료들이 여기에 해당된다. 김치의 높은 저장성은 염장과 산 저장법의 혼합기능에 의한다. 대체로 여러 가지 저장법을 복합할 때 저장의 효과는 더 크다.

많은 종류의 미생물들의 생육은 pH 5.0 이하(산성)가 되면 생육하지 못한다. 그러나 미산성(微酸性)에 있어서는 효모와 특수한 세균인 젖산균은 어느 정도까지 잘 생육한다. 산에 대한 미생물 생육의 저지작용은 조건에 따라서 차이가 많이 난다. 기타 저장방법으로는 훈연법(燻煙法), 조사(照射)살균법(예 : 자외선조사·방사선조사 등)이 있다.

6. 새로운 가공식품의 등장

1) 가공식품에 대한 수요자의 욕구변화

오늘날 산업의 발전, GNP의 증가와 경제적·문화적 생활의 향상, 핵가족화, 주부의 사회참여 증대, 소득수준의 향상, 식생활 양식의 변화 등에 따라 가공식품에 대한 수요자의 욕구와 기대를 다음에서 간단히 정리해 보기로 한다.

(1) 편의식품에 대한 욕구

편의식품(convenience food), 패스트푸드(fast food), 즉석식품 등 간편하고 고급화된 다양한 식품을 요구하고 있다. 즉, 가정에서나 직장에서나 스스로 조리하는 시간을 최소화하는 식품(재료)의 요구가 점점 커가고 있다.

(2) 가공 생식품에 대한 욕구

또한 냉동·냉장·cold chain system·온장(溫藏) 등의 기구나 시설을 최대한 활용한 도시락·김밥·샌드위치·반찬제품 등 천연의 맛과 향기를 갖는 조리식품을 직접 배달받고 싶어하는 욕구가 점점 증대되고 있다.

비록 가공한 것이지만 건조가공제품과는 달리 실제 해당 음식에 가까운 가공식품을 더 선호하고 있는 것이다. 이는 원래 천연 향미에 가까운 더운 음식(가정에서 혹은 직장에서 추가로 조리해야 하는 수고를 필요하지 않는 식품 즉, 조리식품)을 더 요구하고 있다는 의미가 된다.

최근에 조사한 결과를 보면 소비자가 편의식품(냉동조리식품)을 사용하는 이유 중 '손쉽게 조리된다'와 '시간이 단축된다'의 응답률이 전체의 71%를 차지하고 있다. 따라서 '편의성'이 '맛'과 '경제성'보다 더 큰 비중을 지니고 있음을 알 수 있다. 그러나 이와 같은 편의성에 이어 천연의 실제 식품, 즉 생식품(wet 식품)의 더 많은 공급을 기대하고 있다.

(3) 개인주의 식품에 대한 욕구

같은 가공식품이라도 노인층·청소년층·소아유아층 등을 고려한 식품의 공급이 크게 늘어나고 있고 또 더 개인화되기를 기대하고 있다. 이와 같은 욕구는 더 나아가 사람마다 다양한 취미와 기호에 어울리는 개인주의적 가공식품의 요구도 역시 증대되는 것이다. 따라서 제품의 색·크기·맛·향기·조직감·영양 등에서 여러 가지 다른 패턴과 다양한 특성을 갖는 식품의 개발과 상품화가 절실하게 필요한 시대가 되었다.

(4) 건강을 고려한 기능성 식품에 대한 욕구

이미 건강을 고려한 기능성식품이 개발되어 시판되고 있지만 이러한 성격을 지닌 식품에 대한 욕구는 앞으로 점차 증대될 전망이다. 성인병예방을 위한 특수 디자인된 성인식, 비만을 치료하는 다이어트식품, 미용식 등이 그 좋은 예라고 하겠다. 그러나 기능성식품에 대한 이러한 욕구는 앞으로 더 다양화·세분화되고 개인화될 전망이다.

2) 새로운 가공저장기술의 등장과 그 동향

식품가공저장기술은 최근 20여 년 동안 크게 발전하였다. 앞에서 살펴본 바와 같은 시대적 요구를 감안한 새로운 기술이 개발되고 이에 따른 새로운 식품이 계속 시장에 나오고 있다. 이러한 기술은 고전적인 식품가공저장의 목적을 훨씬 뛰어넘는 새로운 경지의 기술들이라고 할 수 있다.

최근 20여 년 간 획기적으로 발전된 식품가공저장기술들은 압축성형기술·초고온순간살균·순간동결·막처리기술·레토르트식품·방사선조사 등이 있다. 또한 향미성분의 개발, 식품의 식염감소기술, cold chain system의 보편화 등도 크게 주목받고 있다.

한편 새롭게 발전되고 있는 다른 한 분야는 생물공학기술(bio-techno-logy)이라고 할 수 있다. 이미 농학과 의·약학 분야에도 크게 기여할 수 있다고 전망된다. 이미 고정화(固定化) 효소, 고정화 미생물, 세포배양기술 등이 발효공업이나 기타 식품공업에 응용되고 있다. 앞으로 식품가공저장기술의 획기적인 발전을 위해서 bio-technology에 대한 기대가 크다고 하겠다.

3) 미래식품의 개발과 식품제조가공 기술자의 역할

새로운 가공저장식품의 개발과 보급은 이를 위한 적절한 가공저장기술의 발전 없이는 불가능하다. 미래의 식품은 앞에서 살펴본 바와 같이 고전적인 식품가공저장의 목적 외에 편의식품에 대한 욕구, 가공생(生)식품에 대한 욕구, 개인주의적 식품에 대한 욕구 그리고 건강을 고려한 기능성식품에 대한 욕구 등을 만족시킬 수 있어야 한다.

따라서 이와 관련된 일련의 일들에 종사하는 식품제조가공기술자 또는 식품제조기사들의 역할은 실로 막중하다. 이들 종사자들의 미래에 대한 도전 없이, 산업화의 역량(力量)이 없이는 위에서 제시한 일들을 성취하기는 어려울 것이다.

제 6 장
기호식품과 건강

기호식품이란 영양소는 거의 포함하고 있지 않지만, 정신적인 위안을 주는 활용성이 뛰어난 식품으로서 일반적으로 습관성을 나타낸다. 기호식품에는 알콜 음료(주류), 쓴맛을 내는 음료(차, 커피, 코코아 등), 청량음료(과즙, 탄산음료) 등이 있으며, 비식품으로서 담배를 들 수 있다.

1. 커피와 건강

커피는 전 세계적으로 널리 알려진 기호식품으로, 커피나무에서 수확한 열매를 볶은 후 갈아서 만든 음료이다. 커피는 온대 또는 한대 지방에 사는 사람들이 매우 즐겨 마시고, 또한 coffee break는 사회생활을 하는 데 있어서 매우 중요한 일부를 차지하고 있다. 커피는 17세기에 유럽으로 전파되었고, 우리나라에는 1890년경에 전해진 것으로 알려져 있다.

상업적으로 재배되는 커피는 아라비카(arabicas), 로부스타(robustas), 리베리카(ribericas)의 3가지로 크게 분류된다.

커피는 적어도 393종의 화합물질을 포함하고 있다. 가장 중요한 것은 카페인(caffeine)이며, 기타 tannin, sugar, 여러 종류의 방향족 화합물(aromatic constituent)과 극소량의 비타민과 무기질이 포함되어 있다. 커피의 카페인 함량은 원두의 종류, 입자의 크기, 침출방법에 따라 다르게 나타난다.

1) 카페인이 인체에 미치는 영향

카페인은 무색, 무취의 약간 쓴맛이 나는 물질로서 과다하게 복용하면 중독 증상이 나타난다. 그러나 적정량을 복용하면 신진대사를 촉진시키는 역할도 있으므로 음료수는 물론, 해열진통제, 거담제 등에 널리 쓰이고 있다. 카페인은 저장 글라이코젠과 중성지방질의 분해를 촉진할 뿐만 아니라, 산소 소비량도 증가시키는 것으로 되어 있다. 지방질과 글라이코젠의 분해가 촉진되면 두뇌활동은 물론 신체 활동에 필요한 에너지 공급량이 많아지게 된다.

가. 중추신경에 미치는 영향

카페인이 체내에 흡수되면 중추신경계를 자극하여 catecholamine, γ-aminobutyric acid, norepinephrine, acetylcholine 등 신경 전달물질의 생성 및 분비를 자극하는 역할을 가짐으로 1~5mg/kg 정도를 섭취하면 각성효과나 피로회복 등 정신이 맑아지는 것을 느끼게 된다.

나. 심혈관계에 미치는 영향

한 연구에 의하면, 하루에 5잔 이상의 커피를 마시는 사람이 커피를 마시지 않는 사람보다 심장질환의 발병이 2.8배 높게 나타났다. 또한 하루에 9잔 이상 커피를 마시는 사람의 혈청 콜레스테롤 수치는 커피를 마시지 않는 사람보다 14% 높게 나타났다. 카페인은 혈관의 평활근을 이완시키므로 혈관확장 및 혈류량 증가에 직접적으로 작용하여 말초저항을 감소시키기 때문에 카페인에 대하여 감수성이 예민한 사람은 일시적인 혈압상승과 가슴의 두근거림을 호소하기도 한다.

다. 신장에 미치는 영향

카페인의 작용으로 증가한 혈류량은 신장에서 감지되어 수분이 체외로 배설되도록 한다. 4mg/kg의 카페인으로도 배뇨량의 증가와 함께 Na, K, Cl 등 무기염류의 체외 배설 또한 촉진하게 된다.

라. 호흡계에 미치는 영향

4mg/kg 정도의 카페인은 체내에서 폐혈관을 확장시키고, CO_2에 대한 호흡기의 감수성을 증가시키거나 심장박출량을 증가시켜 호흡속도가 빨라지게 할 수 있다.

마. 위·장관계에 미치는 영향

카페인의 복용은 담낭과 위·장관계의 평활근을 이완시키므로 연동운동에 영향을 주며, 4~8mg/kg 정도의 카페인은 위산 분비를 증가시킨다. 그러나 위궤양 등 위, 장관질환에 대한 그 역할은 아직 명확하지 않은 상태이므로 소화기 궤양과 카페인이 무관하다고 하기도 하나 그 자체의 자극성을 고려하여 궤양환자는 커피 등의 음료를 삼가해야 할 것이다.

바. 에너지 대사에 미치는 영향

카페인은 기초대사량을 5~25% 정도 증가시킨다. 카페인과 운동 수행능력 사이의 연관을 조사한 한 연구에 의하면 단기간의 중노동에서는 별다른 영향을 찾아볼 수 없었으나, 오랜 시간이 요구되는 형태의 작업에서는 작업생산성과 지구력을 증가시킬 수도 있다고 보고한 바 있다. 그러므로 카페인의 운동능력 향상 효과와 관련하여 국제 올림픽 위원회는 뇨중 카페인 농도의 상한선을 12㎎/liter로 제한하고 있다.

사. 태아에게 미치는 영향

동물실험 결과, 다량의 카페인(56~78잔의 커피) 공급은 태아의 기형(발가락의 기형, 언청이, 심장결함 등)을 유도하지만, 적당량의 커피는 태아의 기형과 연관이 없는 것으로 나타났다. 임신중에 매일 3잔 이상의 커피를 마시거나 6잔 이상의 카페인 함유 음료를 마시면 태아의 출생시 체중이 미달될 확률이 높게 나타났다. 그러므로 1980년 FDA에서는 임산부의 카페인 섭취를 제한할 것을 권장하였다.

아. 암

1970년대 초기, 커피의 섭취가 방광암과 연관이 있다고 처음 보고된 이후 여러 역학조사가 실시되었으나 상관성을 찾지 못하였고, 오히려 흡연이 방광암의 원인이 될 수 있다고 하였다. 1981년, 하루에 12잔의 커피 섭취가 췌장암을 일으킬 수 있다고 하였지만, 카페인이 함유된 차를 마시는 사람은 오히려 췌장암을 감소시킨다고 하였다. 그러나 최근 연구에 의하면 커피의 섭취가 방광암이나 췌장암과 연관이 없는 것으로 나타났다.

자. 카페이니즘(caffeinism)

성인이 하루 600㎎의 카페인(진하게 끓인 커피 5~6잔 분량)을 단시간에 복용하였을 때 불안, 초조, 두통, 수면장애, 설사, 두근거림 등의 카페인 중독 증세가 나타난다. 카페인의 치사량은 10g(진한 컵 80~100잔, 또는 콜라 200캔을 30분 내로 마신 양)으로 단지 음식이나 음료의 섭취에 의하여 사망하는 것은 거의 불가능하다.

그러나 카페인 농도의 혈중 반감기는 연령, 성별, 호르몬의 영향, 흡연 여부, 복용중인 약품의 종류에 따라 다르다. 신생아는 카페인 분해효소가 생후 며칠간은 없는 상태여서 반감기가 3~4일이 걸리고, 어린이와 흡연자는 3시간 이하, 비흡연 성인은 5~7시간, 경구피임약을 복용하는 여성은 13시간, 임산부는 18~20시간이 걸리므로 각자의 상태에 따른 카페인의 감수성도 제각기 다르다는 것을 염두에 두어야 할 것이다.

2) 카페인과 건강 이상

가. 태아의 결함

동물실험 결과, 다량의 카페인 공급은 태아 형성에 나쁜 영향을 미치는 것으로 보고되었다. 그러나 사람을 대상으로 한 연구결과는 동물실험의 결과와 꼭 일치하지는 않지만, 사람에게도 카페인이 직접 혹은 간접적으로 임신중의 태아에게 부분적으로 영향을 미치는 것으로 되었다. 과다하게 카페인을 동물에게 투여하였을 때 나타나는 기형적 현상으로는 안면의 결함, 언청이, 손가락의 기이한 모습, 근육이상증, 안구 결손 등이 보고되었다. 카페인이 태아에게 어떠한 영향을 주는지에 관하여 학술적 연구가 뒷받침되어야 하겠으나, 임산부는 지나친 카페인 섭취는 피하는 것이 좋다.

나. 심장질환 및 고혈압

카페인이 심장질환을 초래할 수도 있다는 점에 대하여 많은 논란이 있었으나, 1970년대에 들어서는 많은 양의 커피를 마시는 것은 심장질환의 원인이 되기도 한다고 하였다. 카페인에 예민한 사람에 있어 카페인은 일시적으로 혈압을 높이는 것으로 되어 있으나 하루에 2~3잔의 커피는 혈압을 높이지 않는 것으로 본다.

다. 암

카페인이 암을 일으킬 수도 있다는 증거는 아직 없다. 커피를 많이 마시는 사람에 있어 방광암이나 췌장암이 있는 확률이 더 높았다는 보고가 있었으나, 그후 역학조사 결과에서는 커피와 방광암 사이에 직접적인 연관성은 없는 것으로 밝혀졌다. 쥐를 대상으로 하여 물 대신에 커피를 주어 사육한 경우에도 암 유발의 가능성을 보이지 않았다고 한다, 한편, 카페인이 암을 일으키는 암 유발물질이기 보다는 오히려 항암효과가 있다는 보고도 있는 것을 볼 때 카페인이 암을 유발하는지 또한 항암효과가 있는지에 대하여는 아직 확실하지 않은 상태이다.

라. 궤양

카페인이 위산 분비를 자극하고 소화기관의 근육 또는 혈관을 이완시키는 작용이 있기 때문에 궤양과의 연관성을 생각할 수 있다. 그러나 대규모 역학조사 결과, 카페인과 궤양 사이에 관련성은 없는 것으로 나타났다. 하지만 일단 궤양이 발생한 환자에 있어서는 카페인의 자극성을 고려하여 커피를 삼가야 할 것이다.

2. 차와 건강

차나무는 덥고 강우량이 많은 동남아시아에서 자라는 식물이다. 그 잎을 따서 그대로 또는 발효시켜 차(tea)로 만든다. 차는 찻잎의 발효 유무에 따라 녹차(green tea), 홍차(black tea), 우롱차(oolong tea)로 나눈다. 차의 성분은 차나무의 품종, 재배조건, 찻잎의 채취시기, 토질, 기후, 차나무의 나이, 보관방법 등에 따라 많은 차이가 있다. 차의 어린 가지 잎의 성분중 75~80%가 수분이고, 나머지가 폴리페놀 화합물, 카페인, 아미노산, 엽록소, 카로티노이드, 탄수화물, 유기산, 휘발성화합물, 무기염류(망간, 불소) 등이다. 차의 생리활성은 다음과 같다.

1) 항암효과

1981년 일본 국립유전학 연구소에서 녹차의 돌연변이인자에 대한 항 돌연변이원성이 강하다는 보고를 한 이후, 차의 항암 성분에 대한 관심이 높아지기 시작하였다. 이것은 찻잎 성분인 탄닌이 발암성을 갖는 불안정한 유리기와 결합하므로 항암효과를 갖는 것으로 추정된다. 또한 탄닌 성분 이외에도 엽록소나 섬유소 등도 항암효과가 있다는 보고가 있다. 이러한 유리기들에 대한 강한 결합력은 노화억제 효과와도 관계가 있다.

2) 고혈압 및 동맥경화 예방효과

찻잎 중에는 콜레스테롤과 혈압을 낮추어 주는 데 유효한 catechin, 비타민C, 엽록소 등의 성분이 풍부한 것으로 알려져 있다.

3) 당뇨병 억제 효과

찻잎 중의 혈당저하 효과물질은 일본 도야마 의대 약학과 팀에 의하며 분자량이 4만 가량인 다당류로 밝혀졌다. 이것은 평균 혈당치가 200이 넘는 당뇨병 발병 실험동물의 혈당을 90까지 저하시킬 정도의 강한 효과가 있는 것으로, 현재 이 유효성분을 이용한 당뇨병 치료제가 개발되고 있다.

4) 해독작용

찻잎 성분인 탄닌류의 일종인 catechin은 수은, 카드뮴, 크롬, 납, 구리 등의 중금속들에 대하여 강한 결합력을 가지고 있어 체내에서 결합물을 형성하여 배설을 유도하므로 중금속의 해로부터 어느 정도 보호할 수 있다. 그리고 탄닌 성분은 니코틴과 쉽게 결합하여 배설을 유도하므로 항니코틴 효과가 있을 뿐만 아니라 차 중의 비타민C 파괴를 막는 효과도 기대할 수 있다.

5) 충치예방 및 구취제거 효과

찻잎이 함유하고 있는 불소성분은 구강위생에 중요한 역할을 하고 있으며, 탄닌성분 또한 충치 원인균주에 대한 살균효과를 가지고 있어 치아 보호효과가 있다.

6) 항염성 및 항균성

녹차같은 비발효성 차에 그 함량이 많은 탄닌성분은 항염효과가 높음은 물론 바이러스나 병원성 세균의 단백질과 작용하여 세균을 억제한다. 그리고 찻잎이나 종자의 사포닌 성분도 염증 발생시에 모세혈관의 투과성을 정상화시킴으로 항염성 작용을 나타낸다.

7) 변비 개선

탄닌은 위의 긴장성을 높여 위운동을 활발하게 하고 장관의 긴장성을 풀어주는 것으로 알려져 있다. 그러므로 노인들에게 많은 이완성 변비보다는 스트레스가 많은 사람들에게 나타나는 신경성 마비에 효과가 있다.

8) 천식에 대한 효과

찻잎 중 1~4% 가량의 카페인은 기관지의 수축을 억제하며, 같은 알칼로이드계 성분인 theophyline은 카페인과 같은 정도로 기관지 확장효과가 있어 호흡을 용이하게 하는 작용을 가지고 있다.

9) 기타

차에도 카페인이 들어 있어 앞에서 언급한 바와 같은 카페인의 효과인 숙취제거, 피로회복, 천식치료, 강심, 이뇨작용 및 각성효과를 기대할 수 있으며, 함유된 비타민에 의한 효능들도 기대할 수 있다. 홍차에는 비타민 E와 비타민 K가 풍부하고, 녹차에는 비타민 C가 많다.

3. 알콜과 건강

에틸알콜(이하 알콜)은 각종 주류의 주성분이며, 조미료, 첨가물 또는 의약용의 소독약 및 약의 용해제로서 이용되고 있다. 알콜은 사람이 사회생활을 하는데 필요한 윤활유의 역할, 즉 기분 전환제 또는 정신자극 약품으로 작용한다. 그러나 알콜은 장기간에 걸쳐 많은 양을 섭취하는 경우 정신 신경기능, 혹은 간장이나 췌장 등의 장기장애를 초래하는 것으로 알려졌다. 술을 마시면 말초혈관이 팽창되어 체내에서 열손실이 증가하므로 따듯함을 느끼게 한다. 그러나 혈중 알콜 수준이 지나치면 신체마비와 혼수상태를 가져오며, 호흡곤란으로 사망하기도 한다. 식품으로 알콜은 1g당 7.1㎉의 에너지를 가고 있으며, 단백질과 탄수화물의 4㎉보다 높다. 그러나 알콜은 에너지 외에 다른 영양소가 전혀 포함되어 있지 않기 때문에 'empty calories'라고 부르며, 항 영양소(antinutrients)로서 취급되어 다른 영양소의 소화, 흡수, 저장 및 대사에도 지장을 초래한다. 따라서 다량의 알콜을 상습적으로 마시는 사람의 경우에는 필요한 에너지를 음식물로부터 얻기보다는 알콜로부터 얻기 때문에 단백질, 지방질, 탄수화물로부터의 에너지 섭취 비율이 감소되고 일상 섭취하는 음식물의 영양적 품질도 저하된다. 따라서 알콜로 인하여 야기되는 인체의 유해작용은 물론 영양장애도 심각하다. 약품으로서 알콜은 내성이 생기므로 마약으로도 분류된다. 어떤 사람에게는 습관성 약품으로 중독자가 되기도 한다. 알콜중독자는 모든 나라에서 사회적 문제로 떠오르고, 교통사고, 유아 학대, 강간, 폭행, 살인과 자살 등과 건강상의 문제로 암, 고혈압, 뇌일혈, 심장병, 치매 등의 질병의 요인이 되기도 한다.

제 7 장
Bio 화장품 소재

1. 개발현황

Bio 화장품이란 독특한 소재 개발 및 실용화와 생산 제조 경비 절감을 목적으로 Bio 기술(식물조직 배양, 미생물 발효 생산기술)을 이용하여 개발된 화장품 소재가 배합된 것을 의미한다. 1980년대에 Biotechnology 분야의 급속한 발전과 더불어 식물 세포배양으로 생산된 shikonin(5, 8-Dihydroxy-2-1(1-hydroxy-4-methyl-3-pentenyl)-1, 4- naphtoquione, C16H16O5 : 288.3)을 배합시킨 립스틱과 발효생산된 Hyaluronic acid를 배합시킨 피부 보습제가 등장한 이래로 화장품 업계에도 생물공학 기술 응용이 활성화된지 10년이 경과되었다.

그동안 Bio 화장품 개념이 정착되어 종래의 천연물을 배합시킨 화장품만 사용하던 소비자가 생물공학 기술을 이용하여 그 유효성을 한층 더 높인 Bio 화장품이 등장하게 됨에 따라 호감을 갖기 시작했다. 화장품 원료는 1700여종이 있으며 천연물에서부터 합성품까지 그 종류는 다양하다. 화장품에 배합되는 Bio 원료는 유분, 계면활성제, 수용성 고분자등 여러 가지가 있다. Hyaluronic acid의 경우 인체 피부의 보습성분과 마찬가지로 동절기 건조된 환경에서도 보수성을 유지시켜 주는 이상적인 보습제로 알려져 있다. 그러나 종래는 닭의 볏에서 추출하였기 때문에 원료 확보와 추출의 난이함 등으로 상당한 고가이었다. 그러나 유산균을 이용 발효 생산하면서 그 가격이 1/5~1/6 수준으로 낮아지게 되었다. Hyaluronic acid의 발효생산 성공은 경제적 효과뿐만 아니라 발효생산 기술의 축적 또한 가져오게 되었다. 그 결과 화장품에서뿐만 아니라 의약용으로도 백내장 치료에 사용되고 있으며, 그 용도는 더욱 확대될 것으로 기대되고 있다. 최근 개발되어지고 있는 화장품용 Bio 원료 몇 가지를 소개해 보고자 한다.

표 7-1. 상품화된 Bio 화장품

상 품 명	회 사 명	기 능	성 분
화인텐스 에센스 EX	한국 (주)태평양	미백화장품	닥나무에서 추출한 카지놀 F 성분 배합
Arbutin 배합 미백 화장품	일본자생당	미백화장품	Melanin 생성억제 kojic acid와 Melanin 색소를 없애는 비타민 C 유도체 배합
비타민 C,E 배합 미백화장품	일본종방	미백화장품	수용성 비타민 C의 Melanin 생성 억제 보습성분 사이토프로시 배합
Kojic acid가 들어간 화장 cream	일본 삼성제약	미백화장품	Kojic acid는 tyrosinase 활성저해 Melanin 합성억제
비타민 A 배합 미용액	일본 자생당	피부노화방지	비타민 A를 처음으로 배합
DADA 시리즈	일본종방	피부노화방지	노화대책 화장품 노화방지용 'DADA' 배합
HP-β-CD 배합 향수	일본 자생당	향수	향이 5-6배 오래 지속됨
Lisanze	일본광업	향수	발효+화학합성에 의해 생산된 cyclopentadecane을 조합시킴
방선균	일본협화 발효	화장품용 기능성소재	자외선 방지효과
Uricase	일본협화 발효	화장품용 기능성소재	염모제 용도의 uricase 생산
Biotide배합 '라네즈'	한국 (주)태평양	기타	활성산소 소거 보습효과
Soypol 배합 'O_2' 바이탈	한국 (주)태평양	기타	보습력과 윤활성이 우수 피부유연성 및 습윤성유지
Hyaluronic acid 배합 '마몽드'	한국 (주)태평양	기타	보습효과

2. r-Linolenic acid 함유 유지

r-Linolenic acid는 필수 지방산 중 하나로서 말초혈관의 긴장을 일으켜 혈압을 낮추어주는 작용을 하는 것으로 알려져 있다. 기능성 식품 소재로서도 주목받고 있다. 화장품 원료로서 각광받고는 r-linolenic acid 함유 유지는 종래에는 월견초 종자에서 추출한 유지로서 주로 영국에서 공급되고 있었지만 월견초는 1년초이어서 수확량이 적고 가격이 비쌌다. 일본과 영국에서는 미생물을 이용해 r-linolenic acid 함유 유지 생산을 검토하기 시작하여 1986년부터 영국에서 상업적으로 생산하기 시작했다. 일본에서는 공업기술원 화학기술연구소(현재 생명공학 공업기술연구소)가 1976년부터 사상균으로

부터의 유지 생산을 연구하기 시작하여 접합균인 Mortierella 속 중에 r-linolenic acid를 다량 함유한 균을 screening해 내어 고밀도 배양법을 사용 r-linolenic acid 함유 유지 제조법을 확립하였다. 사상균에 의한 유지제조 방법은 식물 유지와 비교하여 안정된 품질의 유지를 얻을 수 있으며 발효조에서 필요한 만큼의 생산이 가능하고, 공존하는 linolenic acid 함량이 적기 때문에 r-linolenic acid의 분리 정제가 용이하다는 장점이 있다.

일본 자생당은 1986년 9월 발효 생산 r-linolenic acid 함유 유지를 이용한 화장품을 발매하였다. r-linolenic acid 함유 유지를 피부에 직접 도포한 경우 oilseal 역할을 하여 피부 내부의 수분 휘산을 방지하여 피부 보습성을 높여 주는 효과가 있다. 도포된 r-linolenic acid 함유 유지는 피부에 상제해 있는 균이 생산하는 lipase에 의해 지방산과 glycerine으로 분해되어 생성된 glycerine이 피부 수분 보지력을 나타낸다. 또한 지방산은 경피 흡수되어진 후 표피 세포막의 유동성과 기능에 영향을 미치는 것으로 알려져 있지만 r-linolenic acid 함유 유지는 피부자극성이 없어 피부 개선 효과에도 좋은 화장품 원료이다.

3. Arbutin(Hydroquinone-β -D-glucopyranoside)

Arbutin은 월귤나무, 배 서양배, 일약초 등 많은 식물에 함유되어 있는 물질로 피부미용에 효과가 좋은 기능성 소재이다.

일본 자생당에서는 기미, 주근깨를 방지하는 물질에 대해 연구한 결과 arbutin이 기미, 주근깨의 원인이 되는 melanin 생성세포(melanoside)에 대해 melanin 생성 억제 작용을 강하게 한다는 것을 밝혀냈다. 기미, 주근깨는 자외선에 의해 melanoside의 활동이 활성화되고 그 결과 melanin을 생성하는 효소로서 tyrosinase의 활성이 높아져 melanin을 다량 만들어내 부분적으로 검어지게 되는 상태가 된다. 그러나 arbutin은 이러한 부위에서 높아진 tyrosinase의 활성을 저해하여 melanin 생성 작용을 억제시켜 기미, 주근깨를 개선시킨다. 이 회사는 현재 arbutin을 배합한 화장품을 판매하고 있다.

Arbutin은 화학적 합성법으로 만들어지는 것으로서 합성품 중 비교적 고가 물질이다. Arbutin 배당체를 생산하기 위해서는 ① glucose의 acetyl화, ② hydroquinone과의 축합, ③ alkali 가수분해의 세 공정이 필요하다. 이 결과 정제가 복잡하게 되어 가격이 높아지는 단점이 있다.

한편, 식물배양 세포에 phenol성 물질을 첨가하여 효율을 높여주는 방법도 개발되어 있으며, 일본 자생당에서는 arbutin 생산능력이 높은 일약초 배양 세포를 입수하여 arbutin 생산을 연구하였다.

4. 2-Hydroxypropyl-β -Cyclodextrin(2HP-β CD)

Cyclodextrin(CD)은 glucose가 6개 이상 α-1.4 결합된 환상 oligo 당으로서 glucose 6분자, 7분자, 8분자 결합된 것을 각각 α-, β-, γ-cyclodextrin한다. CD의 포접 복합체는 피포접 물질의 생리활성 등의 성질을 변화 시켜줄 뿐만 아니라 용해성 및 생체로의 흡수성을 향상시켜준다.

CD의 제조법으로는 여러 가지가 있지만 일본 이화학연구소에서는 고 알카리성 배지에서 생육하는 호 알카리 미생물중에서 β-CD를 전분에서 우선적으로 생성하는 특성을 지닌 cyclodextrin glucosyltransferzse(CGTase) 생산균을 분리하였다. 일본 식품화공(주)에서는 이 기술을 발전시켜 무용매법으로, 결정 α-, β-, γ-CD의 공업적 제법을 확립시켰다. 그러나 CD는 물에 녹는 용해도가 낮기 때문에 각종 제품개발에 어려움이 있어 일본 자생당과 식품화공이 공동 연구하여 물성과 경제성이 우수한 2HP-β-CD를 개발하였다. 이것은 β-CD 알카리 수용액에 propyleneoxide를 서서히 첨가하여 2HP-β-CD는 β-CD보다 용해성이 50~100배 우수하며 포접될 수 있는 향료량이 증가되며 향의 지속효과도 뛰어나다.

5. 향후 전망

천연성분의 유용한 물질을 저렴한 가격으로 생산하기 위해 Biotechnology 기술을 이용하는 것과, 원료공급이 불안정한 식품 및 귀중한 식물의 유효 성분을 자원 보호, 환경보전 측면에서 식물세포 배양으로 생산하는 것은 향후에도 지속될 것이다. 피부 노화의 원인으로서는 유전 program설, 유전 Error설, 호르몬설, DNA 손상설, 면역계 능력저하설, free radical설 등이 있지만, 최근 표피와 진피까지를 포함한 피부와 활성산소와의 관계에 대하여 지방질 과산화 반응에 관여하는 glutathione peroxidase 등의 효소와 단백질 유도체를 종합적인 피부산화억제 system 논의도 행해지고 있다. 이러한 연구에는 분자 생물학적 방법이 사용되지만 표피와 진피의 구성성분에 관여하는 유전자 연구와 자외선, 활성산소에 의해 생성되는 stress protein 등의 해석도 진행되고 있고 free radical에 의한 피부노화 방지 가능성도 검토되고 있다.

또한 미백관련에 대해서도 tyrosinase 구조 유전자를 제어하는 유전자의 해석을 시도

해 tyrosinase의 세포내 이동제어 기구 등에 대한 연구가 진행되고 있으며 tyrosinase 저해 물질을 배합하는 것과 같은 대응 요법적인 것부터 melanine 생성과 색소 침적 mechanism에 기초를 둔 미백제가 등장하기 시작했다.

한편 육모제의 개발은 모근에서의 대사 활성화, 혈관 확장제, 혈류 촉진제, 부작용이 없는 남성 호르몬 길항제 등의 연구가 현재 진행되고 있고 육모제 분야에서도 분자 생물학적 접근이 행해지고 있어 각종 탈모증의 발생 기구 해명이 진행되고 있다. 이러한 연구가 기반이 되어 효과적인 육모제의 출현이 꿈이 아닌 현실화 될 수 있을 것이다.

제 8 장
기능성 식품의 현황과 기능

제1절 기능성 식품의 이해

1. 기능성 식품의 배경

의료서비스와 보건에 대한 환경이 개선되고 일반 국민들의 건강에 대한 관리수준이 높아짐에 따라 평균수명이 '80년에 65.8세이던 것이 '95년에는 73.5세로 약 8세가 증가하였고 이 증가 추세는 계속되어 2005년에는 76.1에, 2020년에는 78.1세에 달할 것으로 예측되고 있다. 이에 따라 65세 이상의 노인 인구가 '95년에 266만 명이지만 2000년에는 340만, 2020년에는 690만 명 수준으로 급격히 증가할 것으로 추산되고 있다. 수명이 증가함에 따라 노인인구의 비율이 증가하고 이에 따라 암, 고혈압, 당뇨병 등 소위 성인병은 비례하여 증가하는 것으로 알려져 있다. '95년의 사망원인 통계를 살펴보면 뇌졸중, 고혈압, 심장병 등을 포함한 순환기계 질환에 의한 사망이 전체 사망률의 26.3%을 점하여 1위이고, 암이 21.3%로 2위이며 이어서 소화기계, 호흡계, 감염성 질환 등으로 이들은 근년에 그 비율이 뚜렷하게 감소하고 있음을 알 수 있다. 그런데 사망률 상위를 차지하는 이들 성인병들은 나이에 따라 발병정도나 시기의 차이는 있지만 대부분 피할 수 없는 것처럼 보이기 때문에 중년 이후의 사람들은 성인병의 예방이나 발병의 지연을 위해서 많은 관심을 가지고 있다. 일반적으로 성인병의 발병은 운동부족, 스트레스, 식생활 및 유전요인 등이 주요 요인으로 지적되고 있는 바 이들 중 우리가 가장 쉽게 조절할 수 있는 것은 식생활로 생각되고 있다. 미국에서 암의 발생원인에 대해서 추정한 결과를 보면 식생활이 가장 높아 35%이고 이어서 흡연이 30%이며 나머지 요인들은 10%이하로 미미한 비율을 차지하고 있다. 이는 식생활의 개선에 의해서 암의 발생을 그만큼 감소시킬 수 있다는 것을 시사해 주고 있다.

한편 현대 의학은 눈부신 발전에도 불구하고 만성 성인병에 대해서 아직까지 뚜렷한 치료책을 제시하지 못하고 있는 실정이기 때문에 성인병을 예방 또는 치료하고자 하는 사람들은 이들 질병에 효과가 있을 것으로 믿어지는 소위 '건강식품'에 대해 보다 많은 관심을 갖게 되고 이러한 배경에서 생리적으로 기능성이 입증된 기능성 식품들이 일본을 위시하여 미국 및 국내에서도 크게 주목을 받게 되었다. 물론 성인병이나 노인병 이외에도 영양소의 과잉섭취에 의한 비만, 동물성 식품의 과잉섭취에 의한 순환기계 질환 발생등도 우리의 식생활과 밀접한 관계가 있다. 그리고 당분을 함유한 각종 식품들을 다량으로 또는 빈번하게 섭취함에 따라 충치 발생이 일반화되는 등 식생활과 관련해서 발생하는 질병의 비중이 높아지고 있으므로 식품 또는 적절한 식생활에 의해서 이들은 예방하고자 하는 노력이 또한 커지고 있는 것이다.

상기와 같은 배경에서 일본에서는 1984년부터 3차에 걸쳐 기능성 식품에 대한 본격적 연구가 수행되었고, 그 결과 식품의 기능을 영양을 위주로 하는 1차 기능, 맛과 기호성 측면에서의 2차 기능, 그리고 질병의 예방과 치료에 도움이 되는 생체조절 기능이라는 3차 기능으로 분류하고 이 3차적 기능이 강조된 식품을 기능성식품으로 일컫게 되었다. 그 동안 식품의 영양기능과 기호기능에 대해서 어느 정도 수준에 도달해 있던 식품업체 및 식품과학자 그리고 소비자들에게 기능성 식품개념은 식품의 새로운 역할과 방향을 제시해 주고 정체되어 있던 식품분야의 연구에 활성을 불어넣게 되었다. 한편 미국에서도 국립암연구소(NIC)에서 1990년부터 암을 예방할 용어를 사용했는데 이 용어는 기능성식품의 개념과 매우 유사한 의미를 가지고 있으므로 이때부터 기능성식품에 대한 본격적인 연구가 시작되었다고 해도 무리는 없을 것이다.

2. 기능성 식품의 정의

기능성식품에 대한 일본 후생성의 정의를 보면 '식품의 성분이 생체방어, 신체리듬조절, 질병의 예방과 회복 등 생체조절기능을 발현하도록 설계, 가공된 식품'으로서 이들이 다음과 같은 조건을 충족시킬 경우 법적으로 '특정보건용 식품'으로서 효능을 표시하여 판매할 수 있게 하였다. 즉,

- 목적 지향적이고 효과가 발현되어야 하며
- 화학구조가 해명된 기능성 인자가 함유되어야 하고

- 기능성 인자의 생체내 작용기작이 분자수준에서 해명되어야 하고
- 경구섭취에 의해 효과가 있어야 하며
- 유효섭취량과 위험량이 안전하게 설정되고
- 식품 중에 안정적으로 존재하며 식품으로서 수용성이 있어야 한다고 규정하였다.

기능성식품과 유사한 개념으로서 미국에서는 'designer food'가 사용되고 있다. 이 용어는 미국 국립암연구소(NIC)의 Herbest Pierson박사에 의해서 1989년에 처음 사용되었는데 NIC에서 식용과채류에 존재하는 phytochemical로부터 암을 예방하는 식품소재를 연구하는 과정에서 나타나 다음과 같은 다양한 의미로 사용되고 있다. 즉,

- 특별한 기능 즉 지방감소, 질병의 예방과 치료, 특정그룹의 특정목표에 부합하는 식품
- 천연적인 식용식물로부터 암을 예방하는 성분을 추출하여 강화시킨 식품
- 질병예방, 골다공증, 기타질병을 예방하도록 가공 또는 유전자조작에 의해 변환된 식품
- 특정질병의 예방에 도움이 되고 식품으로서 수용되고 허용될 수 있는 phytochemical 성분을 함유한 과채류 베이스의 식품
- 질병의 예방과 치료를 포함하여 건강에 유익한 식품 또는 식품의 일부분이 될 수 있는 성분물질 즉 'nutraceutical'과 같은 의미의 식품과 그 소재

이상의 여러 의미들을 음미해 보면 'designer food'는 기능성식품과 거의 동일한 개념임을 알 수 있다.

한편 기능성식품, 일반식품, 강화식품, 영양식품, 건강식품 및 의약품의 개념상 차이를 <그림 8-1>에서 보면 보다 명확하게 알 수 있다. 이들 중 기능성식품과 가장 가까운 개념으로서 건강식품에 있는 바 이는 후생성의 정의에 의하면 '영양성분을 보급하거나 또는 특별한 보건의 용도에 적합한 것으로서 판매되는 식품'으로서 캅셀이나 정제와 같은 의약품에 가까운 형태를 가진 식품으로 인식되고 있다. 또한 일본에서 강화식품은 비타민, 미네랄, 필수아미노산 등을 보강할 목적으로 강화시킨 식품을 의미하며, '특별용도식품'은 유아용, 어린이용, 임산부용, 병자용 등 특별한 용도에 적합한 취지로 제조, 판매되는 식품으로서 이들 중 병자용 식품에는 저칼로리 식품, 저나트륨식품, 저단백질 식품, 고단백질 식품, 알레르기 없는 식품 등과 여러 성분 또는 식품들을 목적에 맞게 조합한 당뇨병식, 성인비만증식 등이 사용되고 있다. 이들 환자용 식품으로서 유사한 개

념을 갖고 있는 것은 'medical food'로서 정상적인 식생활에 의해서 필요한 영양소의 섭취나 흡수가 불가능한 환자나 특정 영양소의 공급을 제한하거나 증가시킬 필요가 있는 경우 혈관을 통해 공급되는 영양액은 물론 액체로부터 분말, 고형물, 반고형물 등 필요한 여러 가지 형태로 사용되는 영양소를 의미하는 용어로 사용되고 있다.

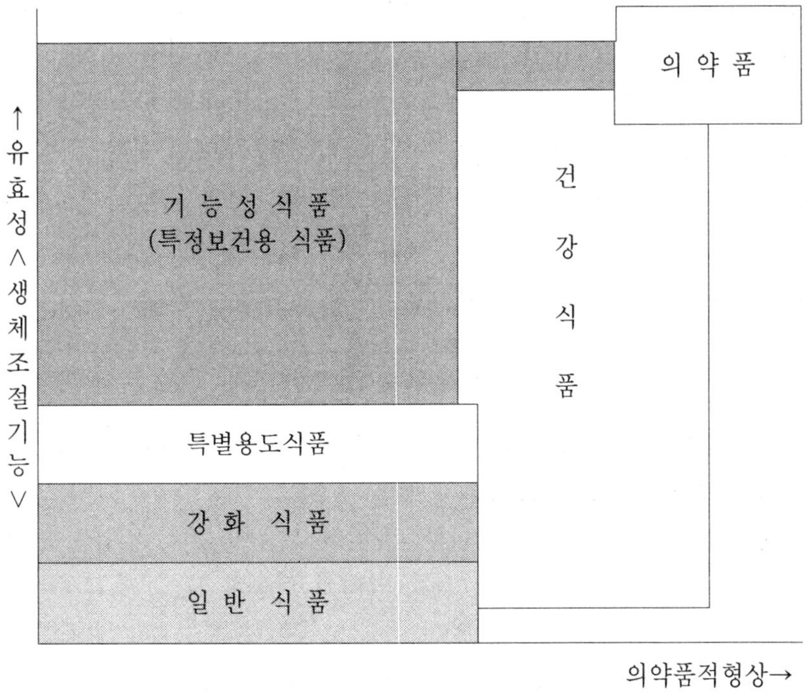

그림 8-1. 기능성식품(특정보건용식품)과 기타 식품의 구별

3. 건강식품 및 기능성 식품의 현황

건강식품은 위에서 살펴본 바와 같이 아직 효능이 과학적으로 명확하게 입증되지 않았으나 일부 수요자들이 불완전하지만 그 효능을 믿고 주로 질병의 예방이나 치료를 위해서 섭취하고 있는 식품으로서 일본에서의 상황을 살펴보면 '95년 현재 3,000종류가 약 6,200억엔의 시장을 형성하고 있다. 이들 건강식품들은 식물, 동물, 미생물, 무기물 및 화학합성품의 기원으로서 제조되고 형상은 정제, 캅셀, 액상, 분말상, 차형태, 과립상, 고형상태로 판매되고 있으며 역시 유효성분 등에 대한 규격기준 등이 엄격하게 적용되지 않은 상태에서 유통됨에 따라 불량품이 많이 유통되고 이에 따라 부작용도 자주 보고되고 있는 것은 우리와 큰 차이가 없는 실정이다.

표 8-1. 건강보조식품의 주요 성분규격

식 품 명	주 요 성 분 규 격
뱀장어유가공식품 EPA 및 DHA함유식품	EPA 1.0%, DHA 2.0% 이상 EPA 12.0% 이상 30.0% 미만 DHA 12.0% 이상 30.0% 미만
로얄젤리가공품	10-히드록시-2-데센산 1.6% 이상(생로얄젤리) 1.0%이상(동결로얄젤리)
효모식품	조단백질 40% 이상(건조효모) 조단백질 24% 이상(건조효모가공식품)
화분가공식품	조단백질 18% 이상(화분) 조단백질 20% 이상(화분추출물)
스쿠알렌식품 효소식품	스쿠알렌 98% 이상 α-아밀라아제 양성 프로테아제 양성
유산균식품 클로렐라식품	1g당 10,000,000개 이상 조단백질 50% 이상 엽록소 1000 mg/100g 이상
스피루리나식품	총페오포르바아트 80.0 이하 조단백질 50% 이상 엽록소a 500 mh/100 g 이하 총페오포르바이트 100 mg/100 g 이하
달맞이꽃 종자유식품	리놀레산 57% 이상 γ-리놀렌산 4.75% 이상
배아유가공식품	리놀렌산 51% 이상 토코페롤 0.2-1.0%
대두레시틴	인지질 : 36% 이상 포스파티딜콜린 : 3.6%
옥타코사놀식품 알콕시글리세롤식품 포도씨유식품	옥타코사놀 : 1% 이상 알콕시글리세롤 : 18% 이상 리놀레산 : 57% 이상 키테친 : 3 mg/100 g 이상
식물추출물 발효식품	환원당 : 50% 이상 효모수 : 1,000,000/mL 이상 유산균수 : 1,000,000/mL 이상 이중 세항목 비타민 B1 : 0.2 mg/100 g 이상 이중 적합 비타민 B2 : 0.05 mg/100 g 이상
단백식품 엽록소함유식품 버섯가공식품	조단백질 : 80% 이상 총엽록소 : 120 mg/100 이상 자실체 : 30% 이상(자실체 가공식품) 균사체 : 50% 이상(균사체 가공식품)
알로에식품	조섬유 : 7~15%(알로에 분말) 안트라퀴논계물질 : 0.5% 이하
매실추출물식품 칼슘함유식품 자라가공식품	유기산산도 : 4.5% 이상(구연산으로) 칼슘 : 15~30% 이상(칼슘분말) 조단백질 : 48~58% 이상 자라분말 히드록시프롤린 : 1~2% 이상

일본의 건강식품 중 100억엔 이상을 판매하고 있는 상위 품목들을 보면 클로렐라, 로얄젤리, 프룬엑스, 알로에, 비타민C, 비타민E, 키틴과 키토산, 단백, 고려인삼, 식이섬유, 프로폴리스, 마늘 등이 주를 이루고 있으며 이들 일본의 건강식품은 그 3/5정도가 재단법인인 '일본건강 영양식품협회'에서 규격기준을 설정하여 관리하고 있다.

한편 1996년 5월 현재 일본에서 허가된 기능성식품 즉 '특정보건용식품'은 69개 품목으로서 현재의 시장규모는 약 30억 달러 규모인 것으로 알려져 있다. 허가된 품목은 정장효과를 나타내는 각종 올리고당류를 위시하여 쌀 글로불린, 대두단백질, 카제인 포스포펩타이드 등 단백질류와 인, 구연산칼슘, 햄철 등 무기질류 그리고 키토산, 밀기울, 난소화성덱스트린, 폴리덱스트로스, 구아검 등 식이섬유 등이 허가되어 상품제조에 사용되고 있다.

미국의 경우 식품소비자들의 94%가 식품 및 영양이 그들의 건강에 강한 영향을 미친다고 믿고 있으며 건강을 위한 방법으로서 콜레스테롤, 지방 및 소금과 같은 성분들을 줄이고 건강을 증진시키는데 기여할 것으로 생각되는 비타민, 미네랄, 식물들 및 식물성 성분인 phytochemical들을 섭취하는 방향으로 움직이기 시작하였다. 그 결과, 기능성 식품과 같은 의미의 nutraceutical, 즉 건강증진특성을 첨가하거나 이를 목적으로 제조된 식품이나 음료의 시장규모는 약 770억$ 수준에 달하고 있으며 매년 급속히 신장하고 있다. 이들 중 비타민, 미네랄 및 허브(herb)소재는 64억$이며 이중에서는 비타민E와 비타민C가 대부분이고 이어서 칼슘, 비타민B군, 베타카로틴, 철분 등이 소비되고 있다. 최근 특이한 사항은 허브 제품들이 매년 15%이상 신장하여 '95년 말에는 20억$의 시장을 형성하였으며 이들 중 대표적 제품은 인삼과 마늘로써 이들은 우리가 평소 다량 섭취하는 품목으로서 우리도 이에 대한 과학적 연구를 다각도로 수행할 필요가 크다고 판단된다.

한편 국내의 경우를 1994년에 새로 개정된 식품공전에 의해 살펴보면 '건강보조식품'으로서 뱀장어유 가공식품, 에이코사펜타엔산(EPA) 및 도코사헥사엔산(DHA) 함유식품, 로얄젤리 가공식품, 효모식품, 화분 가공식품, 스쿠알렌 식품, 효소식품, 유산균 식품, 클로렐라 식품, 스피루리나 식품, 달맞이꽃종자유 식품, 배아유 가공식품, 대두 레시틴 가공식품, 옥타코사놀 식품, 알콕시글리세롤 식품, 포도씨유 식품, 식물추출물 발효식품, 단백식품, 엽록소 함유식품, 버섯 가공식품, 알로에 식품, 매실추출물 식품, 칼슘 함유식품, 자라 가공식품 등 24개 품목에 대해서 성분규격을 정하고 이들에 대하여 원료의 구비조건, 제조 가공기준, 주원료의 성분배합기준, 표시기준, 보존 및 유통기준 그리고 시험방법에 대해 규정하고 있다. 이들 '건강보조식품'의 '95년 현재 매출액은 약

7,500억 원에 달하는 것으로 알려져 있다. 그리고 건강식품의 범주에 속하는 식이섬유는 특수영양식품에 포함시키고 인삼 제품은 독립된 항목으로 취급하고 있다. 이들 건강보조식품을 포함한 건강식품들은 아직 그 효능이 충분한 수준까지 입증되지 않은 것들이 많이 있으나 이들에 대한 수요증가에 따라 효능을 과학적으로 해명해야 하는 필요성이 더욱 커지고 있기 때문에 기능성식품으로 발전할 가능성이 매우 크므로 이들에 대한 연구가 집중적으로 이루어져야 할 것으로 판단된다. 본 논문에서는 다양한 건강기능성 지질소재와 장내균총 개선소재 및 식이요법의 영향력이 가장 큰 것으로 알려진 당뇨조절 식품소재에 대해서 기술하고자 한다.

4. 기능성 식품 소재

1) 기능성 고도 불포화 지방산

생리적으로 중요한 기능을 하는 고도불포화지방산 (polyunsaturated fatty acids, PUFA)에는 말단 메칠그룹으로부터 첫 번째 2중결합이 6번째 탄소에 나타나는 ω-6계 지방산과 3번째 2중결합에 나타나는 ω-3계 지방산이 있다. ω-6계 지방산으로는 <그림 8-2>에서 보는 바와 같이 ω-3계 linoleic acid ($C_{18:2}$, LA), γ-linolenic acid ($C_{18:3}$, GLA), dihomo-γ-linolenic acid ($C_{20:3}$, DHLA) 및 arachidonic acid ($C_{20:4}$, AA)가 있으며 이들은 생리적으로 중요한 기능을 하는 2-prostaglandins, 4-leukotrienes, 2-thromboxanes들을 생성한다. ω-3계 지방산으로서는 α-linolenic acid ($C_{18:3}$, ALA), eicosapentaenoic acid ($C_{20:5}$, EPA) 및 docosahexa enoic acid ($C_{22:6}$, DHA) 등이 있으며 이들도 역시 생리적으로 중요한 역할을 하는 5-leukotriens, 3-prostaglandins, 3-thromboxanes들을 합성한다. 이들 ω-6계와 ω-3계 지방산들이 생합성하는 대사산물들은 <그림 8-2>에서 보는 바와 같이 순환기계, 호흡기계, 소화기계, 신장 및 면역기능의 조절에 상호보완적으로 필요한 다양한 역할을 수행함으로써 생체의 항상성(homeostasis)을 유지하게 된다. 그런데 이들 기능성 고도불포화지방산의 섭취가 균형을 잃게될 때 순환기계, 호흡계, 소화계, 신장, 피부 및 면역계의 질병, 뇌와 안구의 미발달, 그리고 암의 발생에까지 이르게 되는 것으로 보고되고 있다.

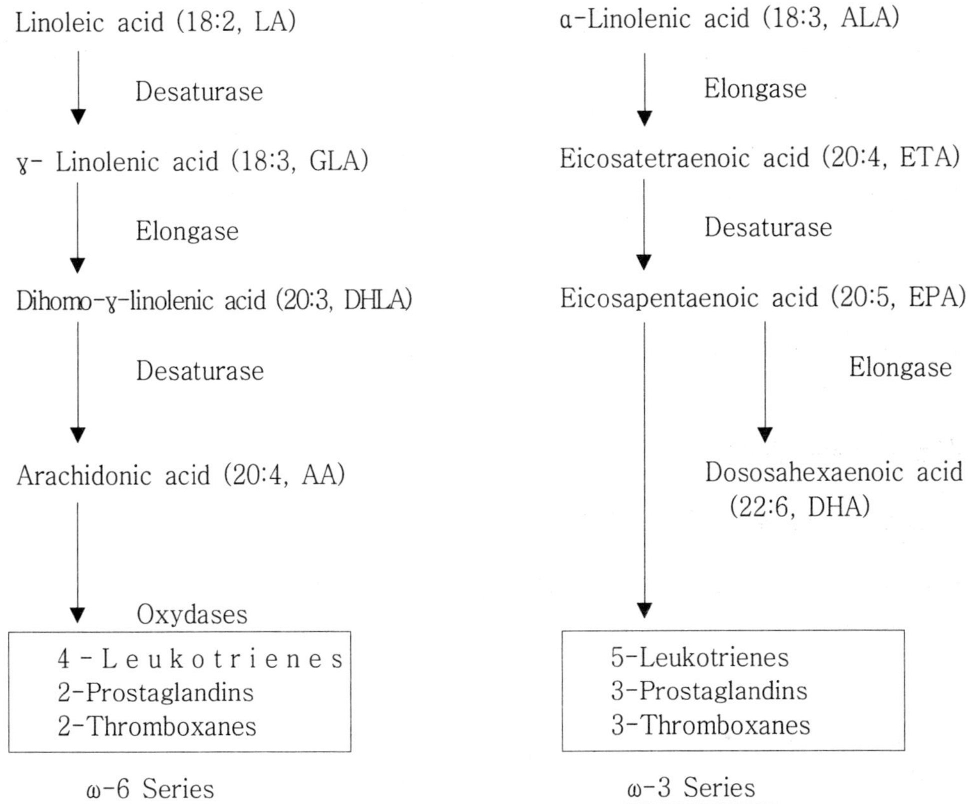

그림 8-2. 고도불포화지방산의 상호전환 및 생리활성 대사산물의 생성

ω-6계 지방산으로서 GLA와 DHLA 또는 AA는 우리의 식이에 의해서 공급하는 양이 적기 때문에 이의 전구물질인 LA가 중요한 필수지방산으로 평가되고 있다. 그러나 노화, 체질특성, 당뇨병, 알콜과량 섭취의 경우 LA로부터 GLA로의 전환율이 낮아지기 때문에 이를 외부로부터 공급할 필요성이 커지게 된다. 한편 ω-3계 고도불포화지방산으로서 ALA는 대두유나 canola유에 8~10%, 들깨유나 아마인유에 50% 가까이 다량 함유되어 이들 식물성유를 섭취하면 필요량을 공급받을 수 있다. 그러나 ALA는 체내에서 EPA나 DHA로 전환하는 속도가 느리고 특히 나이가 많아짐에 따라 더욱 전환효율이 낮아지는 것으로 보고되어 있다. 1970년대에 덴마크의 에스키모인에 대한 광범위한 역학조사 결과 이들에게는 순환기계 질환이 매우 낮다는 사실을 발견하고 그 원인을 조사한 결과 이들이 다량섭취하고 있는 어류의 어유성분중 EPA나 DHA와 같은 ω-3계 고도불포화지방산 때문이라고 보고한 이래 이의 생리적 효과에 대해서 영양학계 및 의학계에서 매우 활발하게 연구를 진행시키고 있다. 현재 상품화되어 있는 기능성 지질소재

제품들을 볼 수 있는데 GLA, EPA, DHA 등이 가장 빈번하게 사용되고 있으며 이들은 노화억제, 항혈전성, 항염증성, 콜레스테롤 감소 제품에서 항암성 및 면역자극 제품까지 다양하게 활용되고 있는 것을 알 수 있다.

2) 미생물에 의한 감마리놀렌산(GLA)의 생산

GLA의 급원으로는 현재 달맞이꽃 종자유가 거의 유일한 급원으로 사용되고 있으나 이는 품질관리가 용이하지 않고, 비교적 GLA의 함량이 낮으며, 생산수율이 낮아 가격이 지나치게 비싼 결함이 있기 때문에 최근에 일본을 중심으로 Mortierella 속의 미생물을 이용하여 이를 생산하기 위한 연구가 집중적으로 이루어져 공업적으로 생산할 수 있는 단계에 이르렀다. 저자의 연구실에서는 국내 토양으로부터 GLA를 비교적 다량 함유하고 있고 고농도 배양특성이 양호한 Mucor 속의 곰팡이 균주를 분리할 수 있었다. 동균주는 플라스크에서 진탕배양시킬 경우 총 지방산중 GLA의 함량이 14%에 다다르며 리놀레산의 함량이 5%미만으로 매우 적어 분리, 농축공정에도 유리한 특성을 가지고 있음을 알 수 있다.

선발균주의 생산성을 조사하기 위하여 유기배양법으로 포도당의 농도를 최종적으로 300g/ℓ까지 증가시키면서 7일간 고농도 배양을 실시하였다. 그 결과 건조 균체량은 약 100g/ℓ까지 얻을 수 있었으며 이중 유지의 함량은 40% 수준까지 높일 수 있었으나 유지중 GLA의 함량은 9.5%로 플라스크 배양보다는 상당히 낮아지는 결과를 얻었다. 따라서 GLA의 생산성을 보다 높이기 위해서는 균체량 또는 유지량을 증가시킬 때 GLA의 함량이 낮아지지 않는 발효조건에 대한 연구가 집중적으로 이루어져야 할 것으로 판단된다. 또한 GLA의 함량이 보다 높은 균주를 유도하기 위한 균주개량 연구가 이루어져야 할 것으로 생각된다. 그리고 일단 배양이 끝나면 균체로부터 유지를 추출하기 위한 경제적인 추출조건이 연구되어야하고 더 나아가 곰팡이의 유지의 정제, 안정화 및 이를 식품소재로 이용할 경우의 문제점 등이 폭넓게 검토되어야 할 것이다.

3) 어유로부터 EPA 및 DHA의 생산

우리나라 주요 어종 중 EPA와 DHA의 함량은 정어리가 어체에 대해서 EPA 1.6%, DHA 1.0%이고 어유 지방산 중 EPA는 16%, DHA는 9.8%로 그 어획량이나 가격 및 현재의 용도 등을 고려할 때 가장 바람직한 원료 어종으로 조사되었다.

정어리 어유로부터 EPA나 DHA를 더욱 농축시키기 위해서 지방산염의 용해도 차이를 이용하는 방법, 요소부가법, 분별증류법, 분별증류후 요소를 부가시키는 방법 등을 사용할 수 있다. EPA나 DHA를 다른 지방산으로부터 분리시키기 위해서는 탄소사슬의 길이가 20개 이상으로 긴 특성이나 이중 결합의 수가 5-6개로 많은 성질을 이용하여 선택적으로 농축할 수 있는 바 먼저 알칼리 수산화물이 용해되어 있는 에탄올을 사용하여 어유를 비누화 시키고 이를 냉각, 여과하여 용해도 차를 이용하여 농축한 결과 원료 정어리유에서는 EPA와 DHA가 14.2%와 10.7% 함유되어 있었으나 이들을 각각 34.1%와 27.8%로 각각 증가시킬 수 있었다. 그리고 요소가 포화지방산 또는 불포화도가 낮은 지방산과 용이하게 결합하여 복합체를 이루는 특성을 이용하여 농축을 실시한 결과 EPA는 15.5%에서 53.0%로 DHA는 9.8%에서 49.1%로 증가시킬 수 있었으며 EPA와 DHA를 메칠 에스터 형태로 변환시킨 후 감압 증류시킴으로써 원료 어유의 EPA를 약 43%를 그리고 DHA를 49%까지 농축시킬 수 있었다. 또한 일차적으로 분별 증류한 획분을 가지고 요소부가법을 사용하여 EPA의 함량이 80%인 농축물을 제조할 수 있었다.

한편 어유나 EPA 또는 DHA의 농축물을 식품소재로 사용하기 위해서는 산화를 예방하여 비린내의 발생을 억제시키는 문제가 우선적으로 해결되어야 한다. 저자들은 아스코르브산을 소량의 물에 용해시킨 후 계면활성제를 레시틴을 첨가한 다음 역미셀을 형성시켜 어유에 균일하게 용해시키는 방법을 사용함으로써 탁월한 산화억제효과를 볼 수 있었다.

4) 미생물 및 조류로부터 EPA 및 DHA 생산

EPA나 DHA는 현재 대부분 대구, 청어, 멸치, 정어리 등 지방질이 많은 어류로부터 채취한 어유에서 생산되고 있다. 그러나 어유는 불쾌한 어유취가 강하고, 중금속으로 오염되어 있는 경우도 많고 콜레스테롤이 있으며 그 지방산 조성이 때에 따라 많이 변화하는 문제점들이 있다. 반대로 미세조류나 미생물들은 이러한 단점들을 적게 가지고 있고 지방산 조성이 비교적 단순하여 정제하기가 용이한 장점을 가지고 있다. 특히 미세조류는 산화에 대한 안정성이 높고 냄새가 적어 많은 연구가 활발하게 이루어지고 있는 바 Chlorella minutissima 의 경우 EPA 함량이 전체지방산의 45%에 달하는가 하면 Phaeodactylum tricornutum은 생육이 빠르면서 EPA를 다량 함유하고 있기 때문에 주요 연구대상이 되고 있으며 Gyrodinium cohnii는 다른 불포화 지방산은 거의 없고 DHA만 30%나 함유하고 있기 때문에 이들 지방산을 목적으로 한 제품개발에 유리한 조건을 가지고 있음을 알 수 있다.

한편 조류, 곰팡이 및 세균을 이용하여 EPA를 생산하기 위한 생산성은 조류 중에는

Isochrysis galbana, Monodus subterraneus, Phaeodactylum tricornutum 등이 가장 유망한 것으로 보고되고 있다. 그리고 세균 중에서는 해양 세균의 일종인 Alteromones 속의 균주가 생산성이 높아 관심을 끌고 있으며, 곰팡이 중에서는 Mortierella alpina가 67mg EPA/g 건조균체의 생산량과 118 mg L-1 d-1 의 높은 생산성을 보여주고 있다.

5) 장내균총의 개선 소재

가. 장내균총의 생리적 역할

인간이나 동물의 장내에는 400여종, 약 100조개의 세균이 서식하면서 대장 내용물의 40~50%를 차지하고 장내균을 구성하고 있다. 이 장내세균은 유용균과 유해균으로 분류해 볼수 있으며 서로 공생 또는 길항관계를 유지하면서 숙주의 영향, 생리기능, 노화, 발암, 면역, 감염에 밀접한 영향을 미치는 것으로 보고되고 있다. 이들은 섭취한 음식물이나 소화관에서 분비되는 생체성분을 영양원으로하여 증식 및 발효작용을 행하고 분변으로 배설되고 있다. 인간의 분변으로부터 검출이 되는 주요 균종은 *Bacteroides, Eubacterium, Peptostrepctococcus, Bifidobacteria* 등 이 분변 g당 10^{9}~10^{11}으로 다량 존재하는 균들이고 *Enterococcus, Lactobacillus, Enterobacteria, Veillonella* 등이 10^{5}~10^{8}으로, *Clostridia, Staphyteria*등은 g당 10^{4}이하로 검출되고 있다. 이들 장내세균중 *Bifidobacteria*와 *Lactobacillus*균들은 아세트산이나 유산을 생성하여 장내환경을 산성으로 유지시키고 일부 항생물질을 생산하여 장내에서 부패균들의 생육을 억제하고 이에 따라 부패산물의 생성을 저해함으로써 대표적 유익균으로 보고되어 있다. 반면에 대장균과 *Clostridium perfringens*균 등은 장내에 독소나 부패산물을 생성시켜 노화나 질병을 유발하는 원인을 제공하기 때문에 대표적인 유해균으로 지목되고 있다. 따라서 장내의 유익균은 증가시키고 유해균은 가능한 한 억제시킬 수 있는 식품을 섭취함으로써 우리의 건강유지나 개선을 달성할 수 있게 된다.

나. 올리고당

각종 당류 및 올리고당들의 장내세균에 의한 이용성을 조사한 결과는 <표 8-2>에 나타나 있다.

표 8-2. 주요 장내세균의 올리고당 이용성

Microorgamisms	Glucose	Lactose	Kestose	Nystose	Neosugar	Lactulose	lRaffinose
Biffdobacterium adolescentis	++	++	++	++	++	++	++
Bif. longum	++	++	++	++	++	++	++
Bif. infantis	++	++	++	++	++	++	++
Lactobacillus acidophilus	++	++	++	-	+	++	-
Eubacterium aerofaciens	++	++	++	-	+	++	-
Bacteroider fragilis	++	++	++	++	+	++	++
E.coli	++	++	-	-	-	++	-
Strepyococcus faecalis	++	±	++	-	+	+	-
Clostridium perfrigens	++	++	±	-	-	++	+

++: 포도당과 동등 발육, +: 포도당보다 약한 발육, ±: 약한 발육, -: 발육하지 않음

<표 8-2>에서 보면 프락토올리고당들은 모두 Bifidobacteria에 잘 이용되나 일부 프락토올리고당들은*Lactobacillus*에 의해 이용되지 않거나 이용성이 떨어지고 있으며 유해균인 *Cl. perfringens*나 *E.coli*에는 이용되지 않는 것으로 나타나 있다. Lactulose도 비슷한 경향을 보여주고 있다. 이러한 *in vitro* 실험결과로부터 이들 올리고당들을 섭취하면 이들을 이용할 수 있는 *Bifrdobacteria*는 잘 자라고 반면에 영양원으로 사용할 수 없는 *Cl. perfringens*나 *E.coli*는 증식이 억제될 것으로 예상 할 수 있다. 따라서 장내의 균총을 바람직한 방향으로 개선시킬 수 있는 가능성을 암시해 주고 있다. 실제로 여러 종류의 올리고당들을 동물 및 인체에 섭취시킬 때 복잡한 장내균총에 어떤 변화를 가져올 수 있는지에 대한 다양한 실험이 이루어졌다. 프락토올리고당 주성분인 neosugar를 하루에 8g씩 노인들에게 2주간 섭취시킨 후 섭취전, 섭취중 및 섭취중지 8일 후에 주요 장내세균을 조사한 결과 균총의 변화가 바람직하게 변화가 이루어졌다. 저자의 연구실에서는 수년간 국내에서 생산되는 각종 과채류, 산야초 및 생약재로부터 장내 유해균을 억제시키거나 유익균의 조성을 증가시킬 수 있는 소재를 탐색하고 이들 중 유효성분을 조사하였으며 아울러 이를 실험동물에 투입하여 *in vivo*효과를 조사하여 그 효능을 평가하는 실험을 수행해 왔다.

6) Chitosan

(1) 생리적 특성

가. 난소화성

Chitosan 분말을 Prosky법에 기초하여 식이 섬유량을 측정하면 chitosan은 거의 식이섬유로서 정량된다. 또한, chitosan을 사람에게 섭취시켜 그 분변을 분석하였을 때 사람에게서는 chitosan이 거의 소화되지 않았다. 따라서 chitosan은 난소화성이며, 가소화 에너지는 0 Kcal/g 이라고 할 수 있다.

나. 혈중 cholesterol 저하 작용

Sugano 등은 쥐를 사용하여 chitosan에 의한 혈중 및 간장중의 cholesterol 개선 작용을 보고하였다. 즉, 고 cholesterol을 함유한 사료에 chitosan을 2~5% 첨가하여 쥐를 20일간 사육하면 사료 섭취량과 발육에 그다지 영향을 주지 않고 혈중 및 간장 중의 cholesterol치가 현저히 감소하였다. 이러한 chitosan의 cholesterol 개선 작용은 Jennings 등, Kobayashi 등과 Nagivary 등에 의해서도 동물을 사용하여 동일한 결과를 얻었다.

한편 Maezaki 등은 사람을 대상으로 한 chitosan 섭취 실험을 행하여 chitosan에 의한 혈중 cholesterol 개선 작용을 밝힘과 아울러 그 작용 메카니즘에 대하여 보고하였다. 즉, 시험전 대조기 1주간은 chitosan 무첨가 biscuit을 3개/일, 시험기 전반 1주간은 0.5g의 유효 chitosan을 함유하는 biscuit을 3개/일 (chitosan 1.5 g/일), 후반 1주간은 6개/일 (chitosan 3 g/일), 시험 종료 후의 대조기 1주간은 chitosan 무첨가 biscuit을 3개/일, 각각 섭취시켜 chitosan 섭취 전후의 혈중 지질 및 분변 중의 담즙산 배설량을 조사하였다. 그 결과 chitosan 섭취에 의해 혈중 총cholesterol치가 유의적으로 감소하였고 HDL-cholesterol은 유의적으로 상승하였으나 chitosan의 섭취를 중지하면 원래대로 환원되는 경향을 보였다. 또 chitosan의 섭취에 의해 1차 담즙산의 cholic acid와 chenodedxycholic acid의 분변중의 배설량이 유의적으로 증가하였고 섭취를 중지하면 감소하였다. 이러한 결과들을 종합하면 chitosan은 소화관내에서 담즙산과 결합하여 변중으로 배설시킴으로써 담즙산의 장관 순환을 막고 그 결과 체내 cholesterol이 감소하고 혈중 cholesterol치를 저하시키는 것이라고 생각한다.

다. 장내 대사에 대한 작용

Tarada 등은 Maezaki 등의 보고와 동일한 사람에 대하여 chitosan 섭취 시험에 있어서 각 시험기의 최종일에 그날에 배설한 모든 분변을 채취하였고 그 중에 함유된 장내 균총 및 장내 세균에 의하여 생성된 부패 물질 및 휘발성 지방산의 양을 조사하였다. 그 결과 장내 균총의 큰 변화는 보이지 않았으나 lecithinase negative *Clostridia*가 유의적으로 감소하였다. Lecithinase negative *Clostridia* 는 섭취한 전구 물질을 장내에서 발암 물질로 전환한다고 보고된 β-glucuronidase를 생산하는 것으로 알려져 있으며 이 균의 감소가 요망되고 있는 균이다.

한편 장내 세균에 의하여 생산된 부패성 물질에 대하여는 chitosan 섭취에 따라, 분변 중의 ammonia, phenol, p-cresol, indole이 각각 유의적으로 감소하였다. 이들의 부패성 물질은 동물 시험에 있어서 간장암, 방광암, 피부암 등의 promoter인 것으로 보고되어 있는데 chitosan을 섭취하면 이들 부패성 물질들이 감소하여 장내 대사에도 좋은 작용을 나타내는 것으로 판단된다.

라. 혈압 조절 작용

加藤등은 chitosan의 투여가 정상 쥐 및 자연 발증 고혈압 쥐의 어느 것에 있어도 고염식에 의한 혈압 상승을 억제한다고 보고하였다. 더욱이 田口등에 의하면 보통사람들에게 고염식(식염13g, 1,100Kcal/meal)을 섭식시켰을 때 1시간 후에 유의적으로 혈압이 상승하였으나 1주일 후의 동시각에 고염식과 함께 약 4g의 chitosan을 섭취시키면 혈압 상승이 소실되었다고 보고하였다.

마. 항균 작용

內田 등은 chitosan 농도와 Fusarium 속의 곰팡이에 대한 항곰팡이 활성의 관계에 대하여 조사하여 Fusarium 속의 곰팡이는 chitosan 0.1% 농도에서 8일간 완전히 증식이 저해되었다고 보고하였다. 또 內田 등은 대장균의 증식에 미치는 chitosan 농도의 영향에 대해서도 조사하였으며 chitosan 0.015% 이상을 함유하는 부이온 배지에서는 대장균의 증식이 완전히 저지된다고 보고하였다.

바. 식물의 생장 촉진 작용

福井 등은 chitosan을 각종 작물에 종자 피복, 토양 혼화, 주입 등의 다양한 방법을 통하여 처리하였을 때 근경의 비대 및 수확 개체수의 증가 등이 일어난다고 보고하였다. 또한 chitosan을 사용하는 다양한 방법이 알려져 있으나 경제성과 실용성을 고려할 때 chitosan 용액에 의한 침지, 종자 피복, 주입 등 chitosan 용액으로 사용하는 방법이 가장 유효하다고 생각된다.

사. 면역 부활 효과

Suzuki 등은 chitosan을 이용, ddY 마우스에 이식한 Ehrlich adenocarcinoma와 Sarcoma 180 복수형 종양에 대한 증식 억제 효과, chitosan을 복강내 투여한 마우스의 복강 macrophage의 lysozyme 효소 활성과 *Staphylococcus aureus* β H248 생균에 대한 식균능의 변화 등을 조사하였다. 즉, chitosan을 멸균 생리식염수로 현탁하여 각각 1~50 mg/kg의 양으로 ddY 마우스의 복강내로 1일 3회씩 투여하고 2일 후에 암세포

1×105개를 복강내에 이식한 후 60일간 생존 마우스의 수를 관찰한 결과 50mg/kg을 투여한 경우 월등한 종양 증식 억제 효과를 보였다. 또한 미리 chitosan을 투여한 마우스의 복강내에 *Staphylococcus aureus*를 이식하고 복강내 다핵형 백혈구(RMN)의 식균능을 조사한 결과 1~50 mg/kg을 투여하였을 때에 현저하게 생존율이 증가되었다. 또 chitosan을 50 mg/kg씩 격일 3회 복강내에 투여하고 2일 후에 복강내 부착성 세포를 수집하여 복강 macrophage의 lysozyme 활성을 조사한 결과 현저한 면역 부활 효과를 나타낸다는 것이 확인되었다.

아. 서방성

체내의 특정 환부에 약물을 도달하게 하기 위한 DDS(drug delivery system)은 부작용이 적고 효과적인 새로운 약물투여법으로 주목받고 있다. 關西大學 공학부의 大內辰老교수 연구팀은 부작용을 경감시키고, 효과를 지속시킬 것을 목적으로 하여 항암제의 캐리어를 개발하였다. 그들은 chitosan을 glutalaldehyde로 가교시킨 chitosan gel의 microcapsule을 DDS 소재로 개발한 것이다. 제조된 microcapsule은 37℃의 의사체액 중에서 1시간 후부터 서서히 약을 방출하기 시작하여 8시간 이상동안 약의 방출을 지속하였다.

(2) Chitosan의 이용

가. 식품에의 이용

chitosan은 천연 다당류의 일종이기 때문에 다당류의 일반 성질인 증량성, texture 개선성, 점도 조절성, 결작력 개선성, 거품 억제성, 빙결정 성형 저지성 등이 뛰어날 뿐만 아니라 특유한 기능성이 있어 그 용도는 더욱더 넓어질 전망이다. 더욱이 chitosan은 cellulose의 구조에 유리 아미노기가 매 glucose 단위마다 1개씩 결합해 있는 식물성 고분자에서는 볼 수 없는 polyamino polymer이므로 그 용도는 더욱 넓고 다양하다. 또한 chitosan은 색소나 합성 물질, 첨가물, 식품 이물질 등을 강력히 흡착하는 성질이 있어 instant 식품이나 식품첨가물, 기타 독성 물질에서 벗어나기 원하는 현대인에게는 매력적인 식품첨가제라고 생각된다. Chitosan이 세포의 활성을 높여주고 온갖 질병에 대한 면역성 및 저항력을 향상시켜 여러 가지 질병이나 종양 또는 암에 대한 면역 능력이 현격히 저하된 오늘날의 도시민들에게 권장할 만한 식품 보조제라고 생각된다. 더욱이 혈청 cholesterol치 강하 작용으로 고혈압 치유에 효과가 크다는 것을 고려한다면 청장년 이후의 고령층에게는 극히 매력적인 기능성 식품첨가제라 할 수 있다. Chitosan은 각종 세균의 증식을 억제한다는 점에서 구강 세균에 의한 치아의 플라그 생성과 충치를 예방하는 데도 커다란 역할을 할 것이다. 또한 chitosan은 분자내 아미노기가 전형적인 염기성 원자단이기 때문에 산성화한 식품의 중화나 식품의 산성화의 방지에도 크게 도움을 줄 수 있다.

나. 식이섬유(dietary fiber)로의 이용

식이섬유는 기본적으로 사람의 소화 효소에 의하여 소화되지 않는 식품 유래의 성분(다당류, lignin 등)으로서 정의되고 있다. 그런데 chitosan은 전형적인 식이섬유 성분이지만 동물계에도 널리 존재한다는 특징이 있다. 식이 섬유의 섭취량이 적당하지 못하면 다양한 질병이 오게 되며 적절한 양의 식이섬유 섭취는 이들 질병을 예방하고 개선한다. 또한 chitosan은 식품 중의 독성물질 등의 흡수를 막아 체외로 배출시키며, Na^{+} 이온과 결합하여 그 배설을 촉진함으로써 혈압 강하 작용도 보인다. 그리고 chitosan은 Fe^{2+} 이온의 과잉 섭취를 조절해주는 기능을 가지고 있으며 담즙산을 흡착하여 혈액내 확산을 억제하므로써 결과적으로 cholesterol치를 떨어뜨리는 역할을 한다. 이와 같은 사실들은 반대로 각종 영양적으로 중요한 무기이온의 흡수를 저해할 가능성도 의미하고 있다. 또한 특종의 vitamin(예를 들면 vitamin B_{12})의 흡수에 대한 간섭에도 주의를 기울여야 한다. 따라서 식이섬유가 과잉 섭취되지 않도록 노력해야 할 것이다.

다. 음료수, 쥬스 또는 주류의 청징 및 연화제로의 이용

음료수, 쥬스 또는 주류 속에 부유된 현탁물을 제거하고자 할 때 수용성 chitosan을 첨가하면 액이 맑게 됨과 동시에 세균 번식이 억제되고 생리 활성에 도움을 준다.

라. 식품내 중금속 흡착 제거제로의 이용

식품내에 금속, 특히 공해성 중금속이 혼입되었을 때 chitosan을 첨가하면 흡착 제거된다.

마. 식품 방부조제로의 이용

Chitosan 및 그 분해물의 항균성을 이용하여 식품에 곰팡이나 세균이 번식하는 것을 방지하는데 효과가 크다. 또한 기존의 방부제와 병용하면 상승작용을 일으키는 것으로 알려져 있어서 식품의 방부조제로 이용될 수 있다.

바. 기타의 식품소재로의 이용

Chitosan의 우수한 생리적 기능 등을 고려할 때 기능성 저칼로리 식품 소재 및 증량제, 기능성 드링크의 원료, 기능성 건강정제, 제산제, 착색 및 탈색조제, 특수성분제거제, 유차제 등으로 이용이 가능하다. 또한 chitosan은 chitosan-iron과 chitosan-heme 형태의 복합체로 제조되어 장내에서 철의 흡수를 증진시키는데 이용될 수 있다.

(3) 의료용으로의 이용

가. 면역 부활제로의 이용

Chitosan의 세포 면역 부활 작용을 이용하여 외부균으로부터의 감염 예방 및 항암, 항종양 효과를 얻을 수 있다.

나. 생체 적합물로의 이용

Chitosan은 체내 효소에 의해서 분비되고 생체 조직과 잘 조화되는 친화력을 가지고 있으며 손상받은 부위의 상처 회복을 촉진하기 때문에 현재 흡수성 수술용 봉합사, 인공 피부의 제조시에 사용되고 있으며 앞으로 인공 혈관 및 인공 장기 등의 개발에도 크게 기여할 것으로 생각된다.

다. 서방성 의약품의 담체로의 이용

Chitosan이 체내에서 서서히 분해되는 성질을 이용하여 의약품의 담체로 사용하면 복용한 약제가 몸 안에서 서서히 방출되어 약의 체내 체류 시간을 보다 길게 할 수 있다.

라. 콘텍트 렌즈의 소재로의 이용

Chitosan 유도체로 contact lens를 만들어 산소 투과성, 강도, 기타 부작용 등을 실험한 결과 우수한 contact lens의 소재로 사용될 수 있으리라고 판단된다.

마. 항플라그제로의 이용

Chitosan 및 그 분해물은 *Streptococcus mutans*에 대한 억제력이 우수한 것으로 알려져 있으므로 음료 등에 첨가하여 치아 질병 예방에 사용할 수 있을 뿐만 아니라 항플라그제로 개발될 가능성이 있다.

바. 인공 투석막의 소재로의 이용

Chitosan의 물질에 대한 선별 투과성과 항혈전성을 이용하면 신장 질환자의 우수한 혈액 투석막으로 개발이 가능하다.

사. 제산제 및 소화 촉진제로의 이용

Chitosan의 amino기에 의해 위장내에 위산 과다를 조절할 수 있는 제산제로서 또는 제산제의 담체로서 개발이 가능하다.

(4) 화장품

Chitosan은 묽은 산용액에 잘 녹으며 독특한 저도 특성을 가지고 있으며 모발에의 흡착성이 우수할 뿐만 아니라 증점성, 보호 콜로이드 형성성, chelate 형성성, 보습성, 대전 방지성, 마찰 저항 저감성, 유연 사상성(감촉 개선), 피막 개선성 등의 유용한 성질 때문에 현재 shampoo, rinse, treatment, set lotion, hair spray 등과 같은 세발, 두발 화장품을 중심으로 실용화되어 있으며 cream, 유액, 화장수, pack, foundation, 입욕제 등에 이용 가능할 것으로 생각된다.

(5) 폐수처리 분야

Chitosan의 주요 용도는 폐수 처리용 응집체이다. Chitosan은 산성 조건에서 양으로 하전되기 때문에 양이온성 천연 고분자 응집제로 쓰여 왔다. 우수한 탈수성과 천연 분해성, 무공해성의 장점을 이용하여 식품 공장의 단백질을 회수하여 사료 또는 퇴비로 이용이 가능하다. 또한 chitosan은 cupric ion과 ferrous ion등을 비롯한 중금속의 흡착력이 강하며 염료의 흡착력이 강하기 때문에 중금속을 많이 포함하고 있는 폐수 또는 염색 공장 폐수의 정화에 사용되고 있다.

7) 식품의 건강기능성 펩타이드 소재

가. 펩타이드의 특성

펩타이드는 다양한 조합의 아미노산이 펩타이드 결합에 의해 중합물을 형성하고 있는 것으로 일반적으로 분자량 10,000이하의 것을 말한다. 펩타이드는 식품 중에서 여러 가지 기능을 나타내는데, 우선 생체 단백질 합성에 필요한 필수 아미노산 등 여러 아미노산을 공급하는 1차적 영양기능을 갖는다. 2차적 감각기능으로서는 맛이나 물성 등에 관여하는데, 펩타이드는 단맛, 쓴맛, 감칠맛, 신맛, 짠맛 등 5원미에 모두 관여하며, 따라서 맛과 화학구조 간의 상관관계를 연구하는데 가장 좋은 물질로서 사용된다. 또한 펩타이드는 구성 아미노산 측쇄의 극성에 따라 다양한 용해성, 유화성, 거품성 등을 나타냄으로서 식품의 물성에 크게 영향을 미친다. 펩타이드는 여러 가지 생리활성을 나타냄으로써 다양한 3차적 생체조절기능을 갖게 되는데, 최근에는 특히 펩타이드의 생체조절기능에 대한 관심이 높아지고 이 펩타이드들을 건강기능성 식품의 소재로서 이용하려는 연구가 활발하게 진행되고 있다.

생물은 당류, 펩타이드, 뉴클레오티드 등 여러 가지 생체 구성 성분을 생합성의 전구체로서 뿐만 아니라 생체조절 물질로서도 이용함으로서 이들 성분의 이용 효율성을 높이고 있다. 따라서 생체 내에 존재하는 펩타이드도 여러 가지 생리활성을 나타내는 경우가 많다. 각종 펩타이드 호르몬은 대표적인 예로서 당 대사에 관여하는 insulin이나 glucagon, 위산과 펩신 분비를 조절하는 gastrin, 성장촉진 호르몬인 somatotrophin, 갑상선자극 호르몬, 자궁 수축에 관여하는 enkephalin, 각종 미생물이 생산하는 미생물

길항물질로서 nisin 등 bacteriocin, 버섯류에 들어있는 amanitin 등의 독성 성분, 각종 효소 저해제, 세포 성장인자 등이 있다.

식품 중에 포함된 단백질은 소화과정을 거쳐 펩타이드나 아미노산의 형태로 흡수되므로 식품 단백질은 여러 가지 잠재적인 생리활성 펩타이드를 포함하고 있다. 또한 간장, 된장, 치즈, 요구르트, 젓갈 등 많은 발효 식품에서는 단백질의 가수분해가 일어나 여러 가지 펩타이드와 아미노산을 생성하게 되는데, 이들 가수분해 산물은 또한 여러 가지 활성형의 생리활성 펩타이드들을 포함하게 된다. 이와 같이 각종 펩타이드가 생체 내에서 다양한 생리활성을 나타내고, 각종 발효 식품이나 기타 식품에 존재하는 펩타이드도 여러 가지 생체조절기능을 나타낼 수 있으므로, 이들 식품 펩타이드의 구조와 생리활성을 규명하고 그 생성반응 등을 밝힌다면 이들 펩타이드들을 각종 건강기능성 식품을 개발하는데 좋은 소재로서 활용할 수 있을 것으로 기대된다.

건강기능성 식품소재로서의 펩타이드는 몇 가지 특성을 갖는다. 우선 활성이 매우 다양하게 나타나며, 여러 아미노산의 조합이 다양한 크기로 가능하기 때문에 그 종류가 대단히 많다. 이들 펩타이드들은 원래의 식품 성분인 단백질로부터 소화 과정이나 발효 과정 중에 생성되므로 안전성이 확보된다는 장점이 있다. 펩타이드들은 식품 중에 잠재형 또는 활성형으로 모두 존재할 수 있는데, 활성형으로 나타내기 위해서는 적당한 protease 작용 부위가 필요하게 된다. 잠재형으로 존재할 경우에는 적당한 protease를 확보해야 하며, 활성형인 경우에는 소화 과정에서 분해되지 않도록 미세 캡슐 등 알맞은 전달 방법을 강구해야 한다. Decapeptide 이하의 작은 펩타이드의 경우, 흡수에는 큰 문제가 없는 것으로 알려져 있다. 또한 펩타이드는 그 존재 형태가 펩타이드이기 때문에 유전자 조작이나 합성 유전자의 발현에 의해 쉽게 생산될 수 있으므로, 필요한 경우 유전공학적으로 대량 생산하거나 개조하여 식품소재로 이용할 수 있다는 장점이 있다.

나. 항암 펩타이드(anticancer peptides)

식품에 함유된 펩타이드도 여러 가지 항암 활성을 나타내는 것으로 보고되었는데, 식품으로서는 간장, 된장, 대두단백 가수분해물, 치즈곤죽, 젓갈, 인삼 등이 연구되었다. 한국의 전통식 간장에서 용매추출, 겔크로마토그래피, HPLC 등으로 분리된 소수성 펩타이드는 생쥐의 단구 대식세포 종양세포주인 P388D1, 생쥐 섬유아세포주인 NIH/3T3, 닭의 림프암 세포주인 MSB1, 사람 대장암세포주인 SNUC2A에 대하여 항암 활성을 나타내었다. 이 중 한 분획은 P388D1 세포주에 대하여 260 ㎍/㎖의 IC_{50} 값으로 세포 독성을 보였으며 Pro, Leu, Val, Phe, Ala 등의 소수성 아미노산의 함량이 높게 나타났다.

된장에서 같은 방법으로 분리된 펩타이드도 여러 암세포주에 대하여 항암 활성을 나타내었다. 이 중 한 분획은 사람 대장암 세포주인 SNUC2A에 대하여 40 μg/mℓ의 IC_{50} 값을 나타내었는데 Val, Ile, Leu, Phe 등의 아미노산 함량이 높았고 평균 소수도가 2268 cal/mole로서 소수성이 높은 펩타이드이었다.

탈지 대두박을 pepsin 등 16가지의 단백분해효소로서 가수분해하고 물이나 에탄올 등 7가지 다른 용매로 추출한 펩타이드에서도 항암 활성이 잘 나타났다. 이들 펩타이드 추출물을 소수성 및 겔크로마토그래피, 여러 가지 HPLC 등으로 분획하였을 때, 그 중 한 분획은 생쥐 대식세포 종양세포주에 대하여 19 μg/mℓ의 IC_{50} 값을 나타내었다.

체다형 치즈곤죽에서 용매 추출, 겔크로마토그라피, 여러 가지 HPLC 등으로 분획한 펩타이드 역시 생쥐의 대식세포 종양세포주 및 섬유아세포주, 사람의 위암 및 대장암 세포주에 대하여 항암 활성을 나타내었다. 이들 식품에서 분리한 항암 펩타이드들은 여러 암 세포주에 대해서는 세포 독성을 나타내었으나 정상 세포에 대하여는 독성을 나타내지 않았다.

다. 혈압 강하 펩타이드(antihypertensive peptides)

안지오텐신 전환효소(angiotencin converting enzyme, ACE)는 angiotencin I을 절단하여 강한 혈압 상승작용을 나타내는 angiotencin II로 활성화시키는 한편, 혈압강하 작용을 갖는 bradykinin을 분해함으로써 고혈압의 원인이 되는 효소인데, 이 효소에 대한 저해물질은 혈압 강하 효과를 나타내게 된다.

많은 펩타이드들이 ACE 저해제로 작용하여 혈압 강하 활성을 나타내는데, ACE 저해 펩타이드는 우유 카세인, 정어리, 참치, 돼지 및 효모의 효소, 무화과, 옥수수 단백질, 돼지혈액, 뱀의 독, 청주, 발효유, 된장 등 광범위한 식품에 존재한다고 보고되었다. ACE 저해 펩타이드의 구조와 기원을 보여주고 있다. 특히 된장에서 분리된 His-His-Leu의 tripeptide는 *in vitro* 및 *in vivo* 실험에서 모두 매우 높은 혈압 강하 활성을 보였는데, 합성 유전자에 의해 대량 발현될 수 있다면 식품소재로서는 물론 의약품으로서도 활용이 가능하리라고 예상된다.

라. 콜레스테롤 저하 펩타이드(hypocholesterolemic peptides)

대두 단백질 등의 가수분해물에 함유된 소수성 펩타이드는 담즙산과 결합하여 흡수를 저하함으로써 분변중에 배설되는 스테로이드의 함량을 높이고, 혈중 콜레스테롤 농도를 낮추는 것이 알려져 있다.

콩 펩타이드의 소화율이 흰쥐의 혈청 콜레스테롤 농도에 미치는 영향을 보면, 분자량 1,000-5,000 dalton의 macropeptide를 섭취한 쥐에서 콜레스테롤 저하 효과가 가장 크게 나타났다. 콩 펩타이드의 평균소수도와 콜레스테롤 농도의 관계에서 Tanford, Manavalan, Meirovitch 방법으로 구한 평균 소수도와는 상관관계가 나타나지 않았으나 Kriegbaum 방법으로 구한 평균 소수도와는 -0.736으로 음의 상관관계가 나타났다.

마. 아편상 펩타이드(opioid peptides)

Opioid 펩타이드는 생체 내에서 진통, 마취, 장관 등 평활근의 수축, 식욕조절 등에 관여하는 물질이다. 식품 중에는 카세인으로부터의 β-casomrphin이 보고된 이래, 우유와 모유의 αs_1-, β-casein과 α-lactalbumin, β-lactoglobulin에서 많이 발견되었고, 밀의 gluten 가수분해물로부터도 보고된 바 있다.

바. 혈전 저해 펩타이드(antithrombotic peptides)

혈관 내에서 혈액이 응고하게 되면 혈전이 형성되어 혈액순환이 방해받게 되는데, 이 결과 심근경색증, 뇌졸중, 폐동맥 경색증, 혹은 부종이나 염증을 유발할 수도 있다. Fibrinogen, fibronectin, laminin 등의 세포 접착성 단백질은 수용체인 integrin과 접착성을 나타내는데 이들 단백질에 함유되어 있는 RDG의 tripeptide 서열이 그 상호작용에 관여하고 있으며, 따라서 RDGS등 RDG 서열을 갖는 펩타이드는 혈소관 응집 및 암의 전이에 대한 저해 활성을 나타낸다고 알려져 있다. 혈소판 응집 저해 펩타이드는 모유의 lactoferrin, 우유의 κ-casein, 쌀 단백질 등에서 유래된 것이 보고된 바 있다.

사. 탐식작용 촉진 펩타이드(phagocytic peptides)

호중구나 대식세포의 탐식작용은 생체방어의 초기 반응으로써 매우 중요하다. 모유와 우유의 αs_1-, β-casein, serum, immunoglobulin 등이나 기타 난백 albumin, 대두 globulin, 쌀 단백질 등에서도 탐식작용 촉진 펩타이드가 발견되었는데 이들 펩타이드들은 탐식작용 활성화, 항체 생산증가, 병원균 감염에 대한 방어작용 등의 효과가 있는 것으로 알려졌다. 특히 casoxin C와 oryzatensin은 opioid anta gonist 활성 이외에 탐식작용 촉진 활성도 있음이 밝혀졌다.

8) 멜라닌 생합성 억제 소재

가. 멜라닌의 특성

멜라닌은 자연계에 널리 분포하는 페놀류의 생물고분자 물질로 검은 색소와 단백질의 복합체이다. 우리 주변에서 멜라닌 합성은 사과, 감자, 바나나의 잘린 표면이 공기중에 노출되었을 때 발생하는 갈변이나, 동물의 외피, 깃털, 피부, 머리, 눈 등에서 관찰

된다. 멜라닌의 기능은 각 개체에 따라 다양하며 그 주요 기능은 다음과 같이 요약할 수 있다.

i) 미생물에서 멜라닌은 자외선 조사, 전파, 건조, 극한온도 등에 대한 생존능력을 높여 준다.

ii) 동물에서 피부나 머리의 멜라닌은 자기 보호를 위한 위장 수단의 기능을 한다.

iii) 무척추동물이나 곰팡이에 존재하는 멜라닌은 미생물에 대한 면역체계의 역할을 수행한다.

iv) 인체에서의 멜라닌은 아민, 유리기, 금속이온 등과 같은 세포독성 물질에 대한 제거제로 작용하여 세포를 보호한다.

v) 인체의 피부에 존재하며 자외선에 대한 보호기능을 수행한다.

vi) 커피, 차, 담배 등의 질 향상에 기여한다.

그러나 멜라닌의 과잉생산은 인체에 기미, 주근깨를 형성하고, 피부노화를 촉진하며, 피부암의 유발에 관여하는 것으로 알려졌으며, 식품에서는 채소, 과일, 생선등의 질을 저하시키기도 한다.

멜라닌의 생합성은 주로 tyrosinase(EC 1.14.18.1)의 작용에 의해 이루어지는 것으로 보고되고 있다. Tyrosinase에 의해 생성이 촉매되는 동물 멜라닌은 노란색-적갈색의 pheomelanin과 갈색-검은색의 eumelanin으로 구분된다. '80년대까지 멜라닌은 L-tyrosine으로부터 dopa(L-3,4-dihydroxy-phenylalanine)를 거치는 Raper-Mason pathway를 통해 생합성되는 것으로 생각되었다. 이 경로에 의하면 L-tyrosin으로부터 dopa로 hydroxylation, dopa에서 dopaquinone으로의 산화, dopaquinone에서 leucochrome으로의 산화, leucochrome의 산화에 의한 dopachrome의 생성, dopachrome에서 DHI(5,6-dihydroxyindole)로의 전환, dihydroxyindole의 산화적 중합 및 단백질과 결합을 통해 최종적으로 멜라닌을 합성한다. 1980년대 이후의 멜라닌 생합성 경로에 대한 연구는 피부암 관련 연구그룹에 의해 집중적으로 연구되었으며, 그 결과 생체 내에서 dopachrome이 DHI로 전환되는 경로 외에 dopachrome tautomerase(EC 5.3.2.3) 작용에 의해 DHICA(5,6-dihydroxyindole carboxylic acid)로 전환되는 새로운 경로가 존재한다는 사실이 밝혀졌다. Dopachrome에서 DHICA를 거쳐 멜라닌을 합성하는 경로는 세포가 독성이 있는 생성 중간 대사물질로부터 자신을 보호하기 위한 파생경로로 추정되고 있다.

나. 멜라닌 생합성 저해 소재와 적용

멜라닌 생합성 대사는 피부암과의 관련성 때문에 최근 집중적인 연구대상이 되어 tyrosinase(EC 1.14.18) 이외에 몇몇의 조절인자가 발견되었으나, 아직 정확한 대사가 규명되지 못한 상태이다. 멜라닌 생합성 저해제는 의약품, 화장품, 식품 등에서 피부질환 치료제, 피부 피막제, 식품 갈변방지제 등에 적용되고 있으며, 최근 그 수요가 증가하고 있다. Tyrosinase 저해제로 잘 알려진 4-hydroxyanisole, 5-hydroxyindole 및 hydroquinone 등은 강력한 멜라닌 생합성 저해활성을 보이지만 색소 세포의 변성 또는 치사를 일으키고 세포 본래의 기능을 손상시키는 등의 부작용을 나타내며, kojic acid, arbutin 등은 이미 상품화되어 화장품, 식품 등에 미백제로 사용되고 있지만 활성 및 안전성에 문제점이 있는 것으로 나타났다. 따라서 세포 독성이 낮고 멜라닌 생합성 저해활성이 높은 저해물질의 개발이 요구되고 있다. 그러므로 이러한 멜라닌의 생성을 저해하는 새롭고도 강력한 멜라닌 생합성 저해물질을 발견한다면 생체 내의 멜라닌 관련 대사의 기초연구 뿐만 아니라 기존 멜라닌 생합성 저해제의 대체물질로 활용될 수 있을 것으로 판단된다.

멜라닌생성 저해제는 화장품 및 의약품 산업에서 기미, 주근깨 치료 등의 미백제 원료로, 식품산업에서는 갈변 방지제 등으로 개발되어 왔다. 특히 피부에서의 색소 침착 방지는 주로 다음의 세 가지 관점에서 연구되어 왔다.

i) 멜라닌 합성의 주효소인 tyrosinase 활성을 조절하기 위하여 tyrosinase 합성 저해물이나, tyrosinase의 기질에 대한 길항물질(antagonist)을 개발한다.

ii) 동물의 멜라닌 생합성 장소인 melanocyte의 기능을 저하시키기 위하여 melanocyte에 독성을 나타내는 물질을 개발한다.

iii) Dopa의 산화방지를 위해 dopa 환원 물질을 개발한다.

지금까지의 연구는 주로 tyrosinase 저해제 개발에 집중되어 왔으며, 그 결과 밝혀진 저해제는 tyrosinase 활성부위의 구리이온에 대한 킬레이트 형성물질, quinone류를 phenol류로 환원시키는 작용을 하는 ascorbic acid 등의 환원제, 그리고 tyrosinase 자체를 변성시키는 bisulfites 제제 등이 대표적이다.

제2절 올리고당의 현황과 기능

최근에 식품소재의 다양화와 생물공학 기술의 급속한 발전을 배경으로 기존의 당류를 대체하는 새로운 당질의 개발이 활발해지고 있다. 이들 새로운 당질 중에서 기존당류가 갖고 있는 비만, 충치의 원인, 당뇨병, 콜레스테롤이나 중성지방의 증가 등의 생리적 기능을 보완하고 기존당류와 비슷한 물성을 갖는 올리고당이 개발되었다. 올리고당이 국내에 1986년 처음 소개된 이래 국민 식생활의 발전, 건강에 대한 관심증대와 올리고당이 갖고 있는 기능성이 조화되어 올리고당에 대한 관심이 증대되고 있다.

1. 올리고당의 기능

신규당질 소재개발의 선두주자격인 일본에서는 1984년 이후 10여종의 신소재가 상품화되었으며 현재 우리나라에서는 4-5종 정도가 상품화 되어있다.

이들 올리고당류는 체내에서 거의 대사가 되지 않아서 칼로리가 거의 없고, 충치예방 효과가 있으며, Bifidus균과 같은 장내유용세균의 증식인자로써 역할을 한다.

이들 올리고당의 생리적 특성을 살펴보면 다음과 같다.

1) 난소화성

주요당질을 소화성 당질과 난소화성 당질로 나눌 수 있는데<그림 8-3>. 올리고당류들은 난소화성이므로 위에서 분해되지 않고 대장에서 대장에 존재하는 Bifidus균과 같은 유익균에 의해 Acetate, Propionate와 같은 Volatile Fatty Acid(VFA)로 전환되므로 칼로리가 거의 없다.

이들 난소화성 당질의 칼로리는 다음과 같다<표 8-3>

표 8-3. 난소화성 당질의 칼로리

당 질	칼로리(Kcal/g)
설 탕	4
말티톨	2-2.5
솔비톨	4
만니톨	2-2.5
락티톨	2-2.5
에리스리톨	0.3
파라치니톨	1.6
폴리덱스트로스	1.0
프락토올리고당	1.5
이소말토올리고당	2-2.5
대두올리고당	2.0

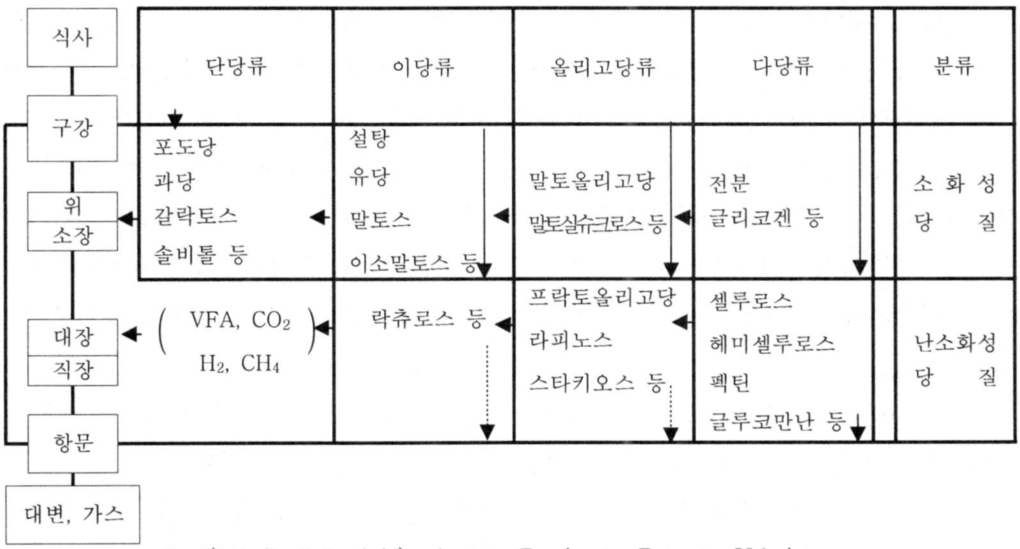

* VFH(Volatile Fatty Acid) : Acetate, Propionate, Butyrate, Valeriate

그림 8-3. 주요 당질의 소화관내 분해에 의한 분류

2) Bifidus 증식인자

비피더스균은 대장내에 존재하는 유익한 장내세균으로 유아시에는 비피더스균이 우세하지만 이유기가 되면 *Bacteroide* 등 혐기성균이 출현해서 비피더스균을 능가하고 이후 장내 세균총은 거의 변화가 없다<그림 8-4>.

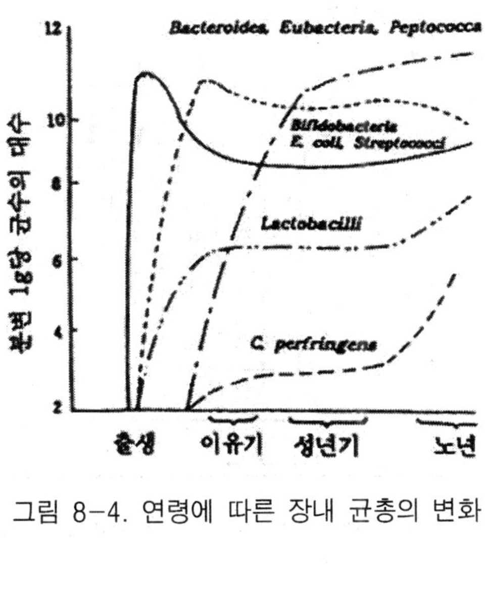

그림 8-4. 연령에 따른 장내 균총의 변화

그러나 노년기에는 건강 성인에게서는 극히 적은 유해균이 많아져서 건강 성인에게는 10^9-10^{10}균/g-변 정도 출현하는 비피더스균이 감소하고 10^5-10^8균/g-변 정도 나타나는 대장균이나 *Streptococci*는 증가하여 많을 경우 10^{10}균/g-변에 이른다. 대표적인 부패균인 *Clostridium perfringens*는 검출율이 현저히 높아진다. 장내 부패균의 증가는 장내 유해물질을 대량 생산하게되어 노화현상을 일으킨다. 그러므로 장내균의 비피더스균 구성을 높이고 유해균의 구성을 낮추는 것이 중요하다. 올리고당류는 비피더스균 등은 잘 이용하나 *Clostridium*균들은 거의 이용하지 못하므로 선택이용성이 높은 당이라 할 수 있다.

장내 유해균에 대한 유해물질의 생성과정<그림 8-5>과 장내 유익균 증식 기작은 다음과 같다<그림 8-6>. 올리고당류에 대한 유익균의 증식은 유익균이 올리고당류를 이용하여 배출하는 VFA로 인해 장내 pH가 낮아져서 유해균의 증식이 억제되기 때문이다.

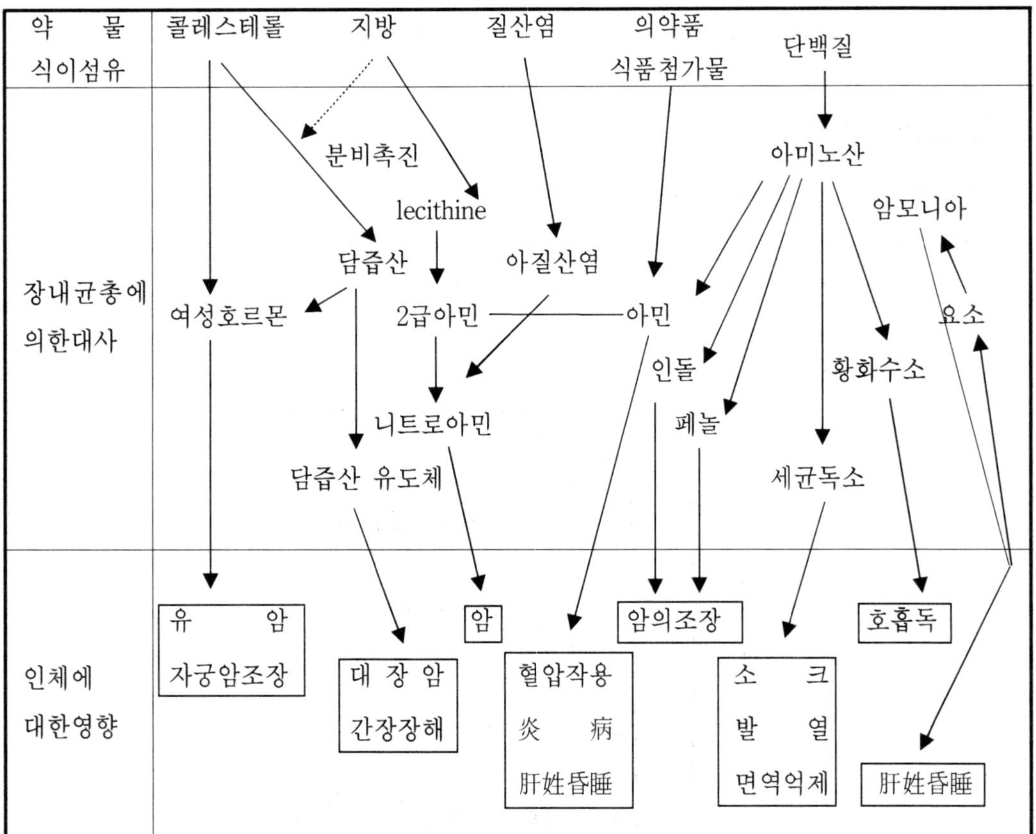

그림 8-5. 장내 유해균에 의한 유해물질의 생성

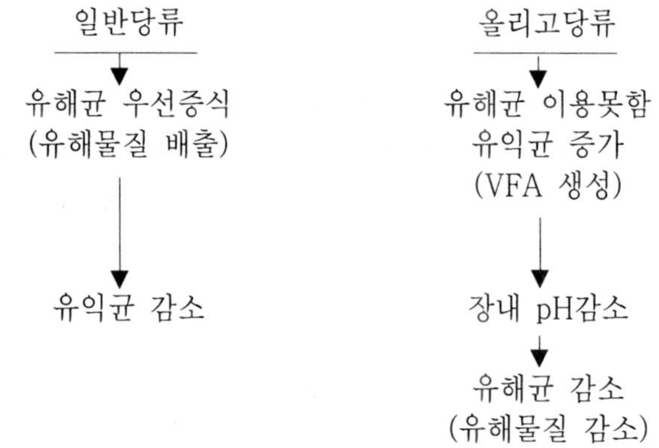

* 유해균 : 대장균, *Clostriduium.** 유익균 : *Bifidobacteria, Lactobacillus.*

그림 8-6. 장내 유익균 증식 mechanism

3) 난충치성

충치발생은 구강내에 존재하는 *Streptococcus mutans*균의 Glycosyltransferase효소에 의해 설탕이 분해되어 Glucan을 형성하고 치아에 치석(Plaque)을 형성시킨다<그림 8-7>. 치석과 함께 존재하는 세균들에 의해 발효되어 lactic acid가 생성되어 충치를 발생시킨다. 올리고당류는 구강내에서 *S.mutans*에 의해 이용되지 않으므로 난충치성의 당류이다.

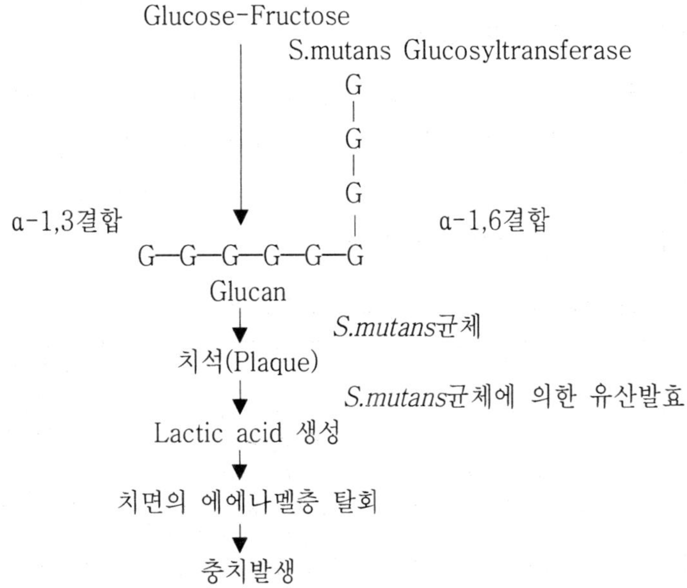

그림 8-7. 충치발생 mechanism

4) 변비개선

올리고당류에 의한 변비개선 mechanism은 다음과 같다<그림 8-8>.

올리고당류는 소화관 효소에 의해 분해되지 않고 대장내 비피더스균에 의해 분해되어 VFA로 분해된다. 생성된 VFA는 장에 자극을 주어 장내 연동 운동을 증가시켜 변비개선 효과를 준다.

올리고당 섭취

↓

소화관 효소에 의해 분해안됨

↓

장내 비피더스균에 의한 발효

↓

VFA 생성

↓

장내 연동운동 증가

↓

변비개선

그림 8-8. 올리고당에 의한 변비 개선 mechanism

5) 장내 부패물질의 감소

장내 부패균은 생체에 유해한 인돌, sketol, 페놀화합물과 아민류등을 생산한다. 올리고당류를 섭취하면 장내 비피더스균을 증가시켜 이들이 생산하는 VFA에 의해 장내 pH가 저하되어 장내부패균인 *E. coli, Clostridium perfringens*등의 증식이 억제된다. 가축의 경우도 마찬가지이다.<표 8-4>

표 8-4. 프락토올리고당 투여시 각종동물에의 영향

동 물	주요변동균	그외변동균	대변의변화	숙주의영향
사 람	*Bifidus*증가	*C.perfringens*감소 *Veillonella*증가	유기산증가 부패물질감소	변비개선 혈청지질개서
소	*Lactobacillus*증가	*C.perfringens*감소		체중증가촉진
돼 지	*Streptococcus*증가	*Clostridium*감소 *Megasphaera*증가	부패물질감소	체중증가촉진 사료효율향상
개	*Lactobacillus*증가	*C.perfringens*감소	부패물질감소	건강유지
토 끼	*Bifidus*증가	*Bacteroides*증가	유기산증가 부패물질감소	

6) 혈청지질개선효과

고혈압 환자 46명에게 프락토올리고당을 12g, 설탕을 12g씩 각각 5주간 섭취시킨 결과 프락토올리고당을 섭취한 군은 혈청콜레스테롤, triglyceride, 유리지방산, 혈당, 혈압이 저하되었지만 설탕군은 오히려 상승했다.<그림 8-9, 10>

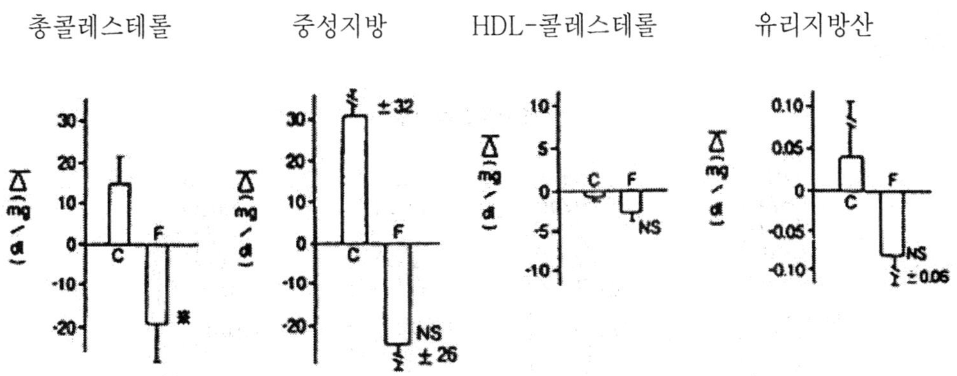

그림 8-9. 프락토올리고당의 혈청지질에 대한 효과

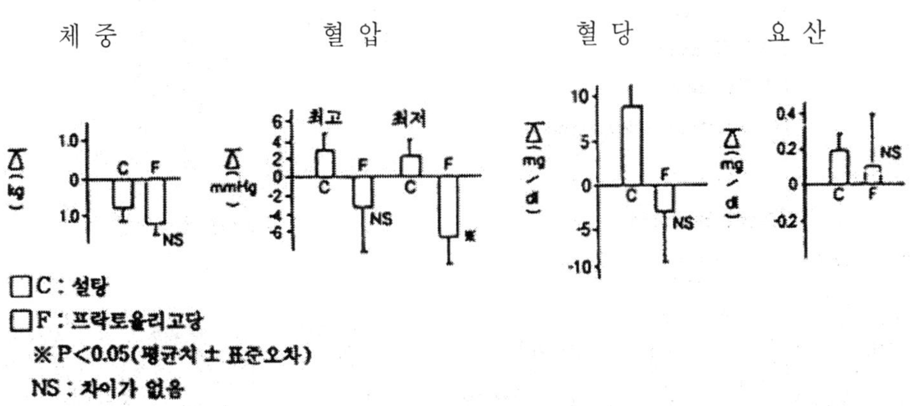

그림 8-10. 프락토올리고당의 체중, 혈압, 혈당, 요산에 대한 효과

2. 올리고당의 특성 및 식품에의 응용

올리고당 중에서 현재 국내 시판되고 있는 올리고당은 프락토올리고당을 비롯해서 이소말토올리고당, 갈락토올리고당, 대두올리고당 등이 있으며 이중 프락토올리고당, 이소말토올리고당, 갈락토올리고당의 특성 및 기능성, 물성, 식품에의 이용 등을 종합적으로 살펴보면 다음과 같다.

1) 구 조

프락토올리고당

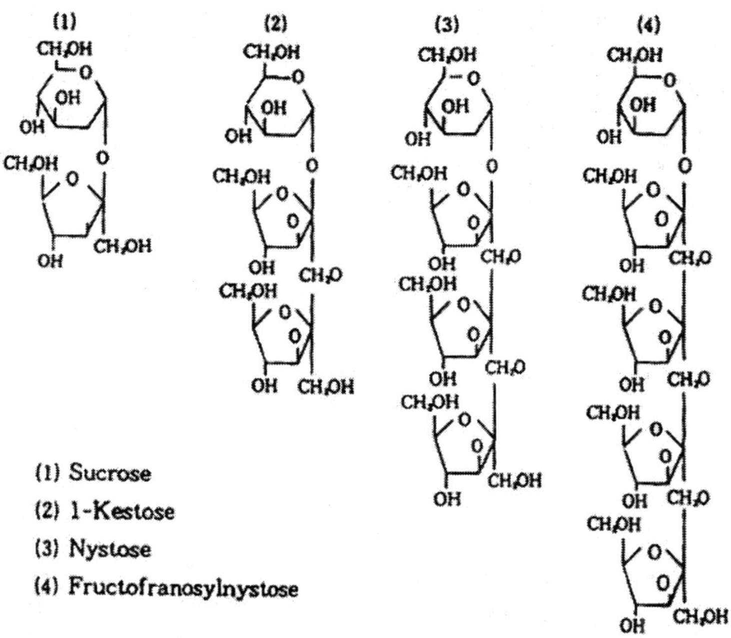

이소말토올리고당

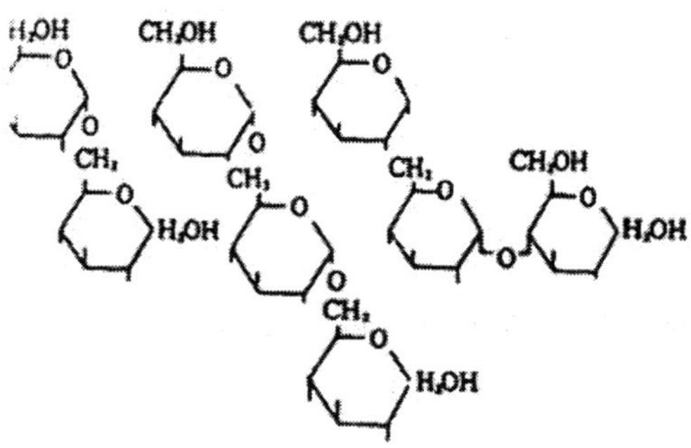

갈락토올리고당

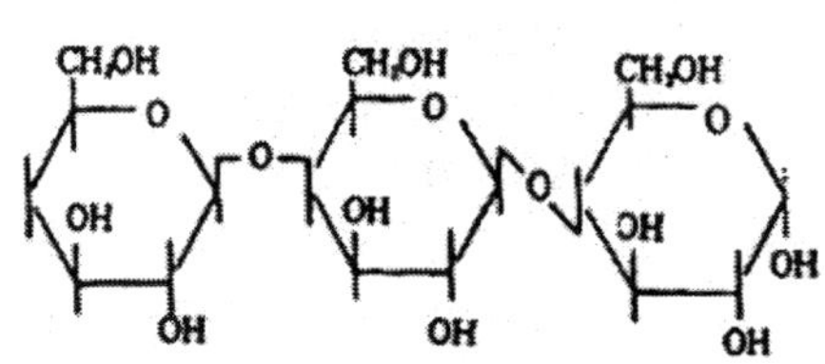

2) 원료 및 제조방법

구 분	프락토올리고당	이소말토올리고당	갈락토올리고당
1) 원 료	설 탕	전 분	유 당
2) 제 법	설탕→프락토 올리고당	전분→이소말토올리고당	유당→갈락토올리고당
3) 효 소	과당전이효소	분지당생성효소	β-galactosidase
4) 주성분	설탕, 과당결합체	Isomaltooligo당	Galactooligo당
5) 자연계	양파, 우엉, 바나나, 벌꿀	청주, 된장	모유, 우유

3) 올리고당의 기능성

구 분	프락토올리고당	이소말토올리고당	갈락토올리고당
1) 정장작용	장내세균중 Bifidus균을 증식시키고 부패균을 감소시킨다.	유사함	유사함
2) 난소화성	소장내 효소에 의해 거의 분해되지 않고 대장에 도달한다.	소장내에서 소화되어 에너지원으로 사용됨.	프락토올리고당과 유사함
3) 칼 로 리	1.5㎉/g	2~2.5㎉/g	1.5㎉/g
4) 난충치성	구강세균이 이용하지 못함 효과 우수함	유사함	유사함
5) 감 미 (설탕대비)	유사한 부드러운 감미를 갖는다.	유사함	유사함
6) 감 미 도	60 (설탕의 감미도 100기준)	52	60

4) 올리고당의 물성

구 분	프락토올리고당	이소말토올리고당	갈락토올리고당
1) 보습성 (설탕, 물엿과 비교)	유사함	우수함 (빵, cake 등에 사용)	유사함
2) 점 성 (설탕과 비교)	유사함	유사함	유사함
3) 열안정성	130℃까지 안정함	170℃까지 안정함	180℃까지 안정함
4) 갈변성	비환원당으로 갈변이 일어나지않음	식품중의 아미노산과 반응하여 갈변이 일어남	다른 환원당에 비해 착색도가 현저히 낮음
5) 전분의 노화방지	효과없음	빵, 과자 등 전분함유 식품에 사용시 식품의 품질유지에 효과가 크다.	
6) 내산성	약 함	강 함	매우강함(pH3, 120℃에서도 거의 분해가 일어나지 않음)
7) 점성 (설탕용액과 비교시)	유사함	유사함	유사함
8) 발효성	효모에 의해 발효되어 감미가 떨어지며 보습성이 나빠짐	효모에 의해 발효되지 않으므로 감미유지 및 보습성 효과가 크다	이소말토 올리고당과 유사함

5) 용 도

구 분	프락토올리고당	이소말토올리고당	갈락토올리고당
1) 제 빵	식빵, 과자빵, 조리빵	식빵, 과자빵	빵
2) 제 과	캔디, 쿠키, 젤리, 화과자, 양생과자, 쨈, 쵸코렛	캔디, 젤리, 버터크림, 쨈, 쵸코렛	캔디, 쿠키, 비스켓, 케이크, 스낵
3) 빙 과	아이스크림, 샤베트, 아이스캔디	샤베트	아이스크림
4) 음 료	우유 및 유산균음료, 커피음료, 청량음료, 알콜음료, 두유음료 등	커피, 홍차, 우유 등	유산균음료
5) 조미료		식초, 소스, 풍미조미료등	
6) 기 타	건강식품, 축육가공품, 수산연제품, 두부, 납두, 사료 등		

제3절 오메가 지방산의 현황과 기능

1. 오메가 지방산

지방산은 분자 내의 이중결합 유무에 따라 포화지방산과 불포화지방산으로 크게 구분되며 이러한 지방산의 명명법에는 크게 두 가지 방법이 있다.

첫째는, △ numbering 또는 그리스 문자체계에 따라서 카르복실기로부터 번호를 부여하는 방법과 둘째는 오메가 번호체계에 따르는 베칠기로부터 번호를 부여하는 방법이 있다.

ω-Termius $CH_3 - CH_2 - CH_2 - CH_2 - CH_2 - CH_2 - CH_2 - CH_2 - CH_2 - COOH$ Caroxyl terminus

Δ numbering	10	9	8	7	6	5	4	3	2	1
n or numbering	1	2	3	4	5	6	7	8	9	10
Letter designation	ω	ω-1				δ	γ	β	α	

지방산의 일반 명명법

따라서, 오메가 지방산이란 지방산의 알킬사슬구조 중 가장 끝에 있는 메칠기(CH_3-)로부터 시작하여 탄소원자번호를 부여하였을 때 최초 이중결합의 위치에 따라서 명명한다.

예로, n-7 계열에 속하는 Palmitoleic acid (16 : 1 n-7)는 16개의 탄소수를 가지며 1개의 이중결합이 있는데 그것은 맨끝 메칠기로부터 시작하여 7번째와 8번째 탄소사이에 최초의 이중결합이 존재한다.

2. 오메가 지방산의 종류와 급원

지방산은 포화지방산과 불포화지방산으로 크게 구분되며, 불포화지방산은 일가 또는 단일불포화지방산(MUFA)과 다가, 다중 또는 고도불포화지방산으로 구분된다. 일가불포화지방산은 지방산의 알킬사슬구조 중 이중결합 한 개가 있는 것으로써 W3와 W6이 포함된다.

지방산의 분류

분류		구조식	지 방 산 이 름 일반명(Common name)	 계통명(Systemic name)
포화지방산(SFA)		12: 0	Lauric	Dodecanoic
		14: 0	Myristic	Tetradecanoic
		15: 0	-	Pentadecanic
		16: 0	Palmitic	Hexadecanoic
		17: 0	Margaric	Septadecanoic
		18: 0	Stearic	Octadecanoic
불포화지방산(USFA)	일 가 (MUFA)	14: 1ω9	Myristoleic	△9-Tetradecenoic
		16: 1ω7	Palaitoleic	△9-Hexadecenoic
		17: 1	Magaroleic	-
		18: 1ω9	Oleic	△9-Octadecenoic
	다 가 (PUFA)	18: 2ω6	Linoleic	△9,12-Octadecadienoic
		18: 3ω6	ɣ-Linoleic	△6,9,12-Octadecatrienoic
		18: 3ω3	α-Linoleic	△9,12,15-Octadecatrienoic
		18: 4ω3	-	△6,9,12,15-Octadecatetraenoic
		20: 3ω6	Dihomo-ɣ-Linoleic	△8.11.14-Eicosatrienoic
		20: 4ω6	Archidonic	△5.8.11.14-Eicosatetraenoic
		20: 4ω3	Eicosatetraenoic	△8,11,14,17-Eicosatetraenoic
		20: 5ω3	Eicosapentaenoic(EPA)	△5,8,11,14,17-Eicosapentaenoic
		22: 4ω6	Docosatetraenoic	△7,10,13,16-Docosatetraenoic
		22: 5ω3	Docosapentaenoic(DPA)	△4,8,12,15,19-Docosapentaenoic
		22: 6ω3	Docosahexaenoic(DHA)	△4,7,10,13,16,19-Docosahexaenoic

1) 오메가 3계열

오메가 3계열의 지방산 (Omega 3 fatty acid, w3 n-3)은 리놀레닌산(18:3 W3)과 EPA(20:5 W3)가 대표적으로 중요한 지방산이다.

리놀레닌산(LNA, 18:3 W3)은 오메가 3계열의 모지방산(parant fatty acid)으로서 들기름, 아마인유를 비롯한 몇 가지 식용유에 풍부히 함유되어 있다. 들기름은 총지방산의 56% 정도가 LNA이며 아마인유는 53%, 채조유는 11%가 LNA이다.

EPA, DHA는 물고기, 어유 및 기타 바다식품(sea food)에 풍부히 함유되어 있는 리놀레닌산의 최종 대사산물로써 특히, EPA, DHA는 최근에 많은 관심사가 되고 있다.

물고기는 프랑크톤(plankton) 및 해조식물 내 천연기름등을 섭취함으로써 LNA로부터 EPA, DHA등을 합성하는 능력이 크기 때문에 물고기 조직 및 어유 내 이와 같은 오메가 3계열 지방산들이 풍부하게 축적된다.

또 물고기에서 EPA와 DHA 함량은 TG보다 인지질에 많다.

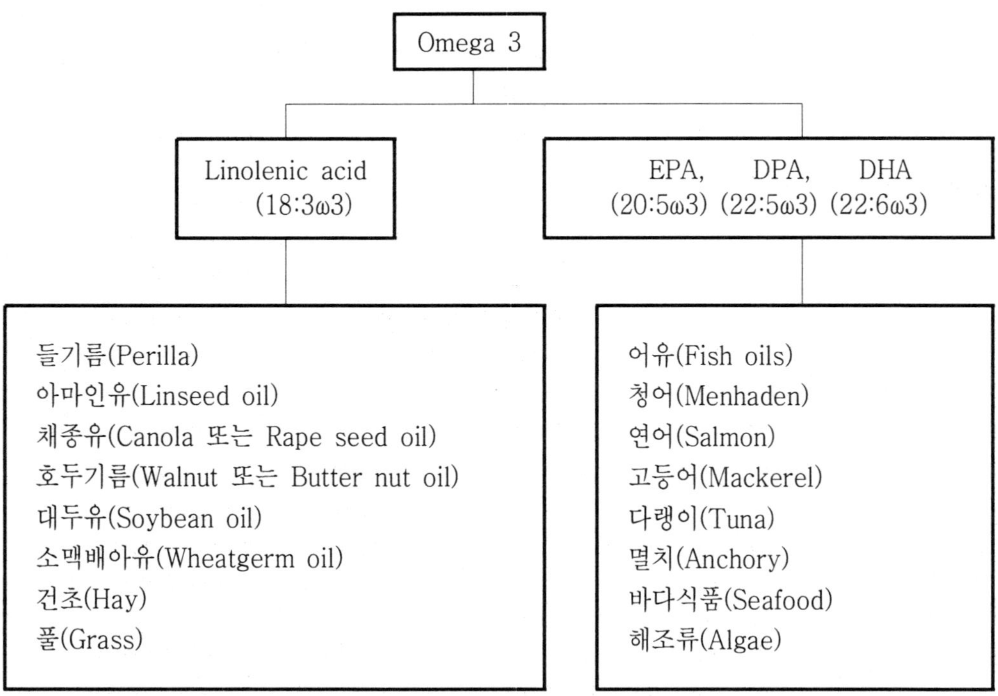

Omega 3 계열 지방산의 급원

2) 오메가 6계열

오메가 6계열의 지방산(Omega 6, ω6, n-6)은 리놀레익산(18:2 ω6), 감마 리놀레닌산(γ-18:3 ω6), 아라키돈산(20:4 ω6)등이 주로 연구되고 있다.

리놀레익산(LA, 18:2 ω6)오메가 6계열의 모지방산(Parent fatty acid)으로써 옥수수유, 대두유를 포함한 모든 식물성 기름에 풍부하게 들어있다. 특히, 홍화유 또는 잇꽃유라 불리우는 safflower seed oil 에는 LA가 총지방산의 72~78%로 가장 많이 함유되어 있으며 해바라기씨유는 67%, ω3과 ω6 지방산의 생체대사경로 및 기능은 서로 다르고 상호전환이 불가능하며 또한 서로 경쟁적 제어작용을 갖는 효소체계와 연관되어 있다. 따라서 생체내에서 ω6계열의 유도체는 LA의 공급으로부터 합성되는 것으로 알려지고 있다.

최적의 오메가 ω3와 ω6계열 지방산의 비율 (ω3/ω6)은 아직까지 확실히 규명된 바 없으며 일본의 오쿠야마교수는 적어도 이 비율이 1:1 정도는 유지되어야 할 것으로 보고한 바 있다.

이 분야는 혈전, 혈액응고 및 혈관수축에 따를 각종 성인병 예방차원에서 대단히 중요하게 다루어지고 있으므로 앞으로보다 많은 연구가 필요하다.

식생활 개선과 생활환경 변화에 따라 암과 심장혈관계 질환에 의한 사망률이 날로 증가하고 있다. 한편 의학, 생물학적 연구로 혈관반응, 염증, 혈소판 기능, 조혈, 면역억제기능 등에 대해 오메가 지방산의 다채로운 인체생리활성이 알려지고 있으며 정상 혹은 병적인 많은 장기에 있어서 중요한 역할을 하고 있음이 밝혀졌다. 이로써 지금까지의 지방섭취의 개념을 새롭게하는 계기가 되었다.

그 중 n-3계와 n-6계열 지방산은 n-9계열과 달리 다른 지방산으로부터 생합성되지 않는 필수 지방산이며 포유동물에서는 ω6계열과 ω3계열의 상호변환이 불가능함으로 각자가 필수의 기능을 하고 있다.

(1) n-6계열 지방산

n-6계열 '지방산은 필수지방산' 중 리놀레익산(18:2 ω6)을 출발물질로 포유동물의 체내에서 생합성되는 중간대사산물을 포함해 모든 대사지방산을 가리키는 말이다. 여기에서 리놀레익산은 γ-LNA, 디호모 감마리놀레닉산을 거쳐 아라키돈산으로 대사된다.

또 n-6계열 지방산과 n-3계열 지방산의 생리적인 필요량을 비교하면 n-6계열 지방산의 최저필요량은 총에너지의 2%정도임에 대해서 n-3계열 지방산의 리놀레닌산(18:3 ω3)은 1/10이나 1/5정도 수준으로 충분하기 때문이다.

가. 리놀레익산(Linoleic acid, 18:2 ω6)

리놀레익산의 생리기능은 지금까지 필수지방산의 대표적 존재로서 널리 알려져왔다. 우리가 흔히 말하는 식물성 기름 중 주위에서 가장 쉽게 볼 수 있는 참깨, 콩, 옥수수, 면실, 해바라기와 같은 종자유에 특히 많은 리놀레익산은 n-6계열의 출발점으로써 대단히 중요하다.

리놀레익산은 심장의 호흡기능 유지에 중요한 역할을 하고 있으며, 그 자체의 필수성 이외에 여러가지 특수한 생리효과가 있음이 입증되고 있다.

특히 혈액 콜레스테롤 중에서도 LDL-콜레스테롤의 저하작용이 많이 알려져 있는데, 이것은 혈액 콜레스테롤의 2/3가 리놀레익산 에스테르형으로써 올레익산 에스테르보다 빨리 대사되기 때문이다.

리놀레익산의 혈압강하 작용도 널리 알려져 있는데, 이 효과는 리놀레익산의 섭취량을 4%에서 8%로 증가시키면 수축기와 확장기의 혈압을 낮춘다는 것이다.

나. 감마리놀레닉산(ɣ-Linoleic acid, ɣ-18:3 ω6)

n-6계열 지방산의 대사물 중 하나인 ɣ-LNA는 혈액이나 각조직에서 거의 미량으로 존재한다. 자연계에서 ɣ-LNA는 모유나 달맞이꽃, 서양자초 등 특수한 식물유지에 함유되어 있다.

대표적인 생리효과로써는 혈중콜레스테롤의 저하작용, 항알레르기 효과, 알코올에 의한 지방간의 억제, 생리통의 경감 등이 있다. 특히 아토피성 피부염의 치료 효과가 많이 보고되고 있다.

다. 아라키도닉산(Alachdonic acid, 20;4 ω6)

n-6계열의 최종 대사산물이라고도 할 수 있는 아라키도닉산은 신체 거의 모든 조직에서 세포막을 구성하고 있는 인지질 혹은 콜레스테롤에 에스테르형으로 결합되어 있다가 세포가 여러 가지 정보나 자극을 받으면 효소(phospholipase A_2 · C)에 의해 세포막으로부터 세포질 내로 유리되어 나온다.

세포는 이 아라키도닉산을 원료로 해서 사이콜로옥시게나제나 리폭시게나제와 같은 효소가 프로스타그란딘, 트롬복산, 로이코트리엔산, 그리고 리포키산 등과 같은 생물학적 활성을 가지는 여러 가지 생리활성물질을 만들어 세포기능을 미묘하게 조절한다.

필수 지방산이라 알려진 아라키도닉산을 외부에서 섭취하지 않아도 체내에서 필수지방산인 리놀레익산으로부터 대사되기 때문에 엄격히 말하면 필수지방산이라 할 수 없을지도 모른다. 그러나 체내에서 리놀레익산으로부터 아라키도닉산으로의 대사가 반드시 이루어질 수는 없다는 것과 아라키도닉산이 가지는 체내에서의 중요한 생리적 기능으로 볼 때 그 필수성이 충분하다고 생각한다.

(2) n-3계열 지방산

n-3계열 지방산이라 함은 필수지방산인 LNA를 출발물질로써 포유동물의 체내에서 생합성되어지는 중간대사산물을 포함한 모든 대사 지방산을 말한다.

지금까지 알려진 n-3계열 지방산의 생리 기능으로써는 혈액 콜레스테롤 저하 효과를 통한 각종 심장 혈관계 질환의 예방효과, 항종양효과, 기억 학습능력의 저하 예방효과 등이 알려져 있고, 또 눈의 기능향상, 알레르기 질환의 예방, 당뇨병의 치료, 피부를 윤기있게 하는 등의 여러 가지 생리효과가 기대되고 있으나 그 연구 역사가 아직 짧아 그 자료가 충분하지 못한 실정이다.

가. 리놀레닉산(Linolenic acid, 18:3 ω3)

리놀레닉산은 n-3계열 지방산의 출발물질로써 주로 식물성 프랑크톤, 야채 등에 많으며 종실유로는 들깨유나 아마인유 등에 특히 많이 들어있다.

필수지방산의 결핍증은 성장억제, 피부병, 불임증 등을 주증상으로 하는데 n-6계열의 리놀레익산이나 아라키도닉산을 보급하면 이 증상은 완치되나, n-3계열의 LNA만으로는 부분적으로만 치료가 된다.

한편 최근 n-3계열의 지방산은 뇌, 신경, 근육 등에 주로 많이 함유되어 있고 이들 조직의 기능에 꼭 필요한 것이라는 보고가 나오기 시작하면서 LNA의 필수성이 재평가되기 시작했다.

1980년대에는 LNA 결핍증에 의한 신경계의 이상이 보고되었으며, 그 이후엔 암이나 알레르기와의 관련으로도 많은 관심이 모아지고 있다. 특히 LNA는 EPA를 거쳐서 DHA로 대사되는데 EPA와 DHA는 서로 상호 전환도 이루어지는 것으로 알려져 있다.

또 LNA는 n-3계열과 n-6계열의 생체 균형에 아주 중요한 역할을 한다. 분자구조 학상 대사의 첫단계에서 LNA는 리놀레익산과 같이 $\triangle^{6-}$불포화효소를 사용함으로써 n-6계열의 지방산대사를 억제하고 또 n-3계열과 n-6계열의 균형을 조정한다.

나. EPA

에스키모인들이 덴마크의 백인들에 비해 출혈시간 (Bleeding time)이 길고, 또 심장 혈관계 질환이 거의 없으며 그 원인은 체질적인 유전자소인보다 이들의 식사 내용과 관련이 있다는 보고가 있다. 이들 에스키모인들은 덴마크 백인과 비교해 혈액 응고 인자에는 차이가 없음에도 불구하고 출혈시간이 확실히 길고, 혈소판 응집능력이 뚜렷이 낮음을 밝혀내었다.

동시에 혈소판의 지방산 구성의 분석결과에서 에스키모인에게는 아라키도닉산과 EPA의 비율이 1:1정도임에 비해 덴마크인은 30:1정도로 에스키모인의 혈소판에 아라키도닉산의 함량이 적고 오히려 EPA가 굉장히 많음을 알았다. 이로써 n-3계열 지방산, 특히 어유중에 많이 들어있는 EPA를 중심으로 연구가 활발히 전개되어 그 결과, 혈전증이나 동맥경화증 등의 순환기 질환의 예방 및 치료와 유방암이나 대장암 등의 여러 가지 질환에 대한 치료와 효과들이 많은 연구 결과로 밝혀지고 있다.

다. DHA

DHA는 참치, 방어, 고등어, 꽁치, 정어리, 장어 등 우리 주위에서 흔히 볼 수 있는 생선에 특히 많이 들어 있다. DHA는 우리 체내에서 뇌, 신경, 망막, 심장 및 정소 등에 국한적으로 많이 들어 있으며 모유에도 소량이나마 들어 있다.

포유동물에는 DHA의 생합성 경로가 LNA로부터 EPA를 거쳐 합성되는데, 다만 사람의 경우에는 이들 합성효소 체계가 약하므로 바다식품인 해조류나 등푸른 생선 등으로부터 직접 섭취하는 것이 대부분이다.

동물실험에서 DHA의 결핍에 의해서 시력이 저하되는 연구 결과가 나왔으며, 혈중의 콜레스테롤과 TG의 저하 및 혈전방지에 LNA나 EPA에 못지않은 효과를 입증하였다. 백혈병 및 폐암은 물론 대장암에서는 DHA의 효과가 가장 좋다는 연구 결과도 나와 있다.

3. 심장혈관계 질환과 n-3 지방산

심장혈관계질환은 심장과 고혈압, 심장마비, 심부전, 뇌졸증 등 혈관계 질환을 말한다. 이들 질환으로 지구상의 전체사망자의 25%가 사망하고 있으며 우리나라에서도 그 사망률이 30%에 달한다.

특히, 최근엔 뇌경색 또는 뇌혈전의 증가하는 추세이다. 이들 심장계 질환의 원인으로써 동맥경화가 먼저 선행되는 경우가 많은데 직접적인 원인은 혈액중에 혈전이 많이 형성돼 이것이 혈관동맥에 막힘으로써 일어난다.

혈전 형성에 있어서는 혈소판에서 만들어지는 TXA2와 혈관벽으로부터 분비되는 PGI2라고하는 유사물질간에 서로 강력하게 대조적인 작용, 즉 TXA2가 우세하면 혈전경향을 띄게 되어 동맥경화가 진전되고 PGI2가 우세하면 출혈경향이 나타난다는 것이다. 심근경색이나 협심증 등의 원인이 되는 혈전증에 어유를 섭취하면 혈소판 응집억제 작용이 강해져 혈전이 방지된다.

따라서 이들 심장혈관계 질환은 식이성 n-3지방산인 EPA/DHA에 의해 효과적으로 영향을 받는다. n-6다가 불포화 지방산에 비해 EPA/DHA의 계속적인 섭취는 고혈압 환자의 혈압을 낮추어 준다. EPA를 함유한 어류는 생체 실험에서 혈소판 응집 TXA_2합성, 혈소판의 혈관벽 부착을 현저히 감소시켰다.

4. n-3 지방산의 항암효과

발암은 첫째 사람의 생체내 세포의 유전자에 돌연변이가 일어나 생기는데 이 돌연변이의 80-90%가 흔히 말하는 발암물질에 의해 시작된다.

또 하나의 암발생 이유로써 체내의 생리 활성 물질인 프로스타그란딘과의 관련설인데, 프로스타그란딘 중에서도 PGE2가 특히 암과 관련이 있다는 것이다.

PGE는 아라키도닉산으로부터 만들어지는데, 암세포 속에서 PGE2가 많이 생기게 되면 면역력이 약해져서 암세포의 증식을 촉진하는 결과가 된다. 그러나 n-3지방산과 n-6지방산과는 서로 경쟁관계에 있으므로 n-3지방산이 PGE2의 생성을 억제함으로써 암발생을 줄일 수도 있다.

5. 뇌기능과 n-3 지방산

동물실험결과 n-3지방산은 기억학습능력과 상당히 깊은 관계가 있음이 나타났다. 뇌에는 n-3지방산인 DHA가 대부분이고, 뇌의 기능에 있어서 중요한 부분이라 할 수 있는 시납스나 미토콘드리아 등에 많이 분포되어 있다.

임상실험결과 어린아이의 뇌 발달에 있어서 n-3지방산인 DHA가 중요한 역할을 하고 있음을 알 수 있었으며, 또한 노인에 있어서도 건강한 뇌의 기능을 유지 증진하기 위해서는 충분한 양의 n-3지방산을 섭취하는 것이 바람직하다고 밝히고 있다.

6. Omega 지방산 이용의 문제점

<산패방지법>

오메가 지방산 이용시 그 다가불포화지방산의 기본구조를 유지하기 위해서는 유지를 다루거나 저장할 때 주의해서 취급해야 한다. 특히 EPA와 DHA등의 메칠렌을 포함한 디엔계 다가불포화지방산은 산화에 매우 민감하다. 따라서 대기중의 산소와 쉽게 반응하여 바람직하지 않은 물질을 생성한다. 유지의 산화가 심할 경우 다가불포화지방산의 산화 생성물에 의한 독성을 나타내기 때문에 영양급원으로는 사용할 수 없다.

따라서 산화를 최소화하기 위해서는 동결, 빛으로부터 차단, 그리고 불활성기체가 들어있는 용기에 저장하거나 항산화제를 사용하는 것과 같은 적절한 보존조건을 사용해야 한다.

◎ 산화방지제

항산화제는 산화과정을 억제하거나 지연시키는 성분으로써 천연항산화제와 합성항산화제가 있다. 이들 항산화제는 산화의 초기단계, 또 초기증식단계에 작용한다.

우리가 쉽게 사용할 수 있는 항산화제는 낮은 농도에서도 효과가 커야하며, 적당한 가격, 용해성이 용이하며 가공 또는 저장 중 효과가 변하지 않고 이상한 냄새가 나지 않아야 한다. 일반적으로 항산화제는 어유 중에 0.02%-0.08%를 직접 첨가하고 있다.

(1) 천연에 존재하는 항산화제

① Tocopherol : 종자유, 과실류, 야채류의 조직에 분포, 동물조직에도 미량분포

② Tannine : 가수분해성 tannine에 함유된 gallic acid와 digallic acid가 항산화성 가짐

③ Flavonoide : Hesperidine, rutin, quercetin, catechin 등

④ Gum guaiac : Guaiac acid, α- 및 β-guaiac acid 등의 phenol성 화합물이 항산화성 가짐. 유지·버터에 이용

⑤ 방향류(Spices) : 생강의 curcum, 정향나무의 euqenol

⑥ Sesamol : 참깨기름에 존재

⑦ Gossypol : 목화씨 油에 상당량 존재. 비교적 강력한 항산화력을 가지나 독성 있어 정제시 제거할 필요가 있다.

⑧ 인지질(Lecithin)

(2) 합성항산화제

식용유지나 지방식품에 사용되는 합성 항산화제는 주로 phenol계 항산화제들이다.

① BHA(butylated hydroxyanisole)

② BHT(butylated hydroxytoluene)

③ PG(propyl gallate)

④ NDGA(nordihydro-guaiaretic acid)

⑤ EP(ethyl protocatechuate)

* 기타 : 정향, 계피, 로즈마리, 오레가노 같은 향신료들이 높은 항산화 활성을 나타내었고 합성항산화제와 같이 사용했을 때 상승효과가 뛰어난 것으로 알려지고 있다. 최근에는 항산화 활성을 나타내는 천연 성분에 관한 연구가 모아지고 있다.

< 대두레시틴과 난황레시틴의 인지질 조성>

인지질	대두 레시틴	난황 레시틴
Phosphatidyl choline	23~30	68~73
Lysophosphaticyl choline	1~2	3~6
Phosphatidyl ethanol amine	18~25	13~18
Lysophosphaticyl ethanol amine	1~2	2~3
Phosphatidyl serine	3~5	-
Phosphatidyl inositol	14~20	1
Lysophosphatidy inositol	1~2	-
Sphingomyelin	-	2~3
Plasmaogen	-	1
Cardiolipid	10~17	-
Phosphatidic Acid	1~3	-

<대두레시틴과 난황레시틴의 지방산 조성(%)>

지방산	대두레시틴	난황레시틴
팔미트산	17~21	35~37
스테아르산	4~6	9~15
올레산	12~15	33~37
리놀레산	53~57	12~27
리놀렌산	6~7	0.5

<포화지방산과 불포화지방산의 융점>

포화지방산	융점(℃)	불포화지방산	융점(℃)
스테아르산(Stearica acid)	71.5	올레산(oleic acid)	11.3
팔미트산(palmitic acid)	63.1	리놀레산(Linoleic acid)	-5.2
라우르산(Lauric acid)	44.2	리놀렌산(Linolenic acid)	-11.2
		EPA	-49.5이하
		DHA	-49.5이하

EPA(Eicosapentaenoic acid)

DHA(Docosa Hexaenoic Acid)

〈불포화 지방산의 생합성〉

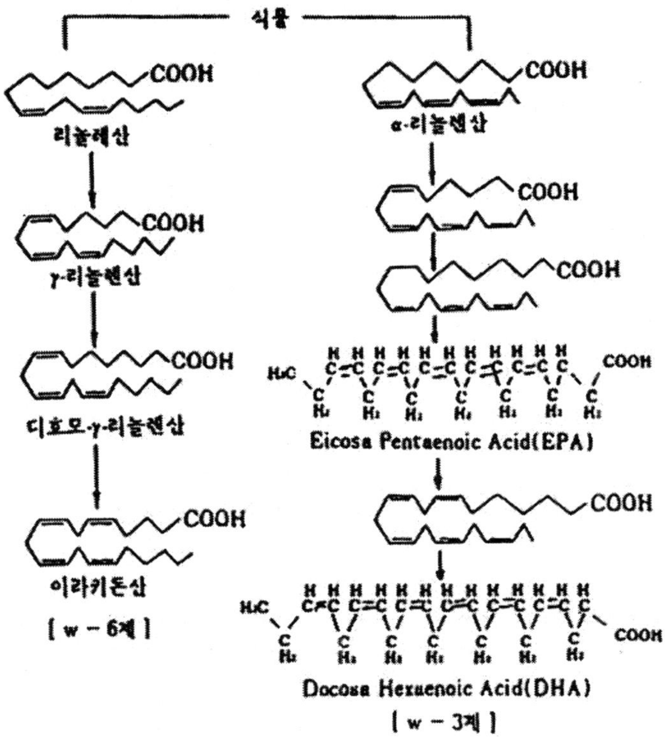

〈식물성 기름 중 리놀레산과 리놀렌산의 함량(%)〉

지방산	리놀레산	리놀렌산
들깨기름	14	64
아마인기름	15.4-16.1	58.-60.6
올리브유	7.2-13.0	0.9
참깨기름	43.3-44.4	tr.-0.3
미강유	38.2	1.5
대두유	53.7-55.8	6.4-10.1
옥배유	41.6-57.6	0.7-1.0
유채 기름	19.1-22.7	9.8
팜유	8.8-9.8	tr.-0.1
해바라기기름	65.8-67.5	0.6-2.9
면실유	51.3-56.0	tr.
야자유	1.2	-
땅콩기름	31.6-41.7	1.0-1.8

<동물 유지의 지방산 조성(%)>

지방산	리놀레산	리놀렌산	아라키돈산	EPA	DHA
[육상동물]					
우 지	tr.-3.3	tr.-1.1	-	-	-
돈 지	12.1-14.1	0.6-1.4	-	-	-
양 지	2.2	1.7	-	-	-
닭기름	14.4	-	-	-	-
[수산동물]					
오징어	1.2	0.2	10.2	8.4	17.1
정어리	1.2-1.6	-	0.9-1.2	7.8-9.8	15.3-34.4
고등어	1.1-1.4	-	1.3-1.7	8.1-9.5	10.6-14.6
꽁 치	1.3-1.6	15.8-20.1	17.1-23.4	4.8-6.4	7.3-15.4
상어간	-	-	-	-	-
명 태	0.5	-	0.8	12.6	-6.0
향유고래	0.6	0.5	-	-	-
밍크고래	2.5	0.9	-	10.7	-8.8

<달맞이 기름의 종류와 지방산 조성>

종 류	GLA	0 : 1	Fatty acid	
	(% of Seed)	(% wt.)	18 : 3	18 : 2
Onagracease				
O.Hookeri	1.7	24.1	7.0	74.0
O.Lamarckiana Ser.	2.3	28.5	8.2	62.2
O.Stricta Stend	0.6	0.6	1.9	75.8

<연어알의 지방산 조성>

지방산	%
미리스트산	5.1
팔미트산	15.2
스테아르산	4.5
올레산	19.5
리놀레산	1.7
리놀렌산	1.1
아라키돈산	1.3
EPA	7.8
DHA	14.6

〈사람이 필요로 하는 아미노산의 분포와 양〉

아미노산	필요량(mg./kg.body wt./day)				
	유아 (4-6개월)	어린이 (10-12개월)	어른	인유	계란
Histidine	33	?	?	23	24
Isoleucine	83	28	12	56	63
Leucine	135	42	16	95	88
Lysine	99	44	12	68	68
Methionine&Cystine	49	22	10	40	56
Phenylalanine&tyrosine	141	22	16	99	98
Threonine	68	28	8	46	49
Tryptophane	21	4	3	17	16
Valine	92	25	14	63	72

〈닭고기의 일반적 성분 조사〉

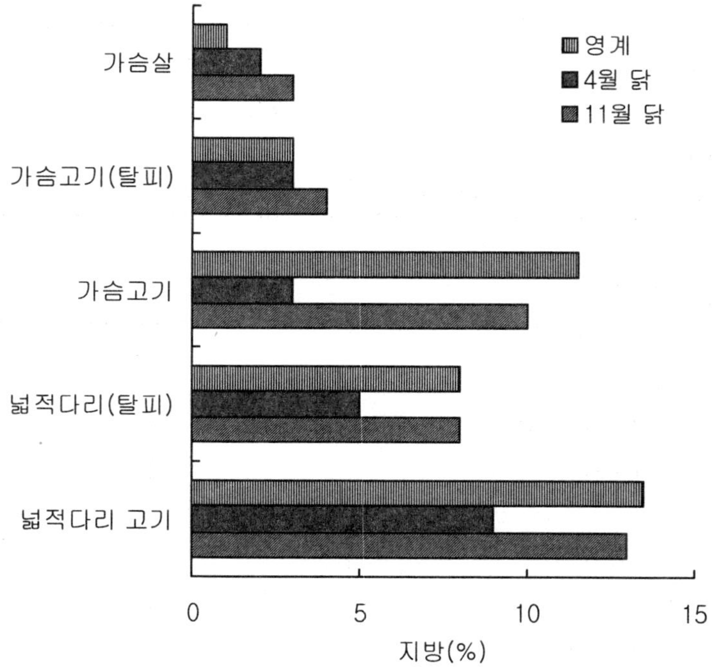

〈닭고기 지방의 녹는점〉

구분	부위	녹는점(℃)
11월 닭	피하 지방	17.4±1.2
	복강내 지방	19.1±1.5
4월 닭	복강내 지방	18.4±0.6
	피하 지방	18.7±1.0
영 계	복강내 지방	20.0±0.4

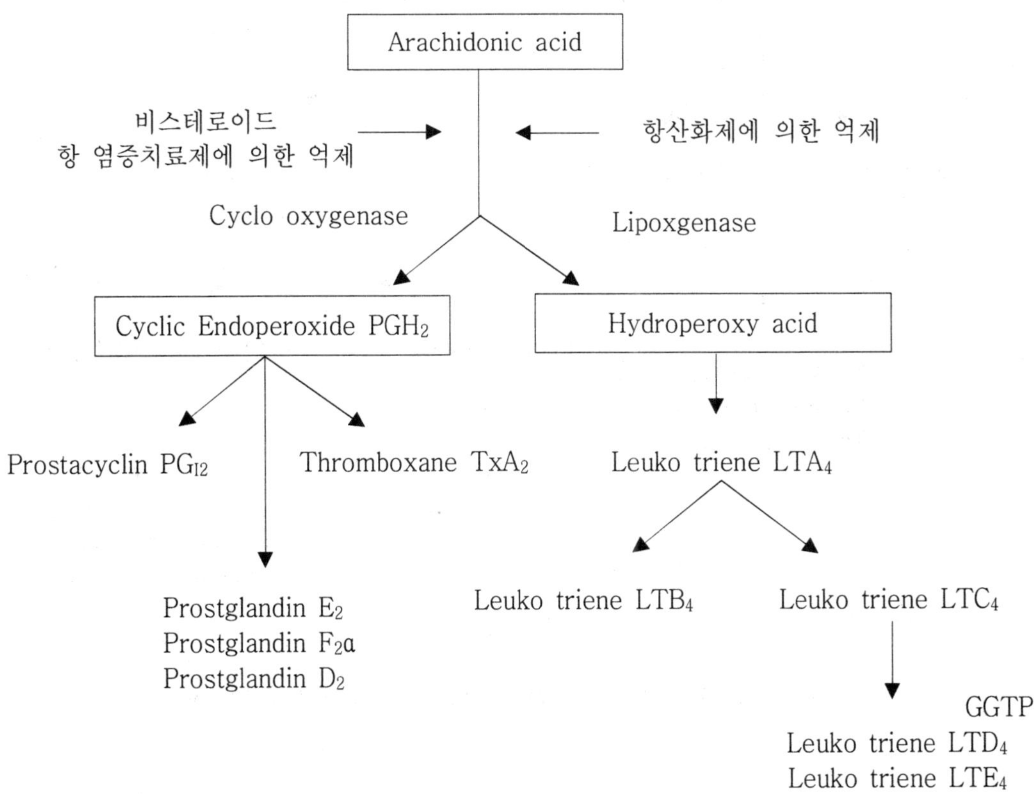

그림 8-11. Arachidonic acid가 eicosanoids로의 전환경로

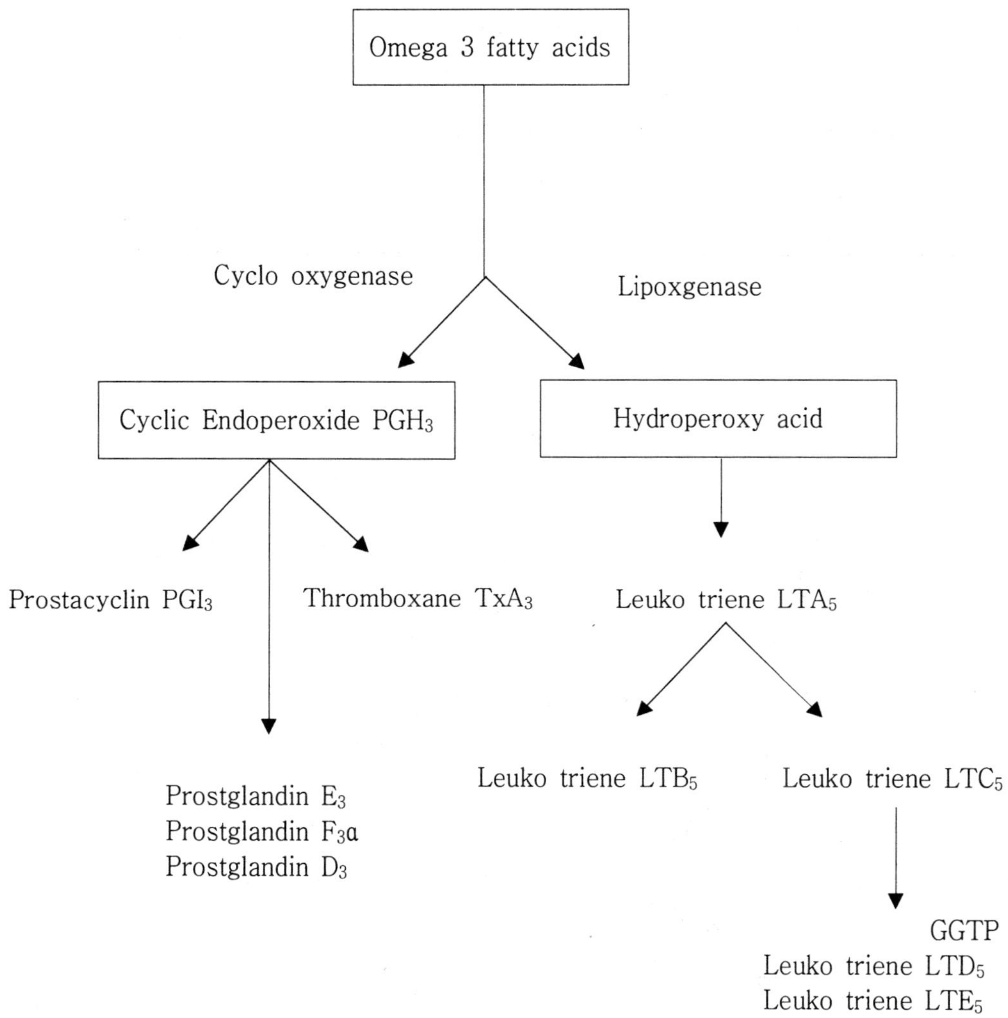

그림 8-12. Omega 3 지방산이 eicosanoids로의 전환경로

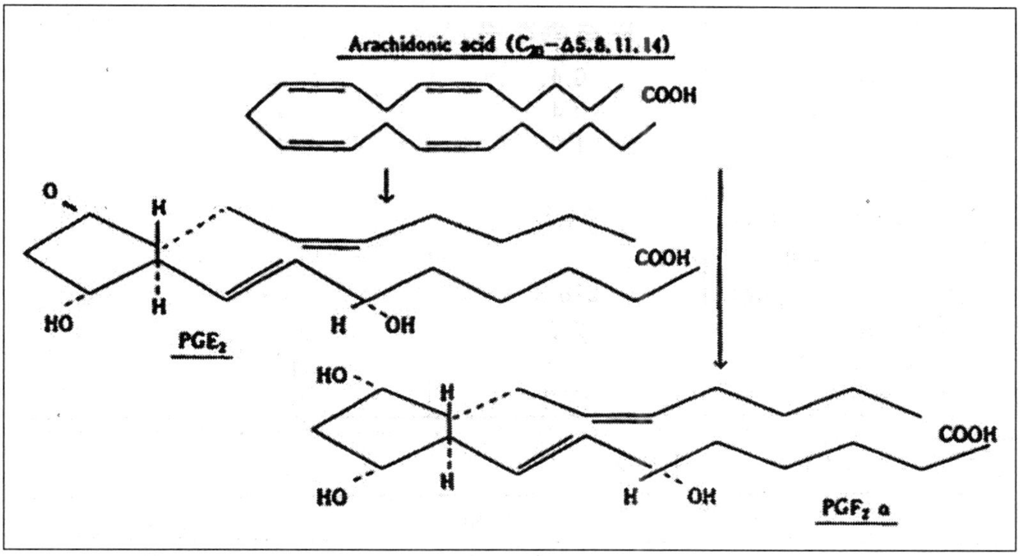

〈아라키돈산으로부터 PGE_2 생성〉

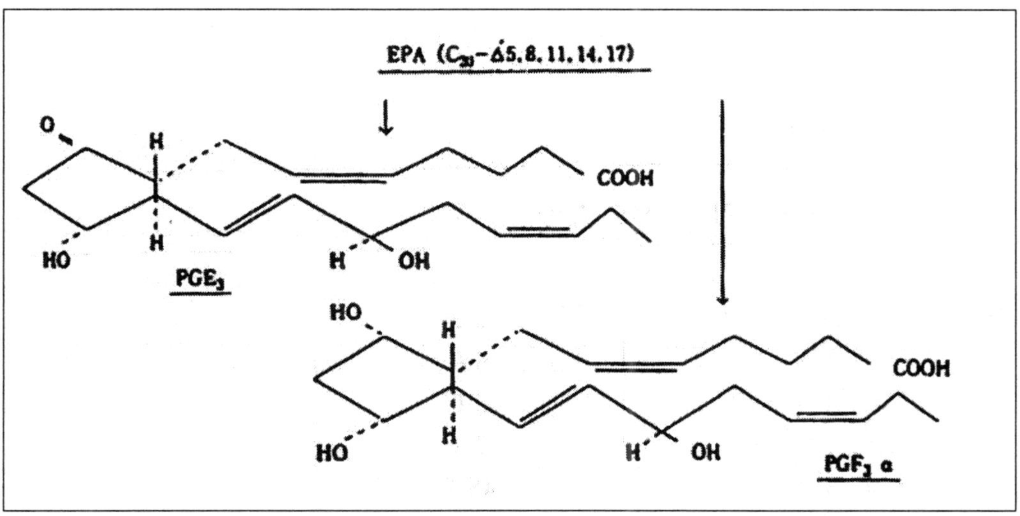

〈EPA로부터 PGE_3생성〉

〈오메가 돼지고기와 일반 돼지고기의 특성〉

	일반 돼지고기	오메가 돼지고기	영향
오메가 3 지방산	1.8	11.5	+6.4배
EPA	0.1	4.0	
DPA	0.4	1.5	
DHA	0.4	2.4	
Linolenic acid	1.0	3.4	
햄, 등심부위의 총콜레스테롤(㎎/100g)	84.8	73.5	-13%
등지방 부위의 총콜레스테롤(㎎/100g)	216.3	119.9	-44%
Arachidonic acid(%)	2.7	2.1	-22%
포화지방산(%)	37.8	34.3	-9%
오메가 6 : 오메가 3	12:1	2:1	

〈도체의 사후 pH 변화 및 도체 품질〉

	일반 돼지고기	오메가 돼지고기
사후 도체 pH		
1.5 시간	6.2	6.3
5 시간	5.8	6.1
10시간	5.6	5.7
20시간	5.5	5.6
등심근면적(㎠)	32.5	32.7
등지방두께(㎝)	2.1	2.3
도체율(%)	73.7	76.7
정육율(%)	54.5	54.5

〈돼지고기의 관능검사 및 기계적 연도 측정〉

	일반 돼지고기	오메가 돼지고기
Aroma	5.2	6.3
Flavor	6.0	7.2
Juiciness	6.6	6.3
Tenderness	7.1	7.6
Instron*	45.1	49.1

* Higher number means less tender

제 9 장
SOD(Superoxidedistumase) 유사활성물질과 기능성 식품의 개발

제1절 SOD유사활성물질을 이용한 식품개발

1. SOD와 SOD 유사활성물질

1) 산소와 활성산소

우리가 잘 알고 있는 생명유지에 필수불가결한 산소는 정상상태의 산소이며 과학적으로는 삼중항산소(triplet oxygen)라 부른다. 그런데, 이 산소는 전자 하나를 받아 환원(reduction)될 때마다 Fig.1에서 볼 수 있듯이 처음에는 superoxide가 되고 다음에는 과산화수소(hydrogen peroxide)가 그리고 다시 hydroxyl radical이 되며 끝으로 전자 4개를 모두 받으면 수소와 함께 물이 된다. 산소가 물이 되기까지 생성된 산소종을 흔히 활성산소 (active oxyzen species, reactive oxygen species)라 하는데 이들은 모두 불안정한 산소로 정상상태의 산소보다 반응성이 약 1,000배 빠르다.

이중 superoxide는 Table 1에 요약했듯이 산소에 노출된 많은 생체 시스템에서 생성될 수 있으며 불안정한 물질이라 세포내 농도를 측정하긴 어렵지만 대개 10^{-9}~10^{-11}M 정도인 것으로 알려져 있다.

이 superoxide는 인체에서 DNA와 반응하면 이를 손상시켜 종양이나 암을 유발할 수 있고, 지질과 반응하면 산화를 일으켜 세포의 노화 또는 유해 물질을 생성시키고 축적시키게 되며, 각종 염증을 촉진시키고 류머티스를 악화시킬 수 있고, 췌장의 인슐린 분비세포에 손상을 가해 당뇨병에 수반되는 각종 합병증을 유발하는 요인이 되는 등 각종 질병의 원인이 되고 있다. 흥미롭게도 백혈구는 식균 작용시 superoxide를 발생시켜 침입한 세균이나 virus를 공격하여 살균효과를 나타낸다고 알려져 있다.

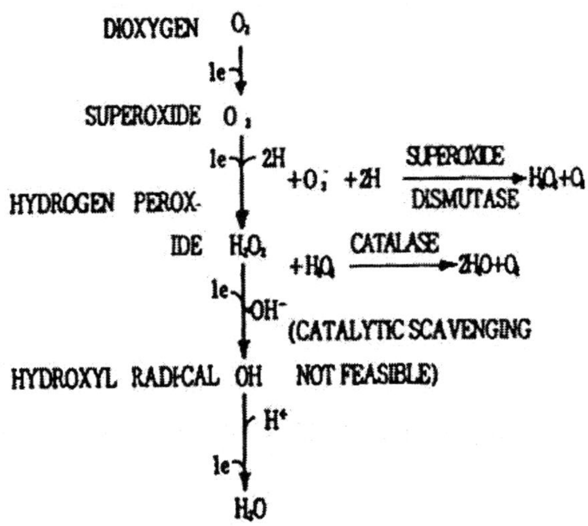

Fig. 1. The steps in the reduction of dioxygen to water

Table 1. Examples of biochemical systems which may produce superoxide *in vivo*

Source of superoxide	Examples
Small molecules	Leucoflavins, hydroquinones, catecholamines, tetrahydropterias (by anto xidation)
Enzymes	Xanthine oxidease (degradatinon of purines to nitrogenous execretory products)
	Aldehyde oxidaze
	Alcohol oxidase
	Peroxidase (oxidative reaction)
	Dihydroorotic dehydrogenase
	Flavoprotein dehydrogenase
Cell organelle	Chloroplasts
	Mitochondria
	Micelles
Whole cells	Polymorphnuclear leucocytes (during the osygen burst which leads to the destruction of invading bacteria and viruses)

2) SOD란 무엇인가?

이는 superoxide dismutase의 약자로서 이 효소는 수소 존재하에 2분자의 superoxide를 과산화수소와 정상상태의 산소로 전환시켜 주는 역할을 한다.

$$2O_2^- + 2H^+ \rightarrow H_2O_2 + O_2 E_0 = 1.27V$$

이 효소는 McCord와 Fridovich가 1969년 최초로 발견한 이래 이제는 모든 호기호흡을 하는 생물체에 광범위하게 존재하는 효소로 알려져 있다. 그러나, 혐기호흡을 하는 미생물에서는 발견되지 않는 점으로 미루어 볼 때 SOD는 호기호흡을 하는 생물체의 활성산소 상해에 대한 방어작용을 하기 위해 존재하는 것으로 추정되고 있다.

여하튼 SOD는 superoxide를 정상상태의 산소로 전환시킴으로써 superoxide가 관여하는 각종 질병이나 노화를 억제할 수 있으므로 의학자들은 SOD를 이용한 질병 치료에 관한 연구를 수행하고 있으며 유전공학자들은 human SOD 유전자를 *E. coli*에 cvoning시키고, 발현시켜 미생물을 이용한 human SOD의 대량생산에 관한 연구를 하고 있다.

3) SOD 유사활성물질이란 무엇인가?

이는 과학적으로 명확히 정의되어 있는 용어는 아니나 superoxide의 반응성을 억제할 수 있는 저분자 물질이라 할 수 있다. 이는 superoxide를 dismutation시켜 정상상태의 산소로 전환하지는 않기 때문에 효소인 SOD와 근본적으로 다르다고 하겠으나 superoxide의 반응성을 억제하여 활성산소 상태로부터 생체를 보호한다는 면에서 SOD와 같은 역할을 하며 이래서 SOD 유사활성물질이라 불리운다.

SOD와 SOD 유사활성물질을 간략히 비교해 보면 Table 2와 같다. SOD는 주로 단백질과 Zn, Mg같은 금속이온으로 이루어진 효소이며 SOD 유사활성물질은 저분자물질로 주로 phytochemical에 속한다. 생산과 이용 측면에서 살펴보면 SOD 유사활성 물질은 생산이 용이하고 생산단가도 낮으며 경구 섭취하므로 투여가 용이하고 또한 원료가 이제까지 인류가 섭취해온 식물체이므로 안전성에도 전혀 문제가 없다는 특징이 있다. 그러나 SOD 유사활성물질은 식품으로 수주 내지 수개월 복용해야 효과가 서서히 나타난다는 단점이 있으나 SOD는 주사로 투여해야 하지만 생체에서 효과가 신속히 나타난다는 커다란 장점이 있다. 이 때문에 SOD의 단점에도 불구하고 의학계에서는 SOD의 생산과 delivery의 효능을 높이기 위한 연구를 수행하고 있다.

Table 2. Comparison of SOD and SOD-like compounds

	SOD	SOD유사활성 물질
물 질	효소	저분자의 phytochemical
생 산	cloned m/o에 의한 생산, 고가	식품에서 단리 추출, 저가
안정성	체내에서 급속히 활성 잃음	안정한 편
안전성	수년간 연구 필요	검증 필요 없음
투여방법	주 사	섭 취
효 과	높고 신속함	낮고 느리게 나타남

2. SOD 유사활성물질을 이용한 건강식품의 개발

1) SOD 유사활성물질의 탐색

SOD 유사활성물질의 탐색은 근본적으로 SOD 효소의 활성측정방법을 이용한다. SOD 활성은 기질인 superoxide가 불안정하고 정상상태의 산소와 구별하기도 어려워 직접적으로 측정하지 못하고 간접적인 방식을 택하고 있다. 즉, SOD는 superoxide를 산소로 전환시키는 효소이므로 어느 물질의 반응이 일어날 때 superoxide가 관여한다고 결론지을 수 있다. 이 결론은 항상 옳은데 왜냐하면 아직까지는 SOD가 촉매하는 반응이 superoxide의 dismutation외에는 다른 알려진 촉매작용이 없기 때문이다.

Superoxide에 의해 반응이 일어나는 대표적인 물질로 pyrogallol을 꼽을 수 있다. 이는 중성이나 알칼리 조건하에서 superoxide에 의해 자동산화되는 물질로 반응이 진행되면서 갈색 물질이 생성된다. 그런데, 이 반응에 SOD를 첨가하면 갈변속도가 감소된다. 결국, SOD활성은 pyrogallol의 산화를 억제하는 정도를 측정하여 표시할 수 있는 것이다.

실제로 효소인 SOD활성의 측정은 Xanthine-Xanthine oxidase를 이용한 반응계나 NBT방법이 널리 쓰이고 있으나 이들은 식물체 성분에 의해 interference를 크게 받으므로 본 연구와 같은 탐색에는 pyrogallol 이용법이 더 유리하다고 판단된다.

Fig. 2에서 실선은 pyrogallol의 산화로 생성된 갈변물질을 420nm에서 시간에 따라 연속적으로 monitor한 결과이다. SOD 활성 1단위는 이 효소를 첨가하여 산화속도를 50% 감소시킬 수 있는 양의 효소로 표시한다.

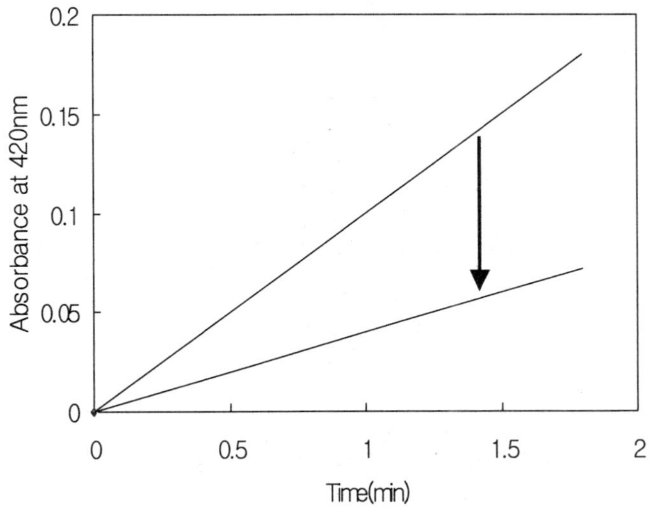

Fig. 2. Autoxidation of pyrogallol in the absence(—) and presence(···) of human SOD

이 원리를 이용하여 SOD대신 SOD 유사활성물질을 첨가하면 이 역시 superoxide의 반응성을 억제하므로 pyrogallol의 산화속도를 감소시키게 되며 이런 활성이 높은 물질을 탐색할 수 있게 된다.

Fig. 3. SOD-like activity of fruit extracts

(1군은 강한 활성, 2군은 중간 활성, 3군은 약한 활성을 보인 품목이며 그 외는 활성이 나타나지 않은 품목임.)

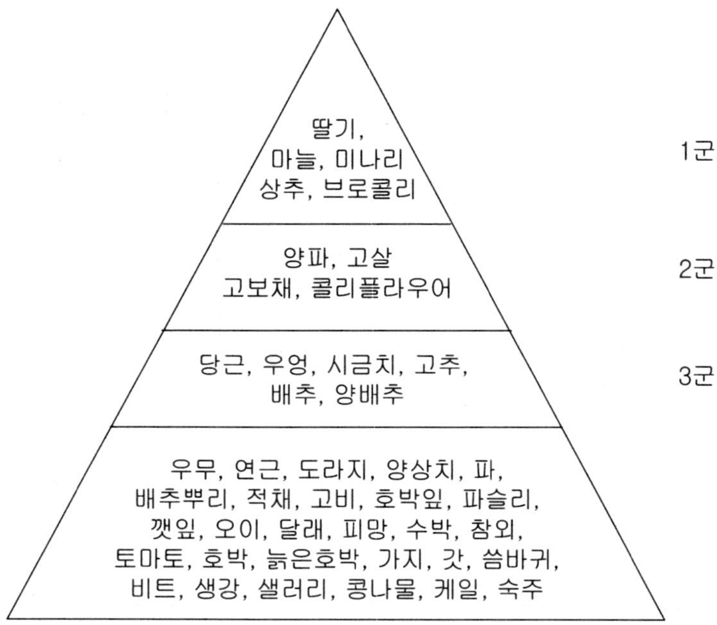

Fig. 4. SOD-like activity of vegetable and mushroom extracts

본 연구진은 국내에서 생산된 62종의 과실, 채소, 버섯을 마쇄하고 착즙하여 탈색과 청징과정을 거쳐 시료를 제조하고 각 추출액의 SOD 유사활성을 측정한 결과(Fig. 3과 4), 13종의 과실 중에서는 감과 키위에서 활성이 높았으며, 조사한 44종의 채소 중에서는 딸기, 마늘, 브로콜리, 미나리에서 SOD 유사활성이 높은 편이었다.

우리가 알고 있는 화합물 중 SOD 유사활성이 높은 물질을 탐색하는 실험에서 우선 발견 가능성을 높이기 위해 알려진 산화방지제를 중심으로 SOD 유사활성을 측정하였다. 수용성 화합물 중에서는 ascorbic acid, ascorbic acid-6-palmitate, glutathione (reduced)의 활성이 높았다. 지용성 화합물은 물에 용해되지 않으므로 측정이 곤란하므로 유기용매를 반응계로 사용하였다.

유기용매에 적절한 계면활성제를 용해시키고 소량의 물을 첨가하면 Fig. 5와 같은 역미셀(reverse micelles 또는 W/O microemulsion)이 형성되는데 이는 광학적으로 투명하여 분광분석기로 측정이 가능하다. 계면활성제 농도를 조절하면 chloroform에 10%물을 첨가하여도 이는 단일상을 이루어 투명한 상태를 형성시킬 수 있다. 이 유기용매에 용해된 물에 원하는 수용성 물질을 첨가하면 결국 유기용매에 필요한 수용성 화합물을 용해시킬 수 있다.

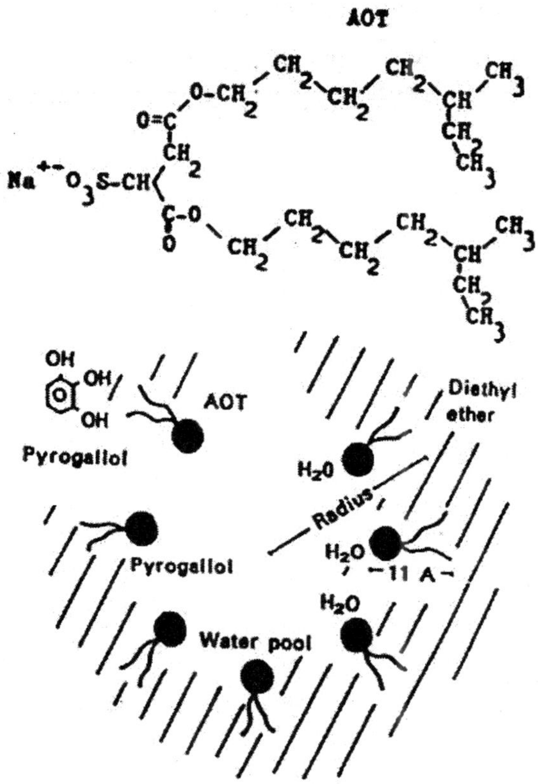

Fig. 5. Scheme for the structure of reversed micelles in coross section

본 연구진은 reverse micelles에서 SOD와 pyrogallol을 용해시키고 물에서와 같이 pyrogallol은 superoxide에 의해 산화가 일어난다는 점을 확인한 후 이를 지용성 물질의 SOD 유사활성을 측정하는 반응계로 사용하였다. 실험한 24종의 물질 중 α-L-lecithin, α-L-cephalin, rosemary 잎 추출물, cinamon, γ-oryzanol의 SOD 유사활성이 높은 것으로 나타났다.

2) SOD 유사활성 물질의 임상효과

미국 Johns Hopkins대학의 공중보건위생학교의 kozambo박사 연구진은 1983년 SOD 유사활성물질의 효능을 실험하기 위하여 실험쥐의 피부에 12-D-tetradecanoylphobol-13-acetate를 도포하여 피부종양을 유발하는 실험에서 한 실험구에는 SOD 유사활성 물질로 전처리한 결과 처리구는 대조구 보다 papilloma 발생율이 낮은 것을 생리활성 작용을 발휘할 수 있다는 점을 확인하였다.

Table 3. Clinical effect of SOD-like compounds on various diseases, undefined complaints, and skin and cosmetic problems.[a]

Diseases \ Evaluation	Markedly effective	Effective	Slightly effective	No effect	Undecided	% efficacy
Behcet's disease[18]	0	4	2	8	4	43
RA[d] (i)Evaluated by Lansbury index[77]	3	10	4	55	5	24
(ii)Evaluated mainly by morning stiffness[77]	6	33	12	20	6	72
(iii)Combination therapy with sulbenicillin(or cefaclor)[60]	8	25	9	12	6	78
Crohn's disease[6]	0	3	1	2	0	67
PSS[e] and polymyositis[10]	1	3	1	4	1	56
Raynaud's disease[14]	2	4	2	5	1	62
Hepatitis[9][b]	2	2	0	5	0	44
Diabetes[7][b]	0	2	1	4	0	43
Nephritis[8][b] 신장염	0	2	1	5	0	38
Undefined general complaints[44][f]	0	14	13	12	5	69
Reduced sexual capacity[11]	0	4	2	3	2	67
Hangover(morning after)[13]	0	5	2	3	3	70
Irregular menses[12]	0	5	3	3	1	73
Atopic dermatitis with severe lesions in exposed area[13]	0	2	2	6	3	40
Pernio[13]	1	3	1	6	2	45
Sun-burn dermatitis[9]	0	2	1	4	2	43
Common wart[12] 사마귀	3	4	2	3	0	75
Burns(III~IV grade) or wounds with ulcer lesions[12]	1	4	1	5	1	55
Preventive effectiveness in keloid formation[7][g]	0	2	2	2	1	67
Ephelides or freckles(abnormal pigmentation on the face)[45]	2	10	6	21	6	46

[a]Square brackets denote the number of cases tested. [b]Evaluated by improvement of the value of transamylase(GOT, GPT), serum sugar and BUN and creatinine. [c]RA patients[60] treated with B-H alone(who had been judged as non-effective or undecided by Lansbury index)were subjected to combination treatment mostly with Sulbenicillin partly with cefaclor. [d]RA-rheumatoid arthritis. [e]PSS-progressive systemic sclerosis. [f]General malaise, cold finger and toe. lumbago, shoulder stiffness. constipation. [g]In patients with keloid constitution.

*일본인 의사 Niwa가 임상실험 후 발표한 결과임.

일본인 의사 Niwa연구진은 사람을 대상으로 식용 가능한 SOD 유사활성물질을 섭취케한 후 Table 3에 나타낸 여러 질병에 대한 임상효과를 측정하였는데, progressive systemic sclerosis, Crohn's disease, Raynaud's disease에는 62~67%의 효과가 있었으며 주로 유해산소가 관여하는 염증과 관련된 질병에 효과가 있다고 보고하였다. 이는 또한 음주 후 다음날 느끼는 숙취해소(70%) 및 수족냉증, 불안, 요통, 월경불순 같은 일반적인 증상에 대하여 개선효과가 높은 편이었다(70%). 노인성 검버섯 또는 여성의 기미에는 49%의 효과가 나타났는데 이는 인체의 멜라닌색소 생합성 과정 중 SOD 유사활성물질이 산화과정을 저해하여 색소 합성이 억제되었기 때문으로 풀이된다.

이 밖에도 여러 증상에 개선 효과가 나타났으나 그 결과는 짧게는 수주에서 길게는 수개월을 복용하여 나타난 것이므로 약품이 아니라 건강식품을 통하여 생체기능의 조절효과를 얻으려면 인내를 갖고 꾸준히 복용하여야 한다.

3) SOD 유사활성물질을 이용한 건강식품의 개발

여기서는 우선 일본인 의사 Niwa가 개발한 식품, 활성산소 억제 조성물제조방법에 대해 간략히 소개한다. 그는 활성산소 억제능이 높은 식품을 원료로 억제능을 높이거나 함유된 유효성분을 잘 단리시킬 수 있는 처리를 하고 끝으로 흡수를 용이하게 해주는 처리를 하여 제품을 완성하였다.

이 제품의 기존 원료는 쌀, 소맥, 율무 등이며 이를 50~100℃에서 배전한다. 여기에 누룩균을 접종하여 고체발효를 시키는데 이는 발효 과정에서 생성된 효소류가 유효 물질을 유리시키는 역할을 하기 때문이다. 여기에 유자즙 등 비타민 C원을 보강하고 유지류 중 참깨 기름을 첨가하여 지용성 물질의 흡수율을 높였다. 이후 식품으로서 섭취가 좋도록 필요한 첨가물을 사용하여 제품을 제조한다. 이렇게 만들어진 활성산소억제 조성물은 Table 3에 나타난 대로 여러 증상의 개선에 효과가 있으나 그 형태는 씁쓸한 분말로 일용하기는 별로 좋은 형태는 아니었다.

그래서 본 연구진은 전술한 연구 결과를 바탕으로 보다 복용하기 편리한 음료를 개발하였다. 먼저 유효물질을 분리, 추출하기 위하여 물 또는 알코올 추출용제로 사용하고 감, 키위, 양파 혼합물의 첨가량별로, 또 추출온도와 시간별로 SOD 유사활성물질의 추출량을 측정하여 조건을 설정하였고 어떤 복합제 형태로 존재하는 물질의 단리를 위해서는 단백질가수분해효소, 펙틴분해효소, 셀룰로스분해효소 또는 탄수화물가수분해효소를 처리하였다. 이 결과 식품체로부터 SOD 유사활성물질을 분리하기 위한 일반적인 추출공정도를 확립하여 Fig. 6에 나타냈다.

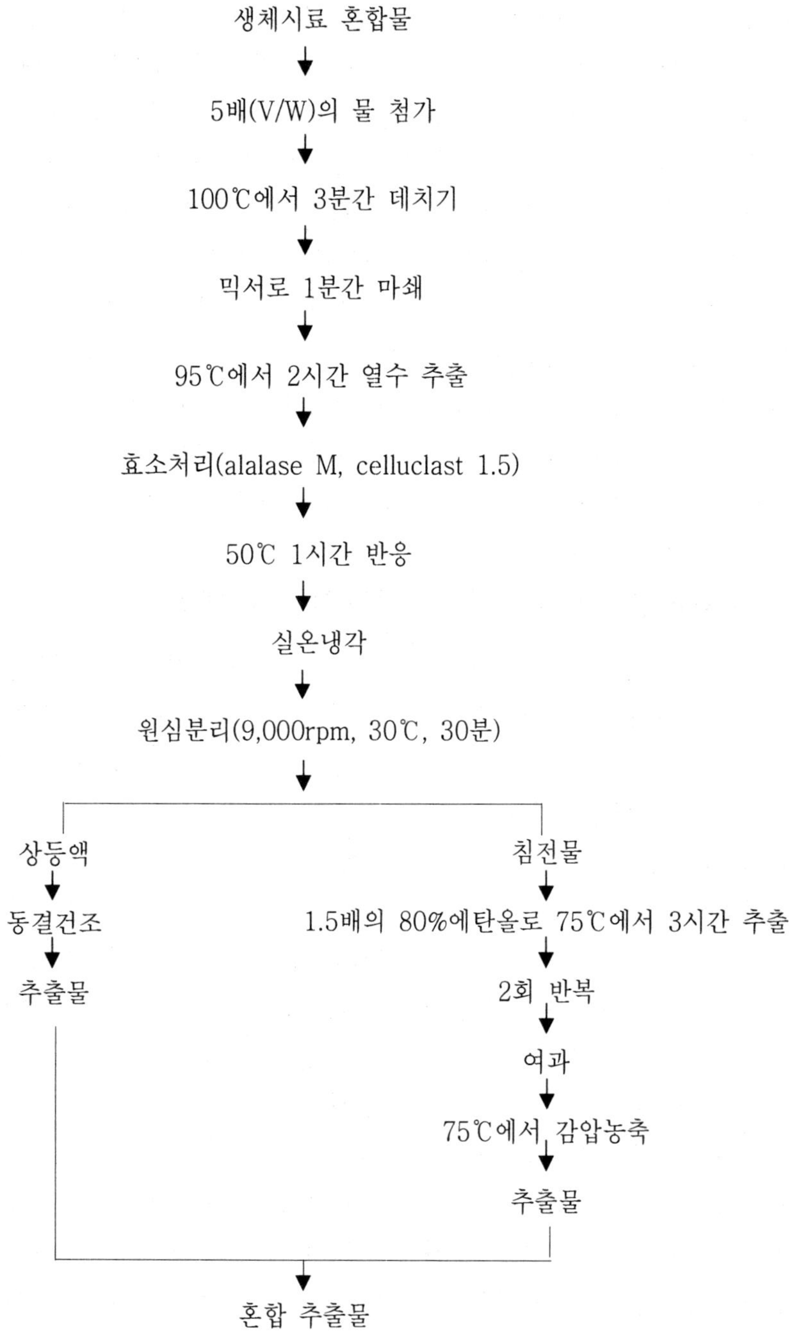

Fig. 6. SOD 유사활성 성분 조제를 위한 다단계 추출 공정도

Multin steps of extracting SOD-like compounels from edible plants

용매별로 얻어진 물질은 용해특성에 따라 제조할 식품에 적용하면 된다. 그러나, 모든 식품의 제조에 Fig. 6의 방법이 항상 가장 경제적인 공정이라 할 수는 없으며 어떤 식품을 제조하려는 목적에 따라 일부 공정을 생략할 수도 있다고 하겠다.

모든 음료의 제조에 있어서 공통적으로 고려해야할 사항은 감미료와 산미료의 첨가이다. 감미료의 종류는 여러 가지가 있으며 감미의 질로 치면 설탕이 가장 바람직하다. 그러나, 가격 측면에서 유리하고 '무설탕'을 표방하기 위하여는 고과당(액상과당)을 사용하는 추세이며 당의 섭취가 문제가 될 때에는 고감미의 감미료를 사용하면 된다. 이런 감미료의 대표적인 아스파탐이나 스테비아사이드인데 전자는 열안전성이나 pH안전성 때문에 광범위하게 응용될 수 없으며 둘다 모두 감미의 질이 좋은 편이 아닌 점이 문제이다. 최근에 알콜 분해속도를 촉진시키기 위하여 특정 펩타이드를 보강한 음료는 당을 사용할 경우 Maillard반응이 일어나 갈변되는 문제가 있어 당알콜의 사용도 시도되고 있으며 이들은 비발효성이어서 충치를 예방할 수 있고 저칼로리 소재라 인식이 좋으나 역시 감미의 질과 가격이 사용에 제한요인이 되고 있다.

산미료 역시 모든 음료의 필수첨가물인데 이는 첫째, 음료에 신맛을 부여하여 청량감을 부여하고 둘째, pH를 낮추어 미생물 번식을 억제하므로 음료의 보존성을 높이는 역할을 한다. 음료의 pH는 대개 2.6~4.0 범위에 있는데 가열살균하지 않는 제품일수록 pH를 더 낮추는 이유는 바로 미생물 번식의 문제를 해결하기 위함이다. 어떤 음료의 제조에서 사용하는 산미료는 원재료의 유기산을 분석하여 그 구성비대로 첨가하는 쪽이 가장 무난하며 대표적인 예로는 사과주스에 사과산을 사용하는 것을 들 수 있다. 그러나, 모든 종류의 음료에 가장 광범위하게 사용하는 산미료는 구연산이라 하겠다.

기능성음료의 제조에 있어서 첫째, 흔히 알콜대용음료 또는 알콜대사음료라고 불리는 숙취 해소 또는 완화를 목적으로 하는 음료에는 SOD 유사활성물질을 첨가하고 음주 후 부족해지기 쉬운 비타민류를 보강해야하며 여타 처리도 해야한다. 또한 음주 후 체내 산화·환원전위의 조절에 필요한 물질을 첨가하면 효용가치를 높일 수 있고 전통적으로 우리나라에서 해자에 사용되어 왔던 선지, 콩나물, 북어, 재치조개의 사용도 고려해 볼 만하다. 시판 음료에는 aspartic acid같은 아미노산 또는 옥수수 단백질을 가수분해하여 소재화한 peptide가 첨가된 것도 있다.

SOD 유사활성물질을 주원료로한 음료의 둘째 예로는 미용이나 기미제거를 목표로한 미백식품을 들 수 있다. 여기에는 SOD 유사활성물질과 미용에 관계되는 비타민류의 첨가가 필수적이다. 기미제거를 위하여는 체내에서 melanine을 생합성하는 효소인 tyrosinase의 저해제를 첨가하거나 생합성경로를 hormone 합성 쪽으로 전환시킬 수 있는 물질을 사용하는 것이 효과를 높이게 된다. 본 연구진은 우리나라 전통식품에서 tyrosinase 저해제를 생산하는 미생물을 분리한 바 있고 버섯류를 기본배지로하여 이 미생물을 생육하여 생산한 tyrosinase 저해제를 음료에 첨가하였다.

기능성음료 뿐만 아니라 기능성식품의 제조에 있어서 소비자에게 보다 만족을 주고 매출을 획기적으로 늘릴 수 있는 식품은 미백식품처럼 장기 복용해야하는 제품보다는 아무래도 단기적으로 효과가 나타나는 품목이라 할 수 있다. Table 3에서 여기에 부합되는 제품으로는 변비 해소용 식품을 들 수 있겠다. 변비해소음료에는 SOD 유사활성물질을 기본으로 하고 효과를 보다 높이기 위하여는 우리나라에서 재배되는 식물체 중 식품 소재로 사용할 수 있으면서 하제(laxative)효과가 있는 식물의 추출물을 혼합하고 유지를 첨가하던가 유지의 dipersion을 위해 계면활성제를 사용하고 식이섬유소를 첨가하면 좋은 제품을 제조할 수 있다.

이러한 모든 기능성음료의 제조에 있어서 *in vitro*에서 효과가 있다고 실제 인체에서도 효과가 발휘되는지는 알 수 없으므로 향후의 제품 연구개발에는 반드시 임상효과를 확인한 후 제품을 출시하면 소비자의 신뢰를 얻고 보건향상에 실제로 기여하게 되며 궁극적으로 제품의 시장성을 한차원 높이는 결과를 낳게 될 것이다.

3. 기능성 식품의 효능평가

기능성식품의 효능을 평가하기 위한 방법은 수없이 많고 각 연구진이 새로운 평가방법을 개발하여 사용할 수 있으므로 여기서는 본 연구진이 시도했던 방법을 중심으로 소개하였다.

1) 화학 분석법

이 방법은 주어진 물질의 정량, 정성에도 용이하고 물질의 동정에도 다방면으로 응용되고 있다.

2) 효소 분석법

SOD 유사활성물질의 탐색을 위하여 사용했던 SOD 활성측정방법은 이미 설명한 바와 같다. 또 한가지 예로서 미백식품을 개발하고자 할 때 tyrosinase저해제 탐색방법을 살펴보면, pH가 6.5로 유지된 완충용액에 tyrosine이나 L-dihydroxyphenylalnaine과 ascorbic acid를 용해시키고 각각 280nm 또는 265nm에서 흡광도를 측정하면

tyrosinase활성을 측정할 수 있으며 이 반응계에 탐색하고자 하는 물질을 함께 첨가하여 효소의 활성을 많이 저해하는 물질을 찾아내면 이것이 곧 tyrosinase 저해제이다.

3) 미생물 이용법

영양학에서 단백질의 영양가치를 평가할 때는 mouse를 이용하여 PER(protein efficiency ratio)을 측정하여 결정한다. 그러나, 사람과 아미노산 요구 양상이 비슷한 protozoa인 *Tetrahymena pyriformis*를 이용하면 보다 신속하게 다량의 시료를 분석할 수 있다. 미백식품의 개발에서도 *in vitro*분석 결과 저해 효과가 있는 물질은 임상실험 전에 melanine을 생합성하는 미생물인 *Saccharo myces bikiensis*를 이용하면 본격적인 임상실험 전에 다시 한차례 screening과정을 거치므로 실험의 효율을 높일 수 있다. 이 방법은 저해제를 미생물 배양액에 첨가하여 효과를 판정할 수도 있고 저해제를 disc에 묻혀 agar가 함유된 고체배지 위에 올려놓은 후 disc주변에 미생물이 자라지 않는 범위가 크게 나타나는 물질을 선발하는 방식으로 효과를 확인할 수도 있다.

4) 초파리 이용법

미생물의 대표로 *E.coli*를 꼽을 수 있고 실험동물의 대표로 rat나 mouse를 꼽을 수 있듯이 곤충 중에서는 초파리를 꼽을 수 있다. SOD 유사활성물질이 실제로 체내에서 산화를 억제하는지 여부를 알아보기 위하여 초파리 배지에 superoxide를 발생시키는 KO_2, SOD 유사활성물질인 glutathion을 각각 첨가하고 초파리를 배양하면서 일정 시일이 지난 후 배양기 공간의 공기조성을 분석하였다. 산화가 많이 또는 빨리 일어난 초파리 배양구에서는 ethane과 pentane같은 산화 생성물의 함량이 높게 나타나므로 효과를 판정 할 수 있다. 또한 초파리의 일생은 60~90일로 짧은 편이므로 초파리의 평균수명을 측정하여 SOD 유사활성물질이 노화나 생명유지에 미치는 효과를 평가할 수 있다. 본 연구진은 SOD 유사활성물질이 유해산소의 독성에 노출된 초파리의 수명을 연장시킬 수 있음을 확인한 바 있다.

5) 실험동물의 이용법

지구상의 대기 중 산소농도는 약 21%이고 나머지는 주로 질소이다. 그런데 대기 중 산소가 100%라면 생명체는 산소가 풍부하여 더 오래 살 것인가? 아니면 유해산소 상해로 인해 해를 입을 것인가? 흰쥐를 산소로 100% 치환한 밀폐된 공간에서 사육하면 3일만에 50%는 죽고 나머지도 해부를 해보면 복강부터 허파 위까지 물로 차있으며 장기나 혈액의 색이 검붉은 색이 되어 있다. 이처럼 산소의 유해작용은 엄청나며 일부 과학자들은 대기 중 산소농도가 18%가 되면 인류의 수명이 더 증가될 것이라고 주장하고 있다. 이 원리를 이용하여 실험쥐에 SOD 유사활성물질을 첨가하여 사육하고 대조구를 같이 사육한 후 adaptation기간을 거쳐 같은 시간에 산소가 100%로 치환된 공간으로 옮겨 1일간 사육한 후 깊은 수조에서 각 쥐를 강제 수영시킨다. 이후 쥐의 기력이 다하여 익사하기 직전까지의 시간을 측정하면 SOD 유사활성물질이 산소상태에 대응하여 작용하는 효과를 분석할 수 있을 것이다. 그러나 본 연구진의 실험결과로는 각 쥐의 수영시간에 편차가 커서 좋은 결과를 얻지는 못하였다. 이 강제수영법은 원래 stamina식품 또는 소재의 개발에 적용되어 왔던 실험법이다.

6) Cell line이용법

현재 각종 plant cell line이 필요한 물질의 생산이나 어떤 효능평가에 이용되고 있고 human cell line 중 3T3-L1선유아세포는 비만 또는_체중감량 연구에 임파구 T 또는 B Cell은 면역기능 부활 또는 항체생성능력 실험에, human tumor cell은 항암제 검색 등에 이용되고 있다. 이 cell은 사람의 세포이기 때문에 어느 면에서는 실험동물을 사용할 때 보다 더 임상실험에 접근된 결과를 얻을 수 있으나 배양이 쉽지 않고 cell line유지도 용이하지는 않아 적용하기 쉬운 방법으로 판단되지는 않는다.

7) 임상실험

사람을 대상으로한 실험은 하나밖에 없는 생명과도 연관되고 예기치 못한 부작용도 발생할 수 있으므로 최고의 안전성을 검토한 후 실행해야 한다. 또한 병약자도 요즈음은 암이나 AIDS처럼 죽음이 불가피할 경우에는 할 수 없이 실험대상으로 응하지만 중증이 아닐 경우에는 지원자가 별로 없어 실험이 곤란한 것도 사실이다. 여하튼 임상실험의 경우 식품업계에서는 흔히 실험의 편이를 위하여 개발제품만을 대상으로 효능을 평가하고 있으나 이는 의학적으로는 별의미를 지니지 못한다. 즉, 임상실험은 개발 제품과 placebo를 함께 평가하는 double-blind study이어야 한다. Double-blind실험의 근본은 주어진 목적의 평가를 위하여 대상자를 두 군으로 나누어 한 실험구에는 개발제품을, 다른 실험구에는 placebo(위약)를 투여해야 하며 모든 대상자에게는 이 사실을 알리되 각자가 받은 시료는 진품인지 위약인지 모르게 해야 하며 실험주체도 누구에게 무엇을 주었는지 모르는 상태 아니 편견이 없도록 기억을 못하는 상태에서 평가하는 방법이다. 이럴 때 만이 진정한 효과를 분석할 수 있다.

여기 소개한 몇 가지 방법에 각각의 목적에 맞는 실험방법을 택하고 개발하여 개발제품의 효능을 평가하고 긍정적인 결과를 얻는다면 이것이 진정한 의미에서 인체에서 효능이 발휘되는 기능성식품의 개발이 될 것이다.

제2절 SOD 유사활성이 있는 식물체가 oxidative stress를 받고 있는 초파리의 수명에 미치는 영향

1. 실험개요

산소는 질량을 기준으로 볼 때 대기의 23%를 차지하는 성분으로 생명체의 호흡과정에서 최종적으로 전자수용체 역할을 해 생명현상을 유지시켜 준다. 흡입된 산소의 일부는 4 전자환원과정(4-electron reduction process)을 거쳐 결국은 물이 되는데 전자를 하나씩 받음에 따라 각각 소위 활성산소종이라고 하는 superoxide (O_2), 과산화수소 (H_2O_2), hydroxyl radical (HO)이 되는 과정을 거쳐 궁극적으로는 물이 된다 (Fig. 1). 활성산소종은 모두 반응성이 큰 물질로 체내의 DNA, RNA, 단백질, 지질 등과 반응하여 각종 염증, 암, 생체의 노화 등을 유발하고 결국은 생명체를 죽음에 이르게 하는 것으로 알려져 있다. 즉, 산소는 호흡을 하는 생명체의 생명현상이 유지에 필수불가결한 물질이기도 하지만 한편으로는 생체의 노화와 죽음을 유발하는 양면성을 지니고 있다.

활성산소의 독성에 대하여 생체에는 superoxide dismutase (SOD), catalase, 각종 peroxidase 등이 있어 각 활성산소종을 안정한 물질로 전환시킴으로써 산소독성에 대한 방어기능을 한다고 알려져 있다. 결국 산소독성은 활성산소의 반응성과 생체의 방어체계에 불균형이 있을 때에 나타난다고 할 수 있다. 노약자나 환자같이 생체방어체계가 약화된 경우에 체내에서 상기한 효소의 생합성을 증대시킬 수 있는 방법이 없기 때문에 최근에는 식품분야에서 효소는 아니지만 활성산소의 반응성을 억제 또는 무력화 할 수 있는 물질의 발굴에 관한 연구가 태동하여 진행되고 있다. 일본의 M. D. Niwa 연구진은 유독성 산소의 기원이라 할 수 있는 superoxide의 반응성을 억제할 수 있는 물질을 발굴하여 식품을 개발하고 상품화하였으며 현재 8개국에 수출하고 있다. 본 연구진도 다른 방법으로 식물체를 대상으로 superoxide-scavenging activity를 지닌 물질(SOD 유사활성 물질)을 탐색하고 효능을 평가하는 연구를 수행하여 그 결과를 보고한 바 있다.

본 연구는 *in vitro*에서 SOD 유사활성이 있다고 평가된 물질이 *in vivo*에서도 효과를 나타내는지 여부를 알아보기 위하여 SOD 유사활성이 있는 식물체가 oxidative stress를 받고 있는 초파리(Drosophila melanogaster)의 수명에 미치는 영향을 살펴본 결과이다.

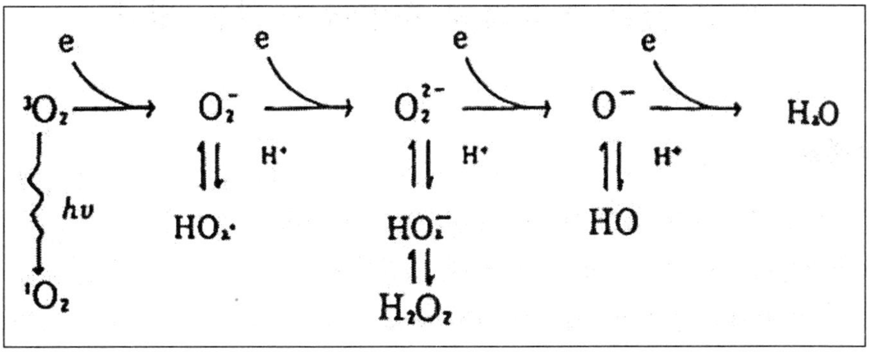

Fig. 1. Scheme to illustrate the formation of reactive oxygen species(shown in bold type)from the stable triplet oxygen, $^3O_2$

2. 재료 및 방법

1) 재 료

키위를 비롯한 농산물과 버섯은 경기도 분당의 수퍼마켓에서 구입하여 사용하였다. 초파리용 식이는 Carolina Biological Suppy Co.의 instant Drosophila media formula 4-24 (Carolina, USA)를 사용하였다. 생체내 Superoxide 발생원인 paraquat(Pq, 1, 1'-dimethyl-4, 4'-bipiridinium dichloride)는 Sigma사 제품이었다.

2) SOD 유사활성이 있는 농산물 추출액의 제조

SOD 유사활성이 높게 나타났던 농산물 12종 각각에 중량대비 4~5 배량의 증류수를 가하여 3분간 믹서로 마쇄한 후에 Whatman No. 2 여과지로 맑아진 여과액을 동결건조하여 추출물을 제조하였다.

3) 초파리의 배양

각 추출물의 효능을 조사하기 위하여, Cornmeal-molasses 배지에서 계대중인 초파리를 instant 배지가 담긴 vial(내경 26mm, 높이 100mm)로 옮겨 배양하면서 생존율을 비교하였다. 그리고 각 vial 당 사용한 초파리는 20~60마리였으며 각 처리구당 4~6개의 vial을 사용하였다.

먼저 초파리에 대한 Pq자체의 독성을 조사하기 위해 Pq를 농도별로 용해시킨 수용액 4㎖을 1g의 instant 배지에 첨가하여 배지를 제조하고, 성충이 된지 0~2일 된 일정 연령의 초파리를 2시간 동안 굶긴 후에 instant 배지에 옮겨 시간에 따른 생존율을 조사하였다. Pq에 대한 농산 추출물의 예방효과를 조사하기 위해 같은 연령의 초파리를 추출물 함유 배지에서 10일간 배양후 Pq 함유 배지로 옮겨 추출물을 공급하지 않은 경우와 생존율을 비교하였다. Pq에 의해 미리 손상을 받은 초파리에 대한 치유효과를 조사하기 위해서, 20 mM Pq에 2일간 미리 노출시킨 후 생존한 초파리를 대상으로 60 mM의 Pq가 함유된 배지로 옮기고 식물체 추출물을 함께 공급한 실험구와 공급하지 않은 실험구 초파리의 생존율을 비교하였다.

3. 실험결과 및 고찰

1) Paraquat 독성

SOD 유사활성이 있는 식품첨가물의 *in vivo* 효능을 평가할 때는 이들 화합물이 영양원으로 작용할 가능성이 낮아 초파리의 식이로 설탕용액을 사용하였으나 본 연구에서는 합성배지를 사용하였다. 그 이유는 단일 화합물인 식품첨가물과는 달리 농산물 추출액에는 SOD 유사활성물질 뿐만 아니라 여러 가지 영양성분이 함께 함유되어 있으며 이들이 초파리의 영양상태에 영향을 미치고 궁극적으로는 oxidative stress를 받고 있는 초파리의 수명에도 영향을 미칠 수 있기 때문이었다. 즉, 합성배지를 사용하므로써 영양성분의 결핍 또는 과잉공급에서 초래되는 결과상의 해석에 오류를 배제하기 위해서였다.

번데기에서 성충이 된 초파리를 instant 배지에서 2일간 배양하고 이후 배지에 Pq가 20~100mM의 농도가 되도록 첨가하고 24시간과 48시간 후에 초파리의 생존율을 측정한 결과는 Fig. 2와 같았다. 일반적으로 Pq 농도가 증가할수록 그리고 시간이 경과할수록 초파리 사망률은 증가하였는데, Pq 농도가 80mM 일 때 1일 후 초파리의 생존율은 약 50% 였으며, Pq 농도가 100mM 일 때 2일 후 초파리의 생존율을 20%미만이었다.

설탕용액에서는 Pq 농도가 35mM일 때 1일만에 모든 초파리가 사망하였던 결과로 미루어 볼 때 본 배지는 초파리의 oxidative stress에 대한 저항력을 크게 향상시키는 것으로 나타났다. 따라서 이는 SOD 유사활성물질˙외에도 다른 여러 영양성분을 공급할 가능성이 있는 농산물 추출물의 효과를 평가하기에 적합한 배지로 평가할 수 있었다.

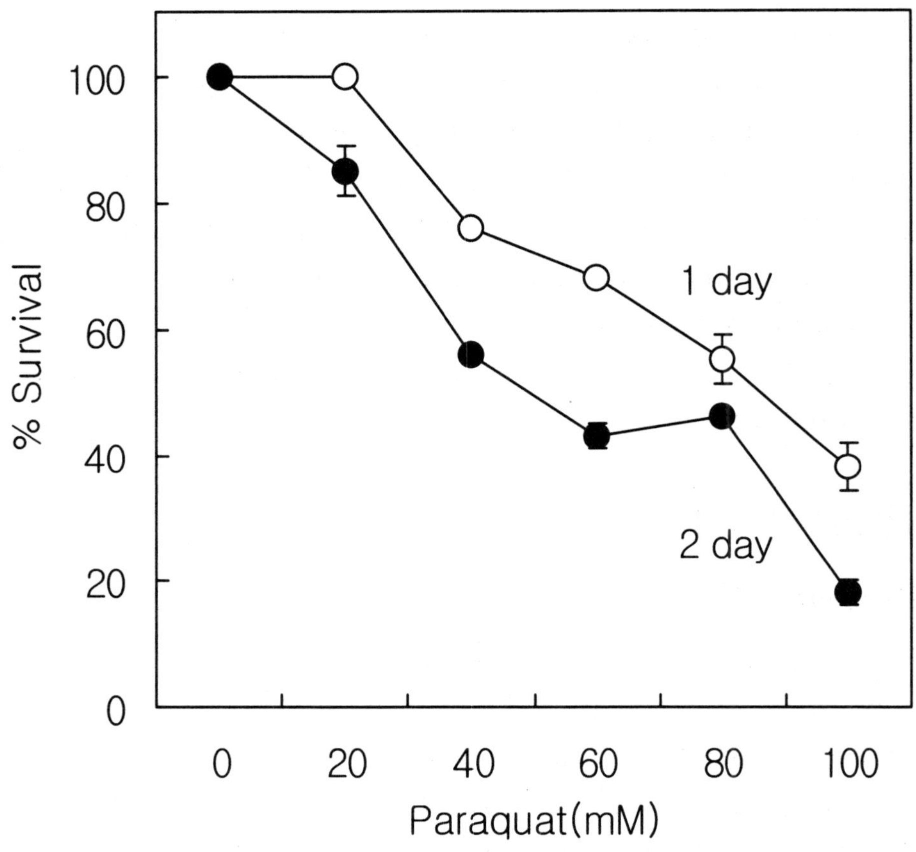

Fig. 2. Paraquat sensitivity in Drosophila

Two-day-old flies (20~40/vial) ware starved for 2 hrs, transferred into vials containing paraquat. The presented curves show the percentage of survival after 24 and 48 hr in the presence of 0 to 100 mM paraquat.

이 결과는 Pq가 초파리에 명백히 독성을 나타내고 있음을 보여준다고 하겠다. Pq는 생체내에서 NADPH-diaphorase에 의해 Pq 라디칼이 되고 이는 다시 산소와 반응하면서 superoxide를 발생시킨다고 알려져 있다. Superoxide는 그 자체로는 그리 유해하지 않다고 알려져 있으나 이는 곧바로 H_2O_2와 HO같은 유독성 물질로 전환되므로 이들이 초파리에 독성을 미친 것 같다. 초파리에도 SOD와 catalase 등 활성산소에 대한 방어체계가 있으나 이들의 방어능력 이상의 활성산소가 발생하여 초파리가 사망하게 되었다고 판단되었다.

2) SOD 유사활성이 있는 농산물 oxidative stress를 받고 있는 초파리의 수명에 미치는 영향

SOD 유사활성이 높았던 마늘 등 12 종의 농산물과 버섯 중에서 우선 마늘, 상치, 키위, 팽이버섯을 대상으로 이들이 oxidative stress를 받고 있는 초파리의 수명에 미치는 영향을 조사하였다. 성충이 된지 4일이 지난 초파리 20~40 마리를 한 실험구로 하여 instant 배지에 60 mM의 Pq만 도는 Pq와 농산물 추출물 50㎎을 동시에 첨가하고 48시간 후에 생존율을 측정한 결과는 Fig. 3과 같다.

이 결과에서 농산물 추출액과 Pq를 함께 첨가한 실험구의 초파리와 Pq만을 첨가한 초파리의 생존율이 모두 약 40% 내외로 거의 차이가 없었다. 따라서 SOD 유사활성을 지닌 농산물은 oxidative stress를 받기 시작하는 시점에서 공급하면 산소상해에 대한 초파리의 저항성에 영향을 미치지 못하는 것으로 풀이된다.

이번에는 instant 배지에 각 식물체 추출물 50㎎을 첨가한 배지에 성충이 된지 4일된 초파리 40~60마리를 한 실험구로 하여 10일간 배양한 후, Pq 농도가 60mM이 되도록 추가로 첨가하고 이후 24시간, 48시간 후에 초파리의 생존율을 측정하였다(Fig. 4). 배양 24시간 후 Pq만 첨가한 실험구 초파리의 생존율은 약 13%였으나 식물체 추출액 첨가구 초파리의 생존율은 30~60%로 높게 나타났다. 즉, 초파리를 SOD 유사활성이 있는 식물체로 미리 adaptation시키면 이들은 초파리가 활성산소에 노출되더라도 산소독소에 예방효과를 나타낼 수 있음을 시사하고 있다.

Figure 2에서 Pq 농도가 60mM일 때 초파리의 생존율보다 Fig. 4에서 같은 농도의 Pq 수준에서 생존율이 낮아진 것은 Fig. 2에서의 초파리는 성충이 된지 2일째 시료였으나 Fig. 4에서는 adaptation period까지 성충이 된지 14일 후의 초파리를 사용하였기 때문으로 생각된다. 이는 초파리의 연령에 따라 산소상해의 독성이 다르게 나타날 수 있음을 의미한다. 실제로 사람의 경우에는 활성산소에 대한 방어체계로 존재한다는 SOD 함량이 유년기보다 성년이나 장년층에서 낮아지는 경향이 보고된 바 있다.

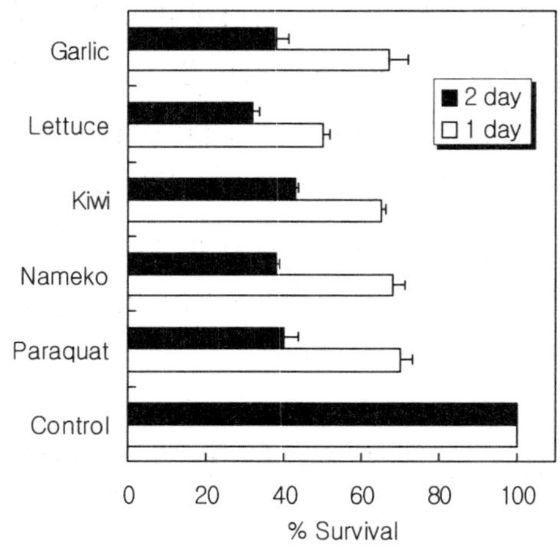

Fig. 3. Effect of co-administration of paraquat and plant extract with SOD-like activity on the survival of Drosophila. (Four-day-old flies (20~40/vial) starved for 2 hr were transferred into in stant medium containing 60mM paraquat and 50mg aqueous extracts from each agricultural produce. Percentage of survival was counted after 1 and 2 days. Paraquat in Figure means the group fed on cedium containing paraquat only without plant extract. Control is the group fed on instant medium only.)

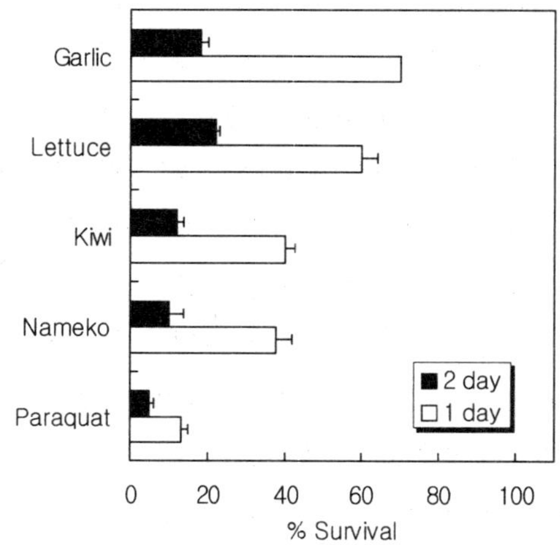

Fig. 4. Preventive effect of plant extract with SOD- like activity on the paraquat toxicity. (Four-day-old flies(40~60/vial) were fed on instant medium containing 50mg extract of each plant for 10 days, and then they were exposed to 60mMparaquat. Paraquat in Figure means the group fed on medium without plant extract.)

3) 산소상해를 받는 초파리에 대한 SOD 유사활성이 있는 식물체의 치유효과

성충이 된지 4일째의 초파리를 20 mM의 Pq를 함유한 배지에서 2일간 배양한 후 산소상해를 받았지만 생존해 있는 초파리만을 모아 60 mM의 Pq가 함유된 배지로 옮기고 일부 처리구에는 식물체 추출물 50 ㎎을 함께 공급하였다. 이후 2일간 배양하고 생존율을 측정한 결과는 Fig. 5와 같다. 우선 식물체 무첨가구 초파리의 생존율은 32%로 나타났으나, 마늘, 상치, 키위, 팽이버섯 첨가구 초파리의 생존율은 품종에 따라 다르기는 하지만 생존율이 65~82%로 높게 유지되었다. SOD 유사활성을 지닌 식물체를 oxidative stress를 받기 시작하는 시점에서 공급하면 이들이 산소상해에 대해 좋은 효과를 나타내지 못했던 점으로 미루어 볼 때 (Fig. 3) 이번 결과는 (Fig. 5) 이들 식물체가 일종의 치유효과를 나타내기 때문에 생존율이 높게 유지된 것으로 생각되었다.

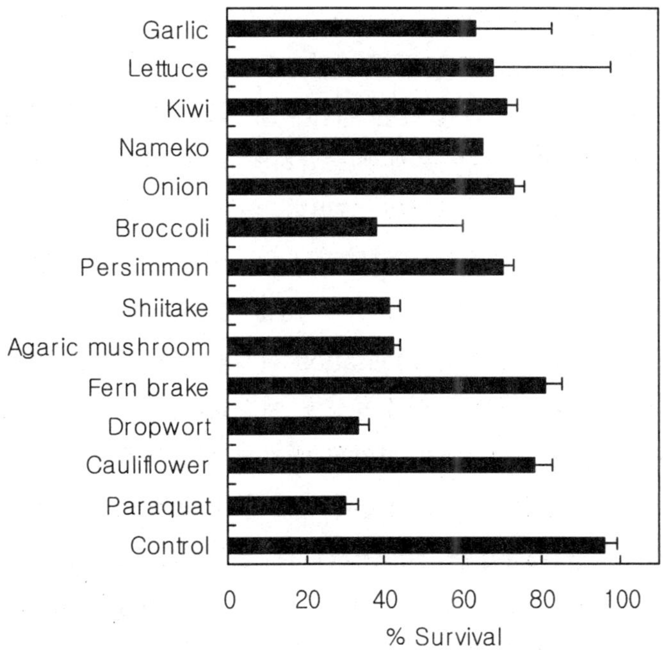

Fig. 5. Reparative effect of plant extract with SOD-like activity on the paraquat toxicity. (Four-day-old flies(40~60/vial)fed on instant medium containing 20mM paraquat for 2 days were transferred into vials containing 60mM paraquat and 50mg extract of each plant. Paraquat in Figure means the group transferred into medium without plant extract.)

한편, SOD 유사활성이 높았던 여타 8종의 식물체 추출물을 대상으로 산소상해에 대한 치유효과를 분석한 결과 Fig. 5에 나타낸 대로 양파, 감, 고사리, 콜리플라워는 명백한 치유효과를 지닌 것으로 판단되었다. 그러나, 미나리, 표고버섯, 느타리버섯, 브로콜리 등 4종의 농산물과 버섯은 효능이 없어 보였다. 이상의 결과와 같이 *in vitro* 실험에서 SOD 유사활성이 있다고 평가되었다고 하더라도 *in vivo*에서는 그 효능이 나타나지 않는 경우가 있음을 알 수 있다. 결국, 초파리라는 생체를 이용한 SOD 유사활성이 있는 농산물의 효능평가 방법은 변별력이 있기 때문에 궁극적으로 사람을 대상으로한 임상실험을 할 경우 대상 식물체의 선정범위를 좁혀가는 과정으로 적합한 방법이라고 판단되었다.

4. 요약

초파리를 이용하여 superoxide dismutase (SOD) 유사활성이 높다고 알려진 식물체 12종의 효능을 평가하였다. 평가방법으로는 초파리 체내에서 superoxide를 발생시켜 초파리를 사망케 하는 paraquat(Pq)을 초파리 식이에 공급하고 상기 식물체 추출액을 투여하였을 때 초파리의 배양시간에 따른 생존율을 비교하여 분석하였다. Pq와 함께 마늘, 상치, 키위, 팽이버섯 추출물을 동시에 공급하였을 때 이들은 산소상해를 받고 있는 초파리에 방어효과를 나타내지 못하였다. 그러나, 이들 식물체를 10일간 미리 투여하여 adaptation 시킨 후 식물체를 계속 공급하면서 60 mM 농도로 Pq를 함께 공급하였을 때 배양 1일 후 Pq 처리구의 생존율은 약 13% 였으나 식물체 첨가구의 생존율은 30~60%로 높게 나타났다. 즉, 미리 adaptation 시키면 SOD 유사활성이 있는 식물체는 초파리가 활성산소에 노출되더라도 산소독성에 예방효과를 나타낼 수 있음을 시사하고 있다. 한편, 초파리를 20 mM의 Pq가 첨가된 배지에 노출시켜 산소상해를 입히고 생존한 초파리만을 모아 60 mM의 Pq와 식물체 추출물이 함께 첨가된 배지로 옮기고 2일 후 생존율을 측정하였을 때 Pq 첨가구 초파리의 생존율은 32% 였으나 상치, 키위, 팽이버섯, 양파, 감, 고사리, 콜리플라워 첨가구 초파리의 생존율은 65~82%로 나타났다. 즉, 이들 식물체는 산소상해에 대하여 일종의 치유효과를 나타내는 것으로 판단되었다. 조사한 식물체 중 미나리, 표고버섯, 느타리버섯, 브로콜리는 치유효과를 발휘하지 못하였다.

제 10 장
품목별 생명자원의 기능

1. 동아

1) 동아의 생리활성

동아(*Benincasa hispida*)의 원산지는 열대 아시아 또는 인도로 추정되며 남중국, 중중국을 거쳐 3세기경에 북중국에 들어왔다. 유럽에는 16세기경에 전파되었으나 보급되지 않았다. 일본에서는 10세기의 문헌 本草和名에 기록되어 있으며, 우리나라에서는 고려시대의 약재에 대한 13세기 문헌인 鄕藥救急方에 기록되어 있으며 도입내력은 분명치 않으나 예로부터 재배된 것으로 추정되며, 1970년대 초까지 서울 뚝섬에서 재배되었다. 동아는 正果로 만들어져 조선왕조 宮中음식으로 쓰였으며, 현재는 전북 순창지역에서 재배되어 장아찌나 정과로 만들어져 적은 양이 시판되고 있다. 현재 한국식품개발 연구원에서 동아의 생리활성에 관한 연구가 진행되고 있으며 지금까지의 연구 결과와 앞으로의 전망을 소개하고자 한다.

2) 동아의 비만증 억제 기능

동아의 비만증 억제기능을 조사하기 위하여 사람에게 가장 흔히 발생하는 비만증 유형과 가장 유사한 비만증을 유도한다고 알려진 cafeteria diet를 Sprague-Dawley 숫쥐에게 급여하여 비만을 유도하며 동결건조된 동아시료 분말 0.2g을 6주간 하루 2회 경구 투여하였다. 정상 대조군은 시판 pellet 사료를 주고 다른 군은 pellet 사료와 함께 cafeteria diet를 급여하였다. Cafeteria diet로 cookies, biscuits, chocolate, peanuts, cheese, potato crisps, almonds, sausage, ham 및 sugary drink를 급여하였다.

표 10-1. 8주간 카페테리아 다이어트가 급여된 흰쥐에 대하여 동결건조된 동아분말이 체중 증가량, 에너지 섭취량, 내장 지방조직 중량, 간 트리글리세라마이드 함량, 동맥 지방축적지수 및 혈청 포도당 농도에 미치는 영향

군	증체량 (g)	에너지 섭취 (kJ/day2)	내장 지방조직중량 (g3)	간트리글리 세라마이드 함량 (mg/g)	동맥 지방축적 지수4	혈청 포도당 농도(mg/dℓ)
정상 대조군	235±5[a]	325±9[a]	8.91±0.24[a]	72.3±2.5[a]	2.3±0.3[a]	148±3[a]
비만 대조군	298±6[b]	421±18[c]	13.15±0.30[b]	92.7±5.4[b]	3.5±0.2[b]	169±5[c]
동결건조 동아	240±5[a]	367±19[b]	9.21±0.35[a]	82.6±4.1[b]	3.2±0.2[b]	154±2[b]

[1]평균치±SEM. 1군당 10마리. 같은 종렬에서 서로 다른 위첨자를 갖는 값들은 유의차가 있음 (P<0.05)
[2]도살전 5일간 측정. [3]신주위(腎周圍) 지방조직과 부고환 지방조직을 합친 무게
[4](혈청 총 콜레스테롤 농도- 혈청 고밀도 지단백 콜레스테롤 농도)/(혈청 고밀도 지단백 콜레스테롤 농도)

<표 10-1>은 동아 분말이 cafeteria diet로 유도된 흰쥐의 비만 억제효과를 나타낸 것이다. Cafeteria diet를 급여한 비만 대조군은 시판 pellet 사료를 급여한 정상 대조군에 비하여 에너지 섭취량이 30% 증가하였고, 체중 증가량 또한 27% 증가하였다. 간의 중성지질과 혈당 역시 각각 28%, 14% 증가하였다. 그리고 혈청의 총 cholesterol 및 HDL-cholesterol함량으로부터 계산된 동맥 지방축적 지수도 52% 증가하여 비만 대조군의 동맥경화증의 발병 위험도가 크게 높아졌다. 이상의 결과는 cafeteria diet가 흰쥐의 비만을 효과적으로 유발하였으며, 비만이 지방간, 동맥경화 및 당뇨병과 밀접하게 연관되어 있음을 나타내고 있다. 동아분말 투여군은 체중 증가량과 내장 지방조직 중량이 정상 대조군과 같은 수준으로 감소하여 동아분말의 우수한 비만억제 효과를 확인할 수 있었다. 또한 에너지 섭취량과 혈청 포도당 농도가 비만 대조군보다 통계적으로 유의하게 감소하여 동아분말이 좋은 비만억제 기능성 식품소재로 활용될 수 있음이 입증되었다.

생체 전위 임피던스를 측정하여 체지방 함량이 30% 이상인 성인 여성 30인을 선발하여 동아분말 25%와 6종의 생약재가 함유된 과립제를 제조하여 하루 24g씩 28일간 섭취시킨 후 체형, 임상 및 생화학적 측정을 하여 섭취 전과 비교한 결과를 <표 10-2>에 나타내었다.

표 10-2. 다이어트 기간 중의 체형, 임상 및 생화학적 측정치의 변화

	다이어트 전	다이어트 후
체중 (kg)	66.3±2.1	62.4±2.0**
체지방 (%)	35.1±0.5	27.9±0.8**
허리 둘레 (inch)	33.5±1.0	31.0±0.9**
상박 둘레 (inch)	11.7±0.4	10.1±0.3**
엉덩이 둘레 (inch)	40.1±0.7	37.8±0.9**
수축기 혈압 (mmHg)	113±6	111±5
확장기 혈압 (mmHg)	75±4	76±3
공복시 혈당 (mg/dℓ)	88±7	76±3*
혈액 트리글리세리드 (mg/dℓ)	142±19	144±18
혈액 총 콜레스테롤 (mg/dℓ)	179±12	167±10*
HDL-콜레스테롤 (mg/dℓ)	40±4	45±5
LDL-콜레스테롤 (mg/dℓ)	147±20	95±6*

1평균치±S.E
*p<0.05, **p<0.01

동아분말 함유 과립제를 28일간 섭취시킨 결과 체중이 평균 3.9kg 감소하고 체지방 함량이 21%감소하였다. 또한 허리 둘레, 상박 둘레, 엉덩이 둘레 및 혈청 총 콜레스테롤과 LDL-콜레스테롤 농도가 섭취 전에 비하여 통계적으로 유의하게 감소하였다. 특히 흰쥐 실험에서와 같이 혈당 농도의 감소효과가 확인되었으며 현재 동아의 혈당농도 강하기능에 대한 연구가 수행되고 있다. 특히 흥미있는 사실은 동아분말 함유 과립제의 섭취가 끝난 후 56일이 지난 뒤 측정된 체중의 증가량이 평균 0.3kg에 불과하여 과립제 시료가 다이어트 후에 흔하게 일어나는 요요현상을 방지하고 있었다.

3) 동아의 변비 억제 기능

변비는 대변이 소화관 속에 오래 머물러 있어 굳어지면서 여러 불편함을 수반하는 증상으로 비만증을 지닌 성인이나 임신한 여성에게 흔히 발생한다.

체중 220g의 Sprague-Dawley암쥐에게 장의 연동을 억제시켜 변비를 유발한다고 알려진 Loper amide hydrochloride 0.14mg을 복강주사하여 변비를 유발시킨 뒤 동아분말 0.3g을 5일간 하루 2회 경구투여하여 변비 억제효과를 조사한 결과를 <표 10-3>에 나타내었다.

표 10-3. 쥐에 대한 동아분말의 변비 개선효과[1]

실 험 군	대변량 (g/day)	대변 수분함량 (%)
정상 대조군	8.48±0.22[c]	48.71±1.40[c]
변비 대조군	3.05±0.29[a]	24.12±0.45[a]
동아 투여군	6.92±0.30[b]	42.04±0.29[b]

[1]평균치±SEM. 1군당 10마리. 같은 종렬에서 서로 다른 위첨자를 갖는 값들은 유의차가 있음 (P<0.05)

Loperamide의 투여에 의하여 변비 대조군의 대변량과 대변 수분함량이 정상 대조군에 비하여 각각 64.50% 감소하였으나, 동아분말 투여군의 대변량과 대변 수분함량은 각각 18, 14% 감소하여 동아의 현저한 변비개선 효과가 입증되었다. 이는 동아분말이 loperamide에 의하여 억제된 장의 연동운동을 촉진시킨 결과라 추측된다.

4) 동아가 대변을 통한 steroid의 배설에 미치는 영향

비만인에게는 과콜레스테롤 血症이 많이 나타난다. 식이요법을 통하여 체중을 줄여서 정상 체중 상태가 되는 것이 심장 관상동맥 질환의 예방에 매우 효과적이라고 알려져 있다. 또한 혈액의 콜레스테롤과 triglyceride의 농도를 줄이면 심장 관상동맥 질환이 억제된다.

체중 94g의 Sprague-Dawley 숫쥐에게 0.25%의 콜레스테롤과 0.06%의 콜산 나트륨이 함유된 사료를 14일간 급여하면서 뒤 0.2g의 동아분말을 하루 2회 경구투여하였다. 실험 종료시 2일간 분변을 채취하여 중성 및 산성 스테로이드의 농도를 측정한 결과를 <표 10-4>에 나타내었다.

표 10-4. 동아분말의 투여가 중성 및 산성 스테로이드의 배설에 미치는 영향[1]

군	대 변 량	콜레스테롤	코프로스태놀	산 성 스테로이드
			(mg/day)	
대 조 군	1.43±0.11	7.75±0.87	0.99±0.74	4.70±0.41
동아 투여군	1.52±0.16	17.1±2.8*	4.58±1.04*	6.89±1.32*

[1]평균치±SEM. 1군당 10마리. 군간의 유의치는 별표로 나타냄(P<0.05)

동아 분말 투여군에서 대변을 통한 중성 및 산성 스테로이드의 배설이 크게 증가되었다. 血漿의 콜레스테롤 농도는 콜레스테롤의 식사를 통한 섭취 자체 합성 및 배설의 세 요인에 의해서 결정된다. 콜레스테롤의 가장 중요한 배설 경로는 담즙 분비와 대변을 통한 배설이다. 콜레스테롤은 빌산으로 변화되거나 그대로 담즙을 통하여 소장으로 분비된다. 약 30~60%의 담즙 콜레스테롤은 재흡수되고 중성 스테롤로서 분변으로 배출된다. 위의 실험결과는 동아 분말이 콜레스테롤의 대변 배설량을 증가시켜 혈액 콜레스테롤 농도를 효과적으로 감소시킬 수 있음을 보여주고 있다.

5) 결과

이상의 실험 결과들은 동아분말이 비만과 변비를 억제하거나 혈액의 콜레스테롤 농도를 낮추는데 효과적인 기능성 식품소재로 쓰일 수 있음을 나타내고 있다. 현재 동아분말을 활용한 비만억제 기능성 식품이 (주)온누리내츄럴웨이에서 개발되어 시판되고 있으며, 미국에서의 임상실험에서도 우수한 비만억제 효과를 나타내어 미국으로의 수출이 진행되고 있다. 최근에 식품의약품안전청으로부터 동아분말이 식이섬유가공식품의 기준규격적용 대상식품이라는 회신을 받았으며, 앞으로 동아분말의 생리활성을 활용한 여러 종류의 기능성 식품이 개발될 예정이다. 또한 동아분말을 여러 종류의 식품에 첨가하여 그 식품에 동아분말이 지닌 생리활성을 부여하는 방안도 연구될 것이다.

2. 동충하초

1) 새로운 기능성식품 소재

지난 1992년 일본 히로시마 올림픽 경기에서 중국 육상선수들이 세계기록을 경신하고, 1993년 중국 베이징에서 개최된 중국체전에서 중국 여자 육상선수들이 10,000m 세계 기록을 42초나 앞당기고, 3,000m에서는 2초를 경신하였으며, 1,500m에서도 세계신기록을 작성하였고, 후 순위 선수들도 세계기록에 근접하는 성적을 거두면서 세계 육상계를 놀라게 한 적이 있다.

일부에서는 구동독 스포츠 과학자가 코치로 고용되었기 때문에 이 경이로운 기록들이 약물 복용에 의한 결과일지도 모른다는 의심의 눈초리를 보냈으나 중국 감독 마준렌(Ma Zunren)은 이를 부인하였다. 흔히 馬군단으로 잘 알려진 중국 감독은 육상소식지(Track & Field News)에서 "강도 높은 훈련과 고산지에서의 훈련 그리고 동충하초로 제조한 스트레스 해소제를 복용케 한 것이 기록 경신의 요인이었다. 동충하초는 천연물이며 중국에서는 수백년간 음용해왔다"라고 주장하였다.

馬군단 소식이 우리나라에도 대서특필된 이후 보신강장식품에 매우 민감한 우리 국민들은 이 버섯에 대한 관심이 부쩍 높아졌다. 冬蟲夏草란 겨울에는 곤충이지만 여름에는 식물체(정확히 표현하면 버섯 자실체임)가 된다는 데서 유래된 이름이다. 숙주(寄主)로는 누에, 벌, 유충 등 종류가 매우 다양하다. 전세계적으로 곤충에 기생하는 곰팡이는 약 800여종이 알려져 있고, 자낭균류의 동충하초屬에 속하는 곰팡이는 약 300여종이 보고되어 있으며 국내에서는 강원대 성재모 교수가 76 종을 채집하여 책으로 정리한 바 있다.

국내에서는 최근 잠사곤충연구소에서 누에 동충하초 인공재배에 성공하면서 판매를 계획하고 있다. 동충하초는 채집량이 많지 않고, 희귀성으로 인해 중국의 왕실이나 귀족들의 전유물인 것처럼 여겨져왔기 때문에 대중적이지 못해 연구에 미진한 면이 있으며 아직 분류 체계도 명확하지 않은 실정이다.

지난 7월 10일자 관보에 게재된 대로 보건복지부는 동충하초 중 안전성이 확인된 누에동충(*Paecilomyces japonica*)를 식품원료로 허가하였다. <표 10-5>에는 중국의학서 '中藥現代硏究と臨床應用'의 일본어 번역본에서 인용한 동충하초에 관한 임상실험 결과이다. 이를 근거로 판매업자는 동충하초에 대해 과대광고를 할 우려가 있고, 과거에 있었던 여러 가지 건강식품들처럼 터무니없이 고가로 판매되며, 보신식품에 민감한 우리 국민들이 오인할 우려가 있으므로 이에 동충하초에 대해 소개를 하고, 생리활성 또는 효능에 관한 정확한 지식을 전달하고자 아래와 같이 자료를 정리하였다.

표 10-5. 동충하초 임상실험결과 일람표

병 명	환자수(명)	음용일수	초치료율(%)	비고
성기능 저하	159	40일	64.1	상용시 더욱 유효
심장병(관상)	33	4주	90.5	
부정맥	277	2주	74.4	특효성
고혈압	273	1-2개월	76.2	
폐병	30	2개월	80.0	
B형간염	33	2개월	78.6	면역구단백질 강화
간경변	22	3개월	68.0	복수환자에 특효
악성암	30	2개월	93.0	세포면역기능 강화
아토피성피부염	38	2개월	89.6	
기관지염	41	3개월	94.2	
당뇨병	29	1-2개월	86.9	
혈소판감소증	30	1-2개월	89.8	
백혈병	35	1-2개월	85.7	백혈구 강화
비염	43	1개월	93.0	
류마티스관절염	31	2개월	82.0	
이명(귀울림)	23	4주	90.0	급성환자에도 유효

2) 동충하초

동충하초균은 자낭균강(子囊菌綱)의 맥각균목(麥角菌目) 동충하초과(*Cordyceps*)에 속하며 전세계에 널리 분포하고 있는 토양균이다. 중국에서 약용으로 이용되어 온 동충하초는 박지나방의 유충을 숙주로 하여 형성된 Cordyceps sinensis가 주종을 이루는데, 티벳 지역의 해발 3.000m이상의 고원지대에서 서식하고 있고, 7·8월 여름 한 철에만 자실체가 발생하여 채집량이 많지 않은 약용식물이다.

동충하초는 균사체가 곤충 자체 또는 곤충의 애벌레나 유충에 기생하며 초기에는 곤충이 살아있지만 점차 곤충 체내에서 균사체가 성장하여 퍼지면서 균핵을 형성하고 이어서 곤충은 외형을 유지한 채 죽게된다. 이후 온도와 습도 등 발생 조건이 좋아지면 곤충의 체내에서 자좌(子座)를 형성, 자실체가 발생하며 이것이 성숙하면 자낭포자 또는 분생포자가 생겨 다시 곤충에 기생하게 되는 일생을 보낸다.

동충하초는 기주에 따라 번데기동충하초(*C. militaris*), 벌동충하초(*C. sphecocephala*), 누에동충하초(*Paecilomtoes japonica*), 잠자리동충하초(*Hymenostilbe*), 풍뎅이동충하초(*C. scara-baeicola*)라고 명명되며, 기주 특이성이 낮아 여러 곤충을 기주로 하는 경우 백강균(*Beauveria bassiana(Bals.)Vuill .*)처럼 균명을 그대로 사용한다.

자실체는 곤충의 입, 가슴, 머리 등에서 나오며 특정 부위가 정해져 있지는 않다. 모양은 국수형이나 곤봉형으로 뻗어나듯 형성되는 것이 보통이며 눈꽃형, 피침형, 산호형도 있다. 머리는 착의형과 루프형이 주를 이루며 길이는 수 mm에서 10여cm까지 여러가지이다. 버섯의 색깔은 흰색, 주황색, 황색 및 자색 등으로 다양하여 일부는 아름답게 느껴지기도 한다.

3) 동충하초의 효능

예로부터 중국에서는 동충하초가 녹용, 인삼과 함께 3대 한방 약재로 여겨져 왔으나 희귀성으로 인하여 대중적인 약재가 되지는 못하였다. 중국의 한의학에서는 벌레이면서 벌레가 아니고 식물체이면서 식물이 아닌 선약(仙藥)이라 하였고 일본의 Yamada는 불로장생의 묘약이라 하였다. 이러한 동양의학적인 표현은 처치하고, 아래에서는 중국과 일본을 중심으로한 의약품 관련 전문 학술지에 보고된 내용을 중심으로 동충하초의 효능을 자세히 살펴보았다.

동충하초의 성분으로는 일반적인 5대 영양성분 이외에 cordycepin, cordycepin acid, opniocordin, ergosteryl-β-1)-glucopyranoside, 22-dihydroergosterolry β glucopyranoside, N^6-(2-hydroxyethyl)adenosine, 글루칸 및 복합다당류 등이 알려져 있지만 아직 유용성분에 대한 정확한 지식은 차후 더 연구해 밝혀야 할 과제이다.

가. 자양강장 효과

돼지고기나 닭고기와 함께 섭취하면 자양강장 효과가 있고 특히 중국에서는 동충하초를 주로 오리와 함께 백숙 형태로 요리해 먹는데 이는 회복기 환자의 건강을 신속히 회복하도록 도와준다고 하며, 그 이유는 동충하초와 오리를 섞으면 상승효과가 나타나기 때문이라고 중국사람들은 믿고 있다. 중국 국립의약품부의 Liu Chang-Xiao연구진은 동충하초의 자양강장 효과를 실험하기 위하여 체중이 약 20g인 마우스 30마리를 이용하여 동충하초 물 추출물을 체중 1kg당 4g 또는 8g을 5일간 섭취시키고 동충하초를 급여하지 않은 마우스와 강제수영 실험(25℃ 수조에서 입영할 때부터 사망할 때까지 걸리는 시간을 측정)을 하였다. 그 결과 동충하초를 급여하지 않은 그룹은 평균 56.3 분간 수영하였으나, 동충하초 4g 투여군은 60.5분을 수영하였으며 8g을 투여한 그룹은 81.2분간 수영하여 동충하초가 지구력을 높여줄 수 있음을 보고하였다.

또한 실험동물(마우스)에 동충하초를 급여하고 잠드는 시간과 수면 시간을 측정하였을 때 동충하초 급여는 잠드는 시간에는 영향을 미치지 못하였으나 수면 시간에는 영향을 미쳤다. 즉 마우스에게 40㎎/kg 수준으로 진정제인 sodium pentobarbital을 복강주사하고 세 그룹으로 분류하여 한 그룹은 정상 식이, 다른 그룹에는 동충하초 5g 또 다른 그룹에는 10g을 경구투여한 후 반사신경을 잃는데 소요되는 시간과 반사신경을 잃은 후 반사신경을 회복할 때까지 소요된 시간을 측정하였다. 이때 반사 신경을 잃는 시간은 약 6분 전후로 나타나 동충하초 급여가 pentobarbital에 의한 잠드는 시간에는 영향을 미치지 못하였다. 그러나, 이때부터 반사신경을 회복하는데 소요된 시간은 무투여 그룹이 1.4분, 체중 1 kg당 동충하초 5g투여 그룹은 26.8분, 10g투여 그룹은 39.1분으로 나타나 동충하초 급여는 pentobarbital로 유도된 수면 시간을 각각 158%와 276% 연장시켜주는 효과가 있는 것으로 나타났다.

일본 메이지유업의 메이지 건강과학연구소, 메이지 세포기술센터 및 교토대학의 동물학과의 합동연구에 따르면, 동충하초가 간의 에너지 상태를 높게 유지한다고 한다. 이들은 마우스를 무작위로 9마리씩 9개 그룹으로 구분하여 4개 그룹에는 동충하초 추출액을 200㎎/kg 수준으로 급여하고 나머지 4개 그룹에는 급여하지 않으면서 3주간 사육하고 1주일 간격으로 간의 상태와 간의 ATP/Pi(ATP와 무기인의 비율)를 31P NMR을 이용하여 분석, 비교하였다. <그림 10-1>에서 알 수 있듯이 동충하초 투여군의 ATP/Pi

값이 대조구보다 유의성 있게 높은 상태를 유지하여 고에너지 상태에 있음을 알 수 있다. 이때 마우스의 몸무게나 간의 무게 및 다른 상태는 변화가 없어 동충하초가 간에 독성을 나타내지 않았다고 판단되었다. 그런데 3주 후 동충하초 급여를 중지하고 1주일이 경과한 후 ATP/Pi를 측정하면 이 값이 대조구와 같은 수준으로 환원되었다.

馬군단의 비밀이 동충하초의 자양강장 효과나 긴장을 완화하고 수면을 충분히 취하여 피로회복이 빠른 효과에 기인했는지, 동충하초 복용으로 고에너지 상태를 유지한데 기인했는지 아니면 단순히 고산지에서 훈련을 열심히 한 데 이유가 있는지는 과학적으로 밝힐 수는 없지만 서방 선수들과 과학자들 사이에 동충하초에 대한 관심을 불러일으키는 계기가 되었다. 실험동물을 이용한 결과가 사람에게 그대로 적용될지의 여부는 불분명하지만 위의 결과가 인체에도 그대로 적용된다고 가정을 하더라도 실제 사람이 동충하초의 생리활성 기능을 유효하게 이용하기란 곤란할 것으로 판단된다. 왜냐하면 상기 실험에서는 체중 1㎏당 5g의 동충하초를 급여하였는데 이를 인체에 환산할 경우 평균 체중을 60㎏으로 가정하면 무려 약 300g의 동충하초를 매일 복용해야 한다는 계산이 나오기 때문이다. 현재 국제무역에서 동충하초의 거래 가격은 약 700$/㎏ 선이다. 즉 일일 유효 섭취량 300g은 우리 돈으로 290,000원을 상회한다. 결국 실제적으로 동충하초의 효능이 사람에게 나타난다고 하여도 이를 활용하기에는 비용 문제가 걸림돌이 될 것 같다.

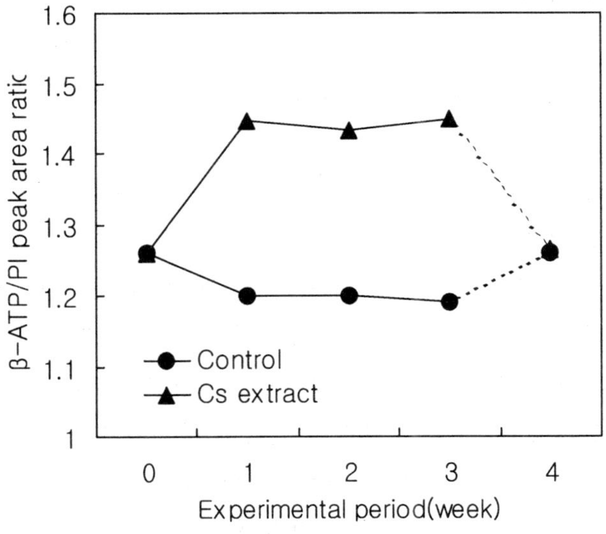

그림 10-1. 동충하초 추출물 처리구(Cs extract)와 대조구(control)생쥐 간 내부의 β-ATP/Pi 비율의 변화추이(uP NMR 스펙트럼으로부터 계산함)

나. 동충하초가 신장과 간에 미치는 영향

중국 산동의학과학원 면역실의 Hou 박사 등은 만성신장기능 쇠약 환자 28명에게 매일 동충하초 3-5g을 끓는 물로 30분 동안 추출한 액을 2회 복용케하고, 식사로는 양질의 저단백질 식품을 공급하면서 10~12 개월 동안 동태를 관찰하며 T-임파구세포 아군(亞群), 헤모글로빈, 알부민, 요소질소(BUN), 크롬 농도를 측정하였다. 그 결과 신장기능 쇠약 환자의 T-임파구세포 아군은 정상인에 비하여 감소된 상태였는데 이는 신장기능 쇠약 환자의 세포 면역기능이 현저히 낮음을 의미한다. 일반적으로 신장기능 쇠약 환자는 병원균에 쉽게 감염되며, 중국 임상통계상 80% 이상이 적극적인 치료가 없으면 사망한다고 한다. 여러 학자들은 그 이유가 면역기능 저하 때문이라고 한다. 그런데 동충하초를 복용한 환자는 세포면역 기능이 우의성 있게 향상되었고($P<0.05$), 혈청 알부민과 혈색소도 증가하였다.

결국 Hou박사 등은 만성신기능 쇠약 환자가 고생물가 저단백 식품을 섭취하고 일반대중치료를 받는 상황에서 동충하초 투약이(중국에서는 의약품임) 신기능 보호 및 회복작용을 하고 부작용은 없다고 결론지었다. 이 연구는 사람을 대상으로 수행한 임상실험 결과이므로 신빙성이 높아 보인다.

한편 동충하초는 노년기 환자의 신장독성에 보호작용이 있음이 밝혀졌다. 중국 남경군의종병원 Zheng박사 연구진은 입원 중인 노인 환자 21명을 임의로 두 그룹으로 분류한 후 항생제인 amikacin sulfate 0.2g을 1일 2회 6일간 복용케하였다. 이후 그룹 A에는 동충하초를 급여하고 그룹 B에는 포도당으로 제조한 위약(僞藥)을 급여하였다. 이후 소변의 nephro-aminoglycosidase와 β-mieroglobulin을 측정한 결과 그룹 B보다 그룹 A에서 활성이 낮았다.

이 두 가지 효소는 항생제 등 약물을 복용할 때 신장독성을 나타내는 지표 효소로 신장 독성이 발생하면 활성이 증가하게 된다.

Amikacin sulfate는 중국에서 흔히 사용되는 효과적인 항생제 중 하나로 널리 사용되고 있으나 신장독성의 문제가 부각되면서 사용이 억제되고 있다.

그런데 항생제 처방이 필요한 노인 환자에게 Amikacin sulfate를 투여하면서 동충하초를 함께 급여하였더니 이들 효소 활성이 초기에 상승하였다가 곧바로 항생제에 기인한 신장독성에 보호 작용이 있음을 나타낸다는 의미이다. 이 연구 역시 직접 사람을 대상으로한 임상실험 결과이므로 상당히 신빙성이 있어 보인다.

중국 상해의 상해시 중의학연구원의 의학박사 Zhu와 Liu는 간염 후 간경화 환자 85명을 전부 입원시키면서 치료 그룹인 60명에게는 동충하초 균사체 캡슐 4.5g씩 1일 3

회 복용시키고 도인(桃仁)추출액을 내정맥 주사하고, 대조구 25명에게는 포도당을 내정맥 주사하면서 3개월 동안 치료하였다. 동충하초 치료 그룹의 세포면역 기능은 확연히 개선되었으며, 임파선 전환율, 면역세포가 크게 상승했고 NK 세포 활성도가 좋아졌으며 면역단백질이 상당량 증가하였다고 발표하였다.

이 결과로부터 동 연구진은 동충하초와 도인 추출액이 간기능 개선, 질병 악화 억제 및 완화에 대한 청신호임을 주장하였다.

표 10-6. 신장기능 쇠약 환자 동태 관찰 그룹투약 전·후의 신장기능 관련 지표

검측지표	투약 전(28명)	투약 후(28명)
헤모글로빈(Hemoglobin. g/L)	70.8±12.4	83.3±14.8**
알부민(Abumin. g/L)	29.1±2.2	36.2±5.4*
요소질소(BUN. mmol/L)	25.4±5.9	18.2±4.6**
크롬(Cr. ㎛ol/L)	908.3±453.5	622.9±230.9**

*p<0.01, **p<0.05 (Guan. Y.J., Hu. Z., and Hou. M. 참고문헌 6에서 인용)

다. 면역기능 증가

사람이 병원균에 감염되면 개인별 면역력의 차이에 따라 병으로 발전할 수도 있고 발병하지 않을 수도 있다. 에이즈(AIDS)란 인체의 면역기능을 무력화시키는 질병으로 AIDS 환자는 병원균에 노출되면 거의 예외 없이 해당 질병이 발생하게 되는 문제가 있는 환자들이다. 중국 Hunan 의과대학교의 Institute of Combined Traditional Chinese and Western Medicine의 Chen 교수 연구진은 동충하초가 면역기능에 미치는 영향에 대해 연구하였다. A/Sn(H-2^a) origin이며 lymphoma celi line을 target cell로 한 Natural killer(NK) cell 활성을 측정하고 마우스 폐에 암세포인 B_{16} mouse melanoma cell을 간염시켜 동충하초 투여 후의 효과를 분석하였는데 동충하초 에탄올 추출물 CS-11 획분이 NK 활성을 촉진하였으며, B_{16} melanoma의 분화를 억제하는 것으로 나타났다. 또한 같은 연구소의 Chen. G.Z.와 Chen. G.L. 교수들은 마우스에 동충하초를 급여하면 면역세포인 T helper 세포 수가 증가하며, 말초혈관과 지라에서 Lyt-1/Lyt-2(T helper cell/T suppressor cell) 비율이 증가하였다고 보고하였다. 이 실험에서 비장의 무게가 증가하였으며 식균세포 및 식균활성 역시 증가하는 것으로 나타났다. 또한 동충하초는 prednosolone acetate cyclophosphamide 같은 면역기능 억제 약물로부터 helper cell을 보호하는 작용이 있음을 관찰하였다. 결론적으로 이들은 동충하초가 면역활성을 증가시키는 기능이 있으며 면역결핍증 환자를 치유하는데 사용될 수 있다고 주장하였다.

그러나 대만의 중국국립약학연구소의 Kuo 박사는 동충하초의 메탄올 추출물에는 면역기능을 약화시키는 물질이 함유되어 있다고 학술지에 발표하였는데 이렇게 서로 상충되는 결과가 도출된 것은 대상으로한 물질이 다르기 때문인 것으로 생각된다. 즉, 대장균 한 마리에도 약 1,200종 가량의 물질이 존재한다고 추정하는데 마찬가지로 동충하초에도 수많은 물질이 존재할 것이며 이중 인체에 유용한 물질, 유해한 물질 또는 유·무해성과 관련없는 단순한 영양성분이 존재할 수 있으므로, 중요한 것은 전체적으로 유용한지 아닌지 여부를 판단해야 한다는 점이다. 또는 식품으로 가공할 때 유해성분의 혼입을 최소화하는 가공 기술을 적용하면 유용 성분의 효율을 높일 수 있다고 판단된다. 일례로 면역기능을 약화시킨다는 물질을 추출할 때 사용한 메탄올은 식품위생법에 따르면 식품가공의 용제로 사용할 수 없는 용매이다.

라. 항균성 및 항종양 작용

동충하초 균사체가 곤충 몸 안에서 성장한 후 균핵이 형성되면 곤충이 죽은 후에도 자실체가 형성되기 양호한 환경이 아니면 곤충이 죽은 채로 있지만 부패는 잘 일어나지 않는다. 또한 동총하초는 다습한 토양에서 자실체를 형성하는데 습기가 많은데도 부패하지 않은 채 존재한다. 이런 현상은 동충하초에 향균물질이 함유되어 있을 가능성을 내포하고 있다. 사실 Cunningham 등은 *Cordyceps militaris*에서 cordycepin이라는 항균물질을 분리했으며, Kneifel 등은 *C. ophioglossoides*에서 ophiocordin이라는 항균물질을 분리하였다.

일본의 동양의약품센터의 Yamada 박사 등은 동충하초에서 분리한 글루칸의 항종양 효과를 측정하였다. 마우스에 7일령의 sarcoma 180 복강세포(양성 종양세포)를 이식하고 30일간 종양세포의 성장을 관찰하였다. 이후 마우스를 해부하여 종양세포를 적출하고 무게를 측정하여 종양의 성장정도를 분석하였다. 이때 한 그룹은 생리식염수를 주사하고 다른 그룹에는 종양세포 이식 후 10일간 매일 동충하초에서 분리한 다당류인 글루칸이라는 물질을 주사하였다. 실험 결과 무처리 그룹의 종양세포 무게는 평균 1.59 g이었으나 글루칸을 주사한 그룹의 종양세포 무게는 0 - 0.20 g으로 종양이 87.6 - 100% 억제되었다. 이는 적어도 마우스에 있어서는 동충하초에 함유된 물질이 이식한 종양세포의 성장을 완전히 저지할 수도 있음을 시사한다.

일반 미생물이나 병원성 미생물의 생장을 억제하는 항균성 물질은 종양세포나 암세포의 증식을 억제할 수도 있다. 그러나 모든 동충하초에 cordycepin이나 ophiocordin이라는 항균물질이 함유되어 있지는 않기 때문에 동충하초가 항종양 효과가 있다고 일

률적으로 주장하기는 곤란해 보인다. 또한 항균물질이 존재하여도 함유량에 따라 항균 효과가 달라질 것이다. 일본 동경대학교 약학대학의 Miyazaki 교수 등은 동충하초의 다당류에서 galactomannan기를 함유한 물질이 항종양 효과를 나타낸다고 보고한 바 있다.

그러나 Kuo 박사 등은 동충하초 추출물이 K562, Vero, Wish, Calu-1, Raji 종양 세포 계통의 성장을 억제하는 효과를 확인하였으나 유효물질은 cordycepin도 아니고 다당류도 아닌 새로운 물질이라고 하였다. 따라서 동충하초에는 이미 알려진 물질이외에 아직은 밝혀지지 않은 항종양 물질이 존재할 수 있는 가능성을 시사하였다. 결국 동충하초의 항종양 효과는 항종양 물질이 직접 작용하였기 때문일 수도 있고 다당류 또는 여타 물질이 마우스의 면역기능을 증가시켜 나타난 결과일 수도 있다. 현재로서는 동충하초에 함유된 물질이 항종양 효과를 나타낸다는 현상은 구명하였으나 그 작용기작에 대하여는 아직 명확하게 밝히지는 못한 실정이다.

그러나, 기작을 잘 모른다 할지라도 나타난 현상을 무시할 수는 없으므로 각종 암과 관련하여 동충하초의 치유 기능에 대한 임상실험에 집중할 필요가 있다고 판단된다. 한편 위의 실험은 마우스를 대상으로 하였기 때문에 생리 현상이 다른 사람에게서도 같은 효과가 나타난다고 주장하기란 과학적 근거가 불충분하다고 생각된다.

온 인류의 공적(公敵) 1호인 암은 그동안 수없이 많은 연구가 이루어져왔으나 아직 시원스런 치료법이 개발되지 않고 있다. 이는 암 정복이 그만큼 어렵다는 의미이다. 이런 선상에서 우리는 암을 치유할 수 있는 방법에 대한 연구에 더욱 힘을 기울여야 하며 항균성 물질이 함유되어 있어 종양이나 암세포 증식 억제 가능성이 높은 동충하초에 대한 과감한 연구 투자가 필요하다고 생각된다.

마. 생체 산화 방지

사람이 호흡하여 흡입한 산소는 폐를 거쳐 95-97%가 인체의 에너지 대사에 사용되고, 최종적으로 물 분자로 변하지만 이중 3-5%는 superoxide로 변하고 이는 전자가 하나씩 감소되면서 H_2O_2 hydroxyl radical로 변한다. 이들은 반응성이 높기 때문에 활성산소종이라고 불리며 생체에서 산화반응을 일으킨다. 이들이 지질과 반응하면 지방이 산화되어 유해한 물질이 생성되며, 단백질이나 유전물질과 반응하면 생체고분자에 손상을 입히고, 이런 현상이 축적되면 세포가 손상되고, 생체의 노화 또는 질병이 생길 수 있으며 결국은 사망하게된다. 다행히 인체를 비롯한 생체에는 이들 활성산소의 작용을 차단하는 토코페롤과 비타민 C 같은 산화방지제가 작용하고 또한 활성산소를 정상 상태의 산소로 전환해주는 superoxide dismutase(SOD), glutathione peroxidase(GSH-PX) 등의 효소체계가 있어 생체를 산화에 의한 폐해로부터 보호하여 건강을 유지할 수 있다. 따라서 이런 생체 방어 체계의 유지와 보강은 건강과 밀접한 관련이 있다.

중국 복건의과대학의 Liu 박사 등은 생쥐의 간을 적출하여 균질화하고 0.1 g/ml와 0.3 g/ml 농도의 동충하초 물 추출물과 잘 섞은 후에 37℃에서 진탕배양한 후 SOD와 GSH-PX의 함량을 측정하였더니 <표 10-7>과 같이 0.3 ㎎/ml 동충하초가 SOD 함량을 증가시킬 수 있다고 발표하였다. 또한 생물체의 산소대사 과정에서 발생하는 superoxide ion이나 체내로 흡수된 약물이나 독극물 대사에서 발생하는 superoxide ion의 작용에 의한 손상을 동충하초가 줄여줄 수 있고 세포막 계통 과산화물에 의한 손상으로부터 보호해 준다고 하였다.

단, 동충하초가 어떻게 SOD함량을 증가시키는지 앞으로 계속 연구해야 할 것이라고 하여 증가 기작에 대한 추가적인 연구가 필요하다고 생각된다. 한편, 동충하초 신품종 0.3 ㎎/ml 처리구외에는 GSH-PX 함량을 증가시키지 못하는 것으로 나타났다.

표 10-7. 동충하초가 생쥐 간 균질물의 SOD와 GSH-PX 함량에 미치는 영향

처 리	동충하초 농도	SOD(㎍/㎎ protein)	GSH-PX(㎍/㎎ protein)
대조 그룹		15.81 ± 1.39	24.83 ± 1.35
동충하초 신품종	0.1㎎/ml	16.02 ± 1.78	28.81 ± 4.01
	0.3㎎/ml	20.21 ± 2.43*	30.38 ± 3.07
동충하초	0.1㎎/ml	18.42 ± 3.73	28.01 ± 4.02
	0.3㎎/ml	22.92 ± 2.37**	29.09 ± 4.96

측정 회수(n) =5, *p<0.05. **p<0.01(Liu. Y., Wu. C., and Li. C., 참고문헌 16에서 인용)

바. 혈당강하, 콜레스테롤과 중성지질 저하 효과

일본 지푸 약학대학교 Ukai 교수 연구진과 중국의 중국약학대학교 Hui 교수는 1996년 동충하초 균사체에서 분리한 다당류를 복강주사했을 때 당뇨마우스에서 저혈당 활성을 나타내며, 정상적인 마우스에서는 포도당 농도가 신속히 감소한다고 발표하였다.

표 10-8. 동충하초 CS-F30 분회 복강주사가 인슐린 비의존성 당뇨병 생쥐 모델의 혈장 포도당 수준에 미치는 영향

그룹	복용량	혈장내 포도당 수준의 상대치				
(n =5)	(㎎/㎏)	0(hr)	3	6	24	48
대조구	-	100	81 ± 5	90 ± 4	99 ± 1	95 ± 2
CS-F30	50	100	42 ± 3***	28 ± 2***	49 ± 9***	82 ±4**

초기의 혈장 포도당 수준(100-190 ㎎/㎏)을 100으로 잡음. **p<0.01, ***p<0.001(Kiho. T., Yamane. A., Hui. J., Usui. S. and Ukai. S., 참고문헌 17에서 인용)

<표 10-8>은 인슐린 비의존성 당뇨증의 모델인 유전적으로 당뇨병에 걸려 있는 마우스에 동충하초 다당류 추출물을 50 mg/kg 농도로 복강주사한 후 시간 경과에 따른 혈장내 포도당 농도를 분석한 결과이다. 다당류를 주사한지 6시간 이내에 당뇨병에 걸린 마우스의 포도당 농도가 정상적인 마우스의 포도당 농도로 감소하여 동충하초의 포도당 강하 효과가 신속하게 나타났으며 이후 시간이 경과하면 포도당 농도는 다시 당뇨병이 있는 상태로 환원되는 경향을 보였다. 한편, Ukai 교수 연구진은 동충하초 추출 획분을 경구투여하여도 혈장내 포도당 농도가 감소하는 경향을 나타냈으나 복강주사 때보다는 혈당강하 효과가 미약하였으며, 추출한 다당류 중 CS-F30 획분을 분석한 결과 이 다당류는 galactose, glucose, mannose가 62 : 28 : 10(molar %)으로 구성되어 있고 분자량은 약 45,000이라고 보고하였다.

다른 실험으로 정상적인 마우스에 50 mg/kg 농도로 동충하초 추출물을 복강주사하고 혈장내 중성지질을 분석한 결과 <표 10-9>와 같이 단시간 내에 중성지질 강하 효과가 나타났으며 시간이 경과하면 효과가 점점 사라지는 결과를 나타내었다.

한편 콜레스테롤 농도는 동충하초 추출 다당류를 복강주사한 후 3 시간만에 유의적으로 감소하였으나 6시간만에 원래의 상태로 회복되었다. 즉 콜레스테롤 강하 효과는 인정되지만 유지기간은 짧은 편이었다.

표 10-9. 동충하초 CS-F30 분획이 정상 생쥐의 혈장 트리글리세리드와 콜레스테롤 수준에 미치는 영향

	그룹 (n = 5)	복용량 (mg/kg)	혈장 triglyceride 수준의 상대치 0(h)	3	6	24
트리글리세리드 수준	대조구	-	100	114 ± 7	115 ± 8	117 ± 7
	CS-F30	50	100	76 ± 2**	78 ± 6**	100 ±14
콜레스테롤 수준	대조구	-	100	97 ± 3	91 ± 7	113 ± 5
	CS-F30	50	100	84 ± 1**	89 ± 5	102 ± 6

초기의 혈장 트리글리세리드 (지질) 수준(100-190 mg/kg)과 콜레스테롤 수준(90-130 mg/dℓ)을 100으로 잡음. **p<0.01(Kiho. T., Yamane. A., Hui. J., Usui. S. and Ukai. S. 참고문헌 17에서 인용)

4) 요약

현재까지 동충하초에서 몇 가지 유용한 물질이 밝혀졌지만 동충하초에 대한 과학적인 연구는 초기 수준에 머무르고 있다. 현재까지의 연구결과에 따르면 동충하초는 자양강장, 성기능 개선, 항균성과 여기서 유래하는 항종양 면역기능 증가, 혈당강하 및 염증

성질병 등과 관련된 여러 가지 생리적 활성을 지닌 식품 또는 한방 의약품 소재로 개발할 가치가 충분히 있다고 생각된다. 그러나 대부분의 연구가 마우스를 대상으로 실시하였고 사람을 대상으로한 임상실험 자료는 아직 부족하다. <표 10-5>를 살펴보면 대상환자가 많은 3 종의 질병의 경우는 신뢰성이 높아 보이지만 나머지 13종의 질병의 경우 환자수가 22-43 명이어서 총유효율을 있는 그대로 확신하기에는 미흡한 점이 있다고 생각된다. 그런데 동충하초에 대한 효과는 이미 중국을 중심으로 임상실험을 모두 마친 상태이므로 새삼스럽게 다시 실험할 필요가 없는 약재라고 단정지었다. 실험동물을 대상으로한 결과가 사람에게서 그대로 나타난다고 할 수는 없지만 이미 임상실험과 실험동물을 통하여 효과가 입증된 부분에 대하여는 건강 지향적인 식품소재 또는 한방의 약품으로 개발하기 위한 제품개발의 필요성이 높다고 판단된다.

3. 솔잎

1) 솔잎의 유효 성분은 무엇인가?

남편의 뇌경색 후유증을 없애 주고 나의 고혈압과 풍까지 치료해 준 솔잎, 이제까지 열거한 각기 다른 병명을 가진 환자를 회복시켜 준 솔잎에는 어떤 약효가 있는 것일까?

우리 부부가 TV에 출연해 방영된 프로에서는 ○○○의과대학 생약학 연구소에서 솔잎의 성분을 분석한 장면들을 방영해 주었다. 그 성분 분석 결과 솔잎에는 엽록소, 비타민 A와 비타민 K가 함유되어 있다고 한다. 그 외의 자료에 따르면 솔잎의 성분은 엽록소, 비타민 A, 비타민 K외에 단백질, 지방, 인, 철, 효소, 정유(精油: 식물성 휘발류, 테르펜 계열), 미네랄, 비타민 C가 함유되어 있으며 더욱이 체내의 노폐물을 배출시켜 신진 대사를 활발하게 하는 성분들이 함유되어 있다고 한다.

같은 프로에 출연한 ○○○박사는 '소나무 잎에 함유된 테르펜은 불포화 지방산과 동맥 경화의 원인이 되는 콜레스테롤을 용해시키기 때문에 혈관이 막히지 않게 해 주어 혈액 순환을 원활하게 한다'고 그 약효를 말해 준다.

또한 30년 이상 소나무와 건강에 대해 연구하는 '솔잎 먹는 모임'의 회장인 다까시마씨는 '85년에 「솔잎 건강법」이라는 책에서 솔잎에 대해 다음과 같이 적고 있다. '소나무는 천 년을 산다'라는 말이 있듯이 솔잎을 씹으면 피로가 회복되고, 항상 젊음을 유지할 수 있다. 이것은 솔잎이 체내의 노폐물을 서서히 용해시켜 체외로 배출시키기 때문이고, 효과면에서 이에 필적할 만한 것은 어떤 것도 없다. 소나무에 항 디프레리아 작용이 있기 때문이 아닐까 한다.

불교 경전에서는 수행을 위해 강인한 체력을 만드는 방법으로 강장 강정(强壯强精)의 묘약이 소나무에서 나온다고 했다. 수행에는 음식물과 요가의 두 가지 방법이 있는데 음식물로는 '마샤'라고 칭하는 솔잎, 검은콩, 검은깨를 잘 건조시켜 분말로 만들어 매일 차 마시듯 마셨다. 효과가 대단해서 또 한편으로 천식, 두통약으로 사용돼 그 쓰임이 컸다.

무엇보다도 솔잎의 3대 약효는 심장 강하(降下), 고혈압 강하, 강정(强精)이고, 적혈구를 증가시켜 빈혈에 좋고 모세 혈관을 강화하는 루틴이 함유되어 있어 노화 방지에도 도움이 된다.

2) 군대의 생명을 구한 솔잎군의(松葉軍醫)

S시에 90세가 넘은 건강하고, 의학적 지식이 풍부한 노인을 보좌하고 있는 ○○○선생은 '조체법(操體法)'이라는, 몸동작을 이용해 힘을 집중시켜 병을 치료하는 체조 요법의 창시자이다.

선생은 전쟁중 군의(軍醫)로 복무하다가 전후에 소련에 억류되었던 경험을 가지고 있다. 병사 수천 명이 수용소에 수용되었는데, 야채도 없는 경미한 식사가 원인이 되어 병사 대부분이 비타민 C 부족으로 괴혈병에 걸리게 되었다. 치아의 출혈과 전신 쇠약, 피부에 붉은 반점이 생기는 등, 환자가 급속도로 증가했다. 거기에서 ○○○선생은 경미한 환자들만 산으로 데리고 가 솔잎을 채취하게 해 그것을 큰 가마솥에 끓여서 즙을 내 환자들이 마시도록 했다. 그 외에도 솔잎을 하루에 수십 개씩 씹어 먹게 하기도 하고 밥을 지을 때 솔잎을 넣게 하여 대량으로 섭취하게 하였다.

그 결과 괴혈병으로부터 전원 회복되었고 ○○○선생은 많은 생명을 구하게 되어 '솔잎군의'라고 불려졌다.

3) 신선이 먹는 음식

고대 중국의 농서인 '신농본초경(神農本草經)'에는 약(藥)을 3종류로 나누어 구분했는데, 병만 치료하는 '하약(下藥)', 정력이 강해지는 '중약(中藥)', 인간을 장수케 하는 '상약(上藥)'이 그것이다.

우리는 이 세상에 '뭔가 해야 할 일'이 있어서 태어난 것이다. 그것은 일을 하며 사는 것, 따뜻한 가정을 만들며 사는 것, 사람들을 위해 전력을 다해 살아가는 것 등 다양하고 이렇게 '해야 할 일'을 모두 하기 위해서는 건강한 신체를 가져야 한다.

따라서 이 고서(古書)가 말하는 '상약(上藥)'은 가장 중요한 약이며 그 '상약'의 첫 번째가 되는 것이 소나무이다. 송(宋)나라의 약서(藥書) '중수정화경사증유비용본초(重修政和經史證類備用本草)'에서는 '소나무는 모발을 나게 하고 내장을 편안하게 해 주며 장수하게 하는 나무이다'라고 기술되어 있다. 명(明)나라의 고전약초서(古典藥草書)인 '본초강목(本草綱目)'에도 '솔잎은 송모(松毛)라고도 불리며 독이 없고 모발을 나게 한다. 오장을 편안케 하며 배고프지 않게 하고 천 년을 연명할 수 있게 한다'라고 기재되어 있다.

앞에서 언급했다시피 버섯을 채취하러 갔다가 조난당한 노인이 건강한 모습으로 돌아온 이야기가 이를 여실히 증명해 주고 있다. 중국에서 소나무는 '선인(仙人)이 먹는 음식'이라고 전해져 내려온다. 사실 선인의 수행은 거북과 같은 독특한 호흡법 외에 솔잎에 액을 '선인 약'이라고 해 사용했는데, 수행승이 단식에 들어갈 때 솔잎을 한 줌 먹고나서 수행에 임했다고 한다.

옛날 진나라가 멸망할 시기에 많은 궁녀들이 전란을 피하여 산 속에 몸을 숨겼다. 먹을 것이 없어 한탄하고 있던 중 그 산의 선인이 나타나 조선송(朝鮮松)의 열매를 먹도록 일러주었다. 그 말에 따랐더니 배고픔도 잊어버리게 되고 얼굴에 윤기가 흘렀다. 그 후 궁녀들은 흰머리 없이 검은 머리로 3백여 세까지 살았다고 전해 오고 있다.

또 다른 전설은 나병으로 산 속의 동굴에 숨어살던 사람이 선인이 준 송진을 먹고 백칠십 세까지 건강한 치아와 모발을 지니고 살았다 한다.

일본에도 이와 유사한 이야기가 있다. 8세기에서 9세기 사이에 살았던 순화왕(淳和王)의 두 번째 비(妃)의 여관 여원(女官女圓)은 솔잎을 먹으며 산중에서 선인의 생활을 즐겼다 한다. 그녀는 20세의 젊음을 죽을 때까지 유지했었다고 전한다.

130세의 나이에도 불구하고, 한방 약초 원예사의 자격증을 가지고 있는 나가사끼 현의 다까하시 씨는 작년 출판된 「취미 약초」에서 소나무에 관해 다음과 같이 적고 있다.

'절개의 상징은 송(松), 죽(竹), 매(梅)이고 그 중에서도 주역은 소나무이다. 문송(門松)은 일본의 정월 명절에 빼놓을 수 없는 것 중의 하나이다. 그리고 꽃이야기와 불로장수로 일본 소나무를 대표하는 것으로는 적송(赤松)과 흑송(黑松)이 있다. 적송은 산지 내륙성으로 잎이 가늘고, 줄기는 적갈색으로 아름다워 자송이나 여송(女松)으로 불린다. 흑송은 줄기가 검고 잎은 딱딱하고 강하여 웅송, 혹은 남송(男松)으로 불리며 바람이 거친 해안가에서 서식해 해안송이라고도 한다.

적송은 일본열도의 북동부에 흑송은 서남부에 주로 편중되어 서식하는데 서남부의 일부 고산지에는 적송이 많이 분포해 있다. 큐우슈우의 에비노 고원의 적송림은 모양이 아름답고 나무색도 좋아서 적송림의 아름다움을 만끽할 수 있다. 자연 식생과 더불어 인공 송림이 일본열도를 따라 우거져 있어 아름다운 경관을 뽐내고 있다. 일본의 삼경

(三景)인 센다이마쯔시마에는 적송, 사가의 마쯔바라에는 흑송, 열도 중간의 아마도하시다쯔에는 적송과 흑송의 혼합림이 조성되어 있어 적송과 흑송의 분포를 보여 준다.

적송과 흑송이 혼생하는 지역과, 평지에서 고산지에 이른 산지에는 적송과 흑송의 자연 교배에 의한 잡종인 아이노코마쯔(혼혈 소나무: 간종(間種))라고 불리는 소나무들이 자생하고 있다.

사람들에게 약재로 긴요하게 이용되는 것은 적송인데 이것이 없으면 간적송(間赤松)과 간흑송(間黑松)을 이용하고, 이것들도 구하기 힘들면 흑송(黑松)을 이용하기도 한다.

소나무의 송진에 관해서는 중국 고서(古書)에 '대개 노송의 껍질 속에 자연적으로 응집된 기름을 제일로 치며, 파서 채집하는 것과 삶아서 채취한 것보다 효력이 좋다. 천년 송진은 변하여 호박(琥珀)이 된다.'고 해 송진을 생송지(生松脂)로 부르며 약에 이용했다. 이것의 성분은 크게 나누어 수지(樹脂)와 정유(精油)의 테페핀유(油)로, 생송지(生松脂)를 증류해서 테레핀유를 얻어낸다. 남은 수지는 로진이라고 일본약계에서 지정하고 있다. 소나무 장작과 가지가 불에 잘 타는 것은 이런 성분이 많이 함유되었기 때문이다.

소나무의 종류에 따라 성분의 양과 질이 세분화된다.

옛날부터 땔감과 숯으로 적송이 많이 이용된 까닭은 흑송보다 적송에 송지(松脂), 이른바 송진이 많이 함유되었기 때문에 화력이 강해서이며, 약으로 이용되는 것 또한 적송의 이런 함유물 때문이다.

4) 질병의 증상과 솔잎의 치료 방법

솔잎 쥬스 이외에도 솔잎을 이용한 여러 가지 다양한 민간요법이 있다. 간단히 마시기 쉽게 쥬스를 이용하는 것도 있지만 참고로 다음과 같은 방법을 일러둔다.

그리고 다까하시 씨의 「취미 약초」에 나와 있는 솔잎주와 솔잎 사우나에 대해서 다음 장에서 소개하겠다.

• 고혈압
  - 솔잎을 물에 넣고 끓여서 차 대용으로 마신다. 솔잎 50개 정도를 깨끗이 씻어 1㎝ 정도의 길이로 썰어서 솔잎의 두배 정도의 물을 넣고 끓여서 걸러내 1일 3회 공복시에 마시면 효과적이다.
• 심근 경색증
  - 솔잎의 생즙을 마신다. 어린 솔잎은 물을 조금씩 넣어서 즙을 만든 다음 1일 3회에 나누어 마신다.
• 심장이 약하거나 심장병

- 솔잎의 어린잎을 수시로 씹어 액을 흡수하거나 솔잎으로 목욕하는 방법이 있다. 신선한 솔잎 50~100g과 버들잎을 헝겊에 싸서 묶어서 탕안에 넣어 목욕한다. 솔잎주를 마셔도 좋다.

• 중풍
- 특히 혀가 많이 꼬부라진 경우는 암소나무의 잎을 가늘게 썰어서 술을 넣고 다려서 마신다. 솔잎의 양은 약 20g, 술은 5잔 정도, 이것이 절반이 될 때까지 끓여서 조금씩 마신다. 중풍 예방을 위해서는 솔잎을 매일 씹는다.

• 뇌빈혈
- 암소나무, 종려나무, 대두(大斗)를 각각 20g씩 섞어 다려서 복용한다. 땀을 내면 좋다.

• 동맥 경화
- 솔잎을 한 웅큼 진하게 다려 마신다. 매일 50개 정도의 솔잎 어린 싹을 깨끗이 씻어 씹거나 즙을 내서 마신다. 솔잎주는 매 식전 및 식후에 1~2잔 복용한다.

• 뇌경색
- 솔잎, 종려잎, 대두를 다려 복용한다. 씹으면 혈액이 정화되고, 색전을 예방하는데 효과가 있다. 또 다른 방법으로 솔잎을 한 웅큼 다려서 복용하는데 조금씩 나누어 마신다. 솔잎주를 마시는 것도 좋다.

• 변비
- 소나무의 밑 부분에서 나는 좀 두꺼운 솔잎 3개를 잘 씹어 복용한다.

• 급성 위염
- 그늘에서 말린 솔잎 10g을 300㎖의 물에 넣고 물양이 반으로 줄어들도록 다려서 1일 3회 공복시에 복용한다.

• 치질
- 솔잎의 액을 마신다.

• 당뇨병
- 갈증이 날 때 적송의 생잎을 잘 찧어서 즙을 내서 마신다. 솔잎 4에 회나무의 파란 여린 잎을 6의 비율로 해서 다려 마신다. 이때는 육식을 피하는 것이 좋다.

• 숙취
- 적송의 잎을 한 웅큼 다려 마신다.

• 천식
- 신경성 천식은 솔잎의 새싹을 검게 볶아서 분말로 만들어 복용한다. 암소나무의

잎을 그늘에 말려 1일 20g씩 다려 복용하고, 기관지 천식의 경우는 신선한 솔잎을 한 웅큼다려 마신다.

• 질염
- 다린 솔잎액으로 요탕(腰湯 : 허리 아랫부분까지만 담그는 목욕 방법)을 한다.

• 알레르기성 비염
- 신선한 솔잎을 한 웅큼, 또는 그늘에서 말린 솔잎을 20g 정도 다려 마신다.

• 만성 알코올 중독
- 솔잎을 다려 1일 3회 복용한다.

• 안저출혈(眼底出血)
- 솔잎을 1일 20g 다려 마신다.

• 구취
- 솔잎을 몇 개씩 씹는다.

• 중풍
- 솔잎을 다려 즙을 낸다. 남은 잎을 버린 다음, 40도 정도 데워진 온탕에 아픈 부위를 담근다.

• 스트레스에서 오는 모든 증상
- 솔잎 사우나를 한다.

• 류머티스
- 마른 솔잎을 다려 즙을 내어 데워 마신다. 솔잎액도 효과적이다. 1~2잔씩 매 식전에 마신다.

• 폐결핵, 결막염
- 솔잎의 새싹을 송화가루가 묻지 않은 채로 그늘에서 말린 다음 10g 정도의 양으로 다려 마신다.

• 궤양
- 생으로 혹은 응달에서 말린 솔잎을 한 웅큼 다려 마신다.

• 구강염
- 솔잎액을 한 웅큼 다려 마신다.

• 신경통
- 솔잎액을 복용한다.

• 요통
- 솔잎을 한 웅큼 다려 마신다.

• 어깨 결린데
- 솔잎을 한 웅큼 다려 차 대용으로 마신다.

• 잇몸 질환
- 솔잎을 다린 즙에 소금을 가미해 입에 머금거나 솔잎을 검게 볶아서 아픈 부위에 바르거나 머금는다. 솔잎을 몇 개씩 씹어 보는 것도 한 방법이다.

• 치조골 질환
- 솔잎 한 웅큼을 400㎖의 물이 반량으로 줄어들 때까지 다려, 체온 정도의 온도로 식혀 입에 머금어 헹궈내고 솔잎액을 탈지면에 묻혀 환부에 갖다 댄다. 솔잎을 몇 개 씹는 것도 좋다.

• 솔잎·송피 등을 차 대용으로 마시면
- 심장, 고혈압, 빈혈에 탁월한 효과가 있고 신경통, 류머티스에 좋고, 뇌의 활동량이 증가되어 노인성 질환에 좋다.

• 폐결핵
- 송진을 분말로 만들어 1일 1회 작은 스푼 반량을 복용한다.

• 편도선이 부었을 때
- 솔잎을 생으로 씹거나, 즙을 마시면 반 시간 정도 지나면 목소리가 나오게 된다. 가정에서는 생잎이나 말린 것을 다려 차 대용으로 마시면 인후염에 좋고 자양 강장에도 도움이 된다.

• 치통
- 생솔잎 10개 내외를 씹으면, 10분 정도 지나서 통증이 가라앉는다. 송진을 충치 부분에 바르면 효과적이다.

• 불면
- 소나무 열매를 먹으면 좋다.

• 불로 장생
- 검정깨와 검은콩을 동량으로 다려 분말로 만들어, 그 위에 솔잎을 검정콩의 반량으로 해 차 마시듯 한 잔씩 계속 마신다.

• 피로 권태
- 생솔잎을 씹는다.(이상 다까하시 씨의 저서에서)

5) 혈액 정화 작용으로 동맥 경화를 예방

우리나라 성인의 3대 사인(死因)은 간 질환, 심장 질환, 뇌혈관 질환이다. 심장 질환은 심장의 혈관이 막히는 병으로 심근 경색이 대표적이고, 뇌혈관 질환은 뇌경색과 뇌출혈이다. 이것이 만성질환으로 당뇨병, 거기에다 심장 질환과 뇌혈관 질환의 원인이 되는 동맥 경화와 고혈압을 동반한다. 이른바 성인병이라 부르는 것인데, 식생활을 우선으로 하는 생활 습관이 발병의 원인이라고 한다.

이러한 성인병에 공통된 것은 혈액 또는 혈액을 움직이는 혈관에 문제가 있는 것이다. 흔히 '노화는 혈관에서, 혈관의 노화는 혈액에서 시작된다'라고 말하듯이 그 정도로 중요한 혈액이 우리도 모르는 부지불식간에 비정상이 된 것을 우리 부부도 예외 없이 알게 되었다. 이렇게 인체에 절대적으로 중요한 혈액을 깨끗하게 해 주어 동맥 경화를 예방하는 것에 도움을 주는 것 중의 하나가 솔잎이다.

남편의 회복이 TV에서 방영 된 직후, 건강잡지 <장쾌(壯快)> 2월호에 솔잎 쥬스와 우리 부부의 투병 모습을 소개한 기사가 게재되었다. '망각증 치료와 TV에 방영되어 물의를 일으킨 솔잎 쥬스 만드는 방법'이라는 큰 기사로 8페이지 분량으로 실렸다. 그 기사 중에 TV에도 출연했던 의학 박사 ○○○선생은 이런 지적을 했다. 솔잎 영양소 중에서 가장 중요한 것은 엽록소이다. 엽록소에는 여러 가지 약효가 있는데 특히 조혈 작용, 육아 조직(피부의 상처를 치료하여 복원시키는 입자)이 뛰어나기 때문에 상처의 치료, 빈혈, 위궤양 등의 치료에 이용되기도 한다.

솔잎의 특유의 유난히 푸른빛을 띠는 것은 송진의 주성분에도 있는 정유(精油 : 어떤 종류의 식물에도 있는 방향성의 휘발유)로 테레빈유 물질 때문이다. 이 테레빈유에는 불포화 지방산(지방을 구성하는 성분의 하나로 식물류와 어류 등에 많다)이 많이 함유되어 있다. 이 불포화 지방산은 혈관 중의 콜레스테롤을 제거하는 작용을 한다. 이것을 섭취하면 동맥 경화를 방지하고 혈액 순환이 용이하다고 한다.

솔잎 쥬스를 마시고 뇌경색 후의 망각 증세가 치료된 ○○○씨의 경우는 뇌의 혈액 순환이 개선되어 뇌세포의 활력으로 뇌기능이 회복된 것이다. 간단히 말해서 솔잎의 엽록소 성분이 뇌에 효과적이라는 것이다.

그 외에 솔잎은 고혈압, 뇌졸증, 심장병에 효과가 있다. 솔잎의 녹즙을 마시면 몸이 따뜻해지고 감기에 잘 걸리지 않으며 냉에서 오는 빈뇨증을 치료하는데 효과적이다.

또한 「솔잎 건강법」의 저자 다까시마 씨는 그의 저서 중에서 '15년 전에 구로끼 박사가 솔잎의 주성분인 테르펜틴을 분석한 결과, 솔잎의 테르펜틴은 불포화 지방산을 많이 함유하고 있어서 콜레스테롤 축적을 막고 동맥 경화를 방지하며 말초 혈관을 확장시켜 혈액 순환을 촉진하고 호르몬 분비를 촉진시켜 체내 균형에 도움을 주는 것으로 판명되었다'고 하며 다음과 같이 솔잎의 유효성을 해설하고 있다(미야자끼 다나까 박사가 분석한 적송의 성분과 '약용 식물의 연구'에 기재된 흑송의 성분에 관하여). 소나무 전체에서는 알코올, 에스테르, 페놀 화합물, 글리코기닌을 포함해 테르펜틴, 비타민 A, 비타민 C, 클로로틴을 주성분으로 하고 있는 강장제가 있다. 알코올, 에스테르 등은 체내의 노폐물을 배출시켜 더 한층 신진 대사를 촉진시킨다. 비타민 A는 점막을 튼튼하게 하는 작용도 한다.

그밖에 함유된 글리코기닌에 혈당 강하 작용이 있어 당뇨병에 효과적이다. 아편과 니코틴 해독에 효과적인 아피에틴산도 있다.

일본산의 흑송, 적송의 잎에 비타민 C가 다량으로 함유되어 있다는 것은 알려진 사실이다. 또한 후라보노이드의 이에르세틴, 켄페롤, 또 정유분(精油分)으로 피넨과 볼네올, 캄펜 등이 함유되어 있다. 이중에 특히 비타민 C와 크에르세틴이 혈압에 효과가 있다.

더구나 비타민 C는 혈관 강화에도 도움이 되지만 스트레스 저항력이 있고, 엽록소(클로로필)는 체내에 축적된 콜레스테롤을 감소시키며 비타민 A, 비타민 C, 엽록소는 녹황색 야채의 중요한 영양소로 야채 부족의 현대인이 솔잎액 등에서 영양소를 보충하면 영양의 밸런스 면에서 대단히 효과적이다.

솔잎에는 철분도 풍부해서 철분 부족 때문에 생기는 빈혈 치료에도 좋다. 철분을 식품에서 섭취하는 경우, 흡수되기 위해 비타민 C가 필요하다. 비타민 C의 작용에 의해 철분이 흡수되기 쉽게 변화하지만, 솔잎은 철분과 비타민 C가 모두 풍부해서 우수한 철의 보합원이라 한다.

다까시마 씨는 심근 경색으로 빈사 상태가 된 사람을 솔잎액으로 소생시킨 사람으로 '솔잎액은 심근 경색의 특효약이다'라고 기술했고 '동계(動悸), 호흡 곤란, 숨이 차는 등 이런 심장병의 3대 증상, 그리고 흉통, 부종, 현기증 등 심장병에서 파생되는 증상들도 솔잎액으로 치료된다고 했다. 과로와 흥분, 불안, 초조감 등 심장병에 가장 좋지 않은 증상이 솔잎을 마시면 씻은 듯이 낫는다. 그리하여 옛날부터 솔잎은 선인들의 강심제로 사용되어 왔다'라고 기술되어 있다.

저혈압인 사람이 솔잎액으로 조금씩 혈압이 올라가 지금은 검진하는 의사로부터 '아주 이상적이다'라는 판정을 받았다고 한다.

의학서의 고전인 「회중비약집(懷中妙藥集)」에는 '솔잎을 씹으면 고혈압이 없어져 중풍이 치료된다. 뇌빈혈로 쓰러진 사람이 솔잎을 계속 씹었더니 언어 장애도 없어지고 회복이 빨라졌다'라고 기술되어 있다.

6) 양질의 단백원 솔잎

솔잎의 성분 중에는 단백질이 함유되어 있다고 기술되어 있다.

그러나 이 사실은 의외로 알려져 있지 않다. 화한약(和漢藥) 연구소와 군마(群馬) 대학 내분비 연구소가 공동으로 연구한 '적송잎의 성분에 관한 연구, 에탄올 용해 아미노산에 관하여'의 보고에 의하면 적송의 잎에 함유된 아미노산은 24종류, 이 속에 단백질로 구성된 아미노산 19종류가 확인되었다. 이런 연구는 일본에서 처음 행해졌다.

아미노산이라는 것은 다소 전문적이지만 아미노기(基)와 카르복실기(基)를 함유한 유기 화합물의 하나로 단백질 기본 구성 단위이다. 신체를 유지하는데 필요한 물질로 특별히 섭취하지 않으면 안 되는 여덟 종류를 '필수 아미노산'이라고 부른다. 필수 아미노산은 체내에서 합성되지 않기 때문에 식품 중에서 섭취해야 한다.

같은 보고에 따르면 적송잎에는 ▽감마 아미노산 젖산(GABA=뇌에 산재해 포도당의 분해를 촉진하고 뇌의 기능을 활발하게 한다. 또한 연수의 혈압 중추에 작용해서 혈압 강하 작용을 한다), ▽아스파라긴산(생체내 대사의 중추적 역할을 한다), ▽스레오닌(필수아미노산), ▽세린(인지방질의 구성 성분), ▽글루타민산(생체내의 아미노기(基) 전이 반응계의 매개체), ▽프로린(콜라겐 단백질의 일종), ▽글리신(생체내 대사 경로의 전구체), ▽알라닌(판토텐산- 생물의 조직중에 있는 비타민 B 복합체의 일종으로 생물의 성장과 대사에 중요한 역할을 한다 - 보조 효소 등의 구성 성분), ▽바린(필수 아미노산), ▽메티오닌(동일), ▽로이신(동일), ▽티로신(갑상선 호르몬 등 생체 합성 원료), ▽페닐알라닌(필수 아미노산), ▽리신(동일), ▽히스티딘(유아의 발육에 필수인 아미노산)등이 대표적인 것들이다.

이 연구가 발표된 지 20년 후에 화한약(和漢藥) 연구소가 행한 '적송잎의 구성에 관한 연구(제2보 : 에탄올 용출(溶出) 아미노산의 흑송잎과의 비교에 관하여'에서는 흑송잎에서도 아미노산의 검출을 실험했다. 그 결과 흑송잎에서도 적송잎과 동일하게 프로린, 아르기닌 등 그 외에 로이신과 리신 등의 필수 아미노산이 함유되어 있는 것이 밝혀졌다. 결과, 어떤 영양소든 적송잎보다 흑송잎이 풍부하다는 것이 알려졌다.

또한 적송잎과 흑송잎에 아미노산의 양이 가장 많이 함유된 시기는 2월에서 5월 사이라고 한다.

이상으로도 솔잎은 상당히 양질의 단백질원인 것으로 입증되었다.

7) 솔잎 엑기스는 남아 있는 콜레스테롤을 없애 준다.

최근, 혈중의 지방분이 증가하는 고지혈증이라는 병이 증가하고 있다. 동물성 지방분을 많이 섭취하는 구미형 식생활에 수반되는 것으로 이것이 지나치게 되면 동맥 경화, 뇌경색, 협심증과 심근경색 등을 일으키는 원인이 되기도 한다.

고지혈증에 문제가 되는 것은 콜레스테롤과 중성 지방이다. 의학적으로 혈청 100cc 중에서 콜레스테롤이 220㎎ 이상일 경우와, 중성지방이 150㎎ 이상일 경우에 치료를 필요로 한다.

여기서 일단 콜레스테롤과 중성 지방에 대해서 설명하고 넘어가기로 한다. 콜레스테롤은 혈관벽에 축적돼서 동맥 경화를 유발하는 '악성 입자'와 혈관벽의 콜레스테롤을 골라내 버리는 '순성 입자'가 있다. 이 양자가 체내에서 골고루 균형을 이루어야 하는데 '악성 입자'의 폭이 넓어져 균형이 깨지게 되면 문제가 발생하게 된다.

혈중의 콜레스테롤은 악성 입자의 형태로 서서히 혈관벽 속에 침투해 흡착해 간다. 그 결과 혈관은 차츰차츰 내부가 좁아 들어 혈액 순환에 지장을 주게 되는데 이렇게 되면 혈관의 벽은 두터워지는 한편 내부가 헐게 되어 벗겨지기 쉽게 된다. 또한 헐은 부분은 혈액이 응고되어 혈전이 되기 쉽고, 벗겨진 부분이 혈류를 타고 이동하여 가늘어진 혈관을 막히게 한다. 심장의 관상 동맥이 막혀서 심근 경색을 유발해 뇌의 혈관이 막혀 뇌경색을 일으킨다.

중성 지방은 피하 지방과 같은 것으로 중성 지방이 혈액중에 증가해 콜레스테롤과 같이 동맥 경화를 촉진시킨다. 왜 중성 지방이 나쁜 것이라고 하느냐 하면 이것이 많아지면 순성 입자 콜레스테롤이 감소되어 혈관벽에 달라붙은 악성 입자 콜레스테롤의 제거가 어렵기 때문이다.

어쨌든 콜레스테롤의 관리가 심장 질환과 뇌혈관 질환 극복의 열쇠가 되는 것은 자명하다. 그렇다고 하더라도 콜레스테롤은 생체에서 일정량은 필요한 물질이다. 콜레스테롤이 제로가 되면 또 별개의 문제가 생겨나므로 문제는 순성 입자를 어떻게 늘이고 악성 입자를 어떻게 줄이느냐 하는 것이다.

그래서 <그림 10-2>는 화한약(和漢藥) 연구소가 실험용 쥐에게 적송잎 엑기스를 마시게 해 혈액 중의 콜레스테롤 수치를 측정한 것이다. 투여 1개월 후에 혈중 콜레스테롤이 98%가 되어 빠른 저하 상태를 보이기 시작했다. 3개월 후에는 더욱 콜레스테롤 수치가 저하되어 약 90%로 내려갔고, 복용 1년 후에는 85%까지 콜레스테롤량이 저하되었다. 실제로 15%의 저하를 가져 온 것이다. 서서히 시간이 경과함에 따라 변화한 것이기 때문에 건강상으로도 이상적인 변화이다.

8) 솔잎은 담즙의 분비를 촉진한다.

콜레스테롤과 깊은 연관이 있는 것으로 담즙이 있다. 담즙 성분의 하나인 담즙산은 콜레스테롤을 원료로 하여 만들어진다. 그래서 담즙의 분비가 증가하면 할수록 콜레스테롤이 많이 소비되어 체내에 남아있는 콜레스테롤이 감소된다.

대조군에 대한 혈장중 총콜레스테롤치 백분율

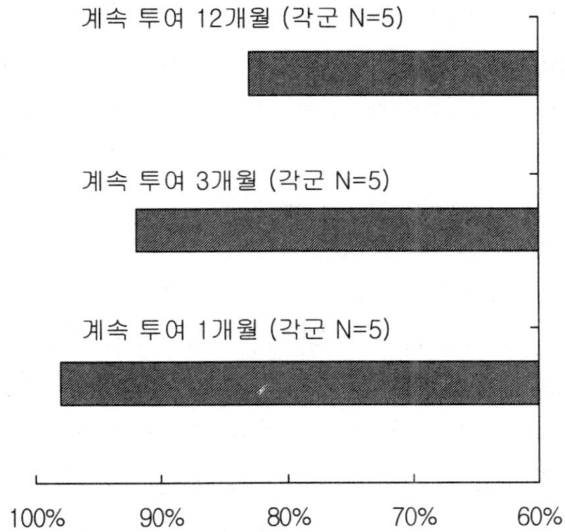

그림 10-2. 붉은 솔잎 엑기스 투여로 콜레스테롤치가 내려갔다.

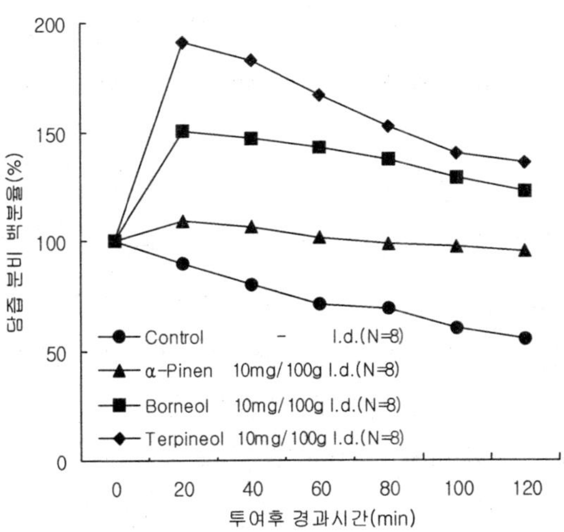

그림 10-3. 붉은 솔잎 정유의 담즙분비 촉진 작용

<그림 10-3>은 <그림 10-2>와 같이 화한약(和漢藥) 연구소에서 실행한 실험으로 실험용 쥐에게 적송잎의 정유(精油)를 투여했을 때의 담즙 분비량의 변화를 보여 주고 있다. 적송잎의 정유 성분인 테르피오넬, 보르네올, α-피넨의 3종류로 실험했다. 각각 실험용 쥐의 체중 100g에 맞춰 정유 10㎎을 투여했다. 세로축이 담즙의 분비량, 가로축이 투여 후의 경과 시간이다.

<그림 10-3>의 가장 하단의 첫 번째 데이터는 아무 것도 투여하지 않은 쥐의 그룹이다. 이것과 비교해 보면 적송잎의 정유를 투여한 그룹은 현저히 높은 담즙 분비량을 보이고 있다. 시간 경과에 따라 분비량이 줄어드는 것을 볼 수 있는데 솔잎 정유를 투여하지 않은 그룹은 별 변화를 보이지 않아 큰 차이가 있음을 알 수 있다.

9) 장수하는 데는 솔잎 쥬스가 으뜸

신농양(神農様)이라는 약(藥)의 신(神)은 일본의 어느 곳에서나 숭배받는데, 이 신은 예로부터 십장생이라는 해, 신, 물, 돌, 소나무, 구름, 나무, 풀, 학, 거북이 중에서 소나무를 나무로 보지 않고 십장생에 일부러 포함시켰다고 한다. 이것으로 보아 소나무가 얼마나 장생하는가를 알 수 있지만 여기서 짚고 넘어가야 할 것은 단지 소나무만이 장수하는 것이 아니라 이 소나무를 먹고, 마시기도 하는 사람도 장수한다고 한다. 소나무는 천 년을 해로한다는 말이 있듯이 장수하는 것을 소나무의 나이에 비유하는 것을 미루어 짐작하면 알 수 있다.

건강하게 장수하는 것은 질병에 견딜 수 있는 튼튼한 신체를 가지는 것을 의미하는데 강한 체력을 가지는 일이란 병원균과 스트레스 같은 외적(外敵)이 신체를 급습할 때 그것들을 극복하거나, 병이 났을 때 빠른 시간 내에 빨리 회복 가능한 체력을 유지하는 것이다.

점점 얘기가 되돌아가고 있는 것 같지만 인간은 병이 났을 때 자연적으로 치유하는 힘을 가지고 있다. 이것을 자연 치유력이라고 한다. 예를 들어 어느 탁발승이 굴러 넘어졌다. 무릎이 깨져 피가 흐르고 통증이 있었는데도 며칠이 지난 후 씻은 듯이 나았다. 병원에 가 의사에게 치료도 받지 않았다. 이런 조그만 상처만이 아닌 입원 치료가 필요한 경우에도 병이 낫는 것은 기본적으로 신체가 지닌 자연 치유력 때문이다. 의사들의 진단과 약 등은 이 자연 치유력을 높이기 위한 보조 수단이며 병이란 어디까지나 신체가 스스로 치료해 주는 것이다. 그러므로 건강하기 위해서는 각자가 지닌 자연 치유력을 향상시키는 것이 중요하다. 영양, 운동, 휴양, 스트레스 관리 등 이런 건강 원칙을 지키는 일도 중요하지만 이것에 솔잎 쥬스를 추가하면 그 효과는 배가된다.

10) 회춘의 묘약 솔잎 쥬스

A군(郡)의 천연 기념물 중, 동심(洞深)의 대송(大松)이 있다. 소나무를 너무나도 사랑한 인백희(人百姬)가 심었다는 전설이 있는데, 높이가 22m, 수령은 700년이 넘었다 한다. 인백희(人百姬)는 천 년을 살았다고 전해 오는데 살결은 백설 같이 희고, 항상 15, 16세의 젊음을 유지했으며 가는 곳마다 소나무를 심어 솔잎을 먹었다 한다. 인백희의 변함없는 젊음과 용모는 솔잎에 근거하지 않았나 생각된다.

솔잎은 불로 장생의 약이라는 것과 더불어 강장제로도 상당히 효과가 있는 듯하다. 솔잎 건강법의 저자 다까시마 씨에 따르면 적송의 잎에서 만든 금조로(金朝露)라는 솔잎약과 연관된 이런 이야기가 전해 온다. 같은 책에서 발췌한 것이지만 - '금조로라고 일컫는 솔잎약이 있다. 강건한 호걸이 괴물을 커다란 바구니에 잡아넣어 짊어지고 돌아오는데 괴물이 살려주면 은혜를 잊지 않고 묘약을 만드는 방법을 가르쳐 주겠다고 해서 놓아주었다. 그때 가르쳐 준 약은 해변에 떠오르는 아침해가 맞닿을 즈음의 붉은 소나무의 잎으로 만든 강장제였다'한다. 적송은 바다에 접해 있는 것이 가장 효력이 있다고 하는데 이 금조로의 제법은 이치에 맞는 듯 싶다.

솔잎의 생식이 강장제로 상당한 효과가 있는 것은 알카로이드 그 외의 영양과 소화기 및 뇌조직에 유효한 자극을 가져다주는 성분을 다량으로 함유하고 있어서이다.

늙어서도 건강을 유지하기 위해 호르몬을 고갈시켜 섹스를 즐기는 것은 양생훈에도 나와 있는데 그러기 위해서는 심장을 튼튼히 하는 것이 제일이다. 솔잎은 심장을 강하게 해 준다.

태평양전쟁 말기, 비행기의 연료 부족을 보완하기 위해 소나무 뿌리에서 채취한 송근유(松根油)를 사용했다는 것은 알려진 사실로, 가솔린 대용으로 비행기를 날게 했다.

다까시마 씨에 따르면 당시 그 일에 종사했던 사람이 밤에 놀러 갈 때 송근유를 조금 핥아먹고 갔더니 정력이 평소보다 배 이상 되었다고 한다. 상당한 효과에 기쁜 나머지 친구에게 가르쳐 주었는데 75세의 남성에게 청춘의 피가 끓었다고 한다. 「민간 요법」이라는 책을 쓴 오꾸보 씨도 소나무는 놀라운 강정 식품이다. 쇠고기 등은 비할 바가 아니다. 전쟁 말기에 대용 연료로 비행기를 날게 했던 송근유는 조금만 복용해도 정력제로 강력하며 송진보다도 훨씬 효능이 우수하다라고 평가했다. 강정에도 좋으니 피로회복에도 당연히 좋다. 나의 경험에 비추어 보면 K시에 있을 때 가게에 들러 준 대학 카누 선수들에게 솔잎 쥬스를 마시게 했더니 아침에 피로가 말끔히 풀리고, 전원이 상쾌하고 놀랄 정도의 힘이 생겼다고 멤버 중 한 사람이 일부러 또 가게에 고개를 내밀고 보고해 주었다.

또한 단골 손님인 어느 항공회사의 조종사는 솔잎 쥬스를 마시고 피로를 느끼지 않았다고 하면서 가네가와 시에 올 때에는 꼭 마시고 돌아갔다.

방송국의 어느 아나운서도 철야로 근무를 할 때, 머리가 띵하고 혼미하다고 해 솔잎 쥬스를 권해 보니 얼마 안 가서 머리가 개운해 졌다며 '못 믿겠어, 어떻게 된 거지?'하며 의아한 듯 고개를 갸우뚱거렸다.

11) 백발이 검게, 발모 효과까지

솔잎이 모발에도 관여하고 있다는 것은 먼저 소개했던 고서(古書), 「본초강목」에도 나와 있다. 솔잎 쥬스 사건을 TV에서 보고 알았다는 K시내의 건축 관계 회사에서 일하는 남성은 직업상 헬멧을 쓰는 일이 많았다. 그 때문에 정수리의 머리카락이 자주 빠져 거의 없었는데, 솔잎 쥬스를 마신 지 반 년만에 머리가 나기 시작했다고 한다. 남편도 병 때문에 새하얗게 된 머리카락이 솔잎 쥬스를 마신 후 조금씩 검은 머리카락이 나기 시작했다. 새하얗게 세어진 머리 때문에 걱정이 말이 아니었는데 ......

솔잎 건강법의 다까시마 씨는 글중에서 대단히 흥미진진한 이야기를 소개하고 있다. 그 부분을 인용해 보면,

'일본화의 거장 ○○○화백은 90세까지 살았다. 임종시에도 검은 모발로 건강하게 그림을 그렸는데, 화백은 최후까지 한결같이 술과 솔잎 식사를 하는데 철저했다'한다.

솔잎을 태워 염색액을 만들어 백발에 사용해 보니 진짜 흑발처럼 되었다는 멋진 체험을 가지고 있는 고대식 연구가 ○○○씨의 이야기도 있다. '내가 50세 경에는 거의 백발에 가까웠는데 70세가 된 지금, 검은 머리가 더부룩하다. 이것은 솔잎과 광나무 덕분이 아닌가 한다. 백발은 연령과는 무관하다'라고 했다.

동양 의학의 고전, 「본초강목」에는 솔잎이 모발을 나게 한다는 근거가 있다.

○○○씨가 만든 불가사의한 백발 염색법 이야기를 들어보면, '적송잎을 건조시켜 커다란 철화로에 태워 재를 만든 다음, 뜨거울 때 순수한 참기름을 넣고 저으면 검은 먹물이 된다. 그 위에 참기름을 부어 가면서 약초를 섞어 중화시키면 검은 솔잎즙이 되는데 그 즙을 칫솔로 머리 흰 부분에 바르면 된다. 수용성이라서 머리를 감으면 없어지는데 다시 바르게 되면 몇 년이 경과해도 없어지지 않는다. 늙으면 백발이 생긴다는 것은 옛말이다. 이제는 젊은 나이인데도 하얗게 센 머리를 가진 사람이 있다'

○○○씨가 편집한 「무사(無事)」에,

어떤 사람이 중학교 2학년 때에 탈모증으로 대머리가 되었다. 어느 사람이 가르쳐 준 대로 솔잎을 구해서 직경 5㎝로 잘라 묶음 2개를 만들어, 아침 저녁 뾰족한 부분으로

머리를 콕콕 찔렀는데 훌륭하게도 머리카락이 밤송이처럼 나기 시작했다.

그 외에 발모 촉진법이라는 것도 있다. 솔방울을 검게 구워 참기름을 넣고 짓이겨 잘 섞어 문질러 바른다. 또 한가지 방법은 적송잎 50개 정도를 물로 깨끗이 씻어 묶은 후, 꼭지 끝부분까지 절단하면 베인 부분에서 점액이 나온다. 그것을 두피에 바르는데 점액이 안 나오면 새것을 다시 반복해서 사용한다.

○○○씨는 이런 글을 썼다. 나는 4월이면 만 68세, 69세를 맞이하나 두발이 새까맣고 정정해서 염색을 잘 했다는 얘기를 듣는다. 솔잎을 먹은 지 2년 정도 지난 어느 날, 거리에서 신문 기자 시절의 친구를 만나 찻집에서 차를 마시며 얘기하던 중에 "○○○씨, 예전같지 않게 머리를 염색하고 ......"라고 말해서 "염색한 게 아닌데"하고 말하자 "거짓말 말아. 자네 머리는 붉은 머리가 아니였잖아?"라고 말하는 것이었다. 얼핏 거울을 보니 내 머리카락은 진한 검정색이었다. "내 머리가 빨강색이라니?"하며 자세히 보니 붉은 빛을 띠고 있었다. 그것이 어느샌가 새까맣게 되었다. 솔잎을 지속적으로 먹은 덕분이었다.

나는 매일 아침 면도를 하고 얼굴(머리도) 보는 것을 게을리 하지 않는데 2년만에, 730일 동안 조금씩 검어지게 되었다. 하루에 730분의 1정도 검어지는 것이어서 알아차리지 못했다. 검어진 것뿐만 아니라 젊은 사람 같이 윤기가 흘렀다. 포마드 기름도 바르지 않았는데 ......' 그 후로부터 10년, 가끔 만나는 ○○○씨의 두발은 그야말로 진한 흑색, 「본초강목」이 예언한 대로였다. ○○○씨를 강제로 끌어들인 일도 없고, 나 자신도 74세이지만 그대로 흑발인 것은 오로지 솔잎 대명신(大明神)의 덕분이다.

G시의 ○○○씨, ○○○선생은 당시 80세였지만 솔잎액을 자주 복용해, 앞머리 숱이 아주 적었는데 검게 나기 시작했다. 코 밑, 구레나룻 부분의 털은 항상 면도를 하는데도 계속 나고 모질 또한 점점 단단해졌다. 처음에는 송지와 복령(茯苓) 가루를 사용하였다. 그럴 즈음 자주 가는 이발소 주인에게 좋아졌다는 얘기를 들었으나 별 신경 쓰지 않고 넘겼는데 새삼스레 솔잎의 효과가 눈에 확 들어왔다. 주간지에 ○○당의 ○○○의원이 '솔잎 브러싱으로 손질하는 대머리 발모 대책'에 이런 내용이 실렸다. '아침에 목욕탕에 들어간 후 거울 앞에서 서서 묶은 솔잎으로 머리 전체를 500회 이상, 약 10분 간 문질렀다. 효과가 있어서 머리가 말쑥하게 되더니 모발이 더 이상 빠지지 않았다. 덕분에 모발은 지금, 숱이 많고 검다' 이런 건강법의 계기는 ○○○의원이 중학 2학년 때 신경성 원형 탈모증에 걸려 의기소침해 있을 때, 담임선생이 가르쳐 줘 실행하였다. 실행한 지 3개월 만에 완치되었는데 이후 60세가 넘은 지금까지 계속하고 있다.

12) 노화, 암의 원흉 '활성 산소'를 이기자

암과 노화는 치료가 곤란한 병인데 정확한 원인을 아직 알 수는 없지만 의료계에 관계하는 사람들의 연구에 의해 조금씩 윤곽이 드러나게 되었다. 최근 주목할 만한 것은 '활성 산소(活性酸素)'라 불리는 독을 지닌 나쁜 산소의 등장이다.

우리는 산소가 없이는 몇 분도 살 수 없다. 그 정도로 중요한 산소가 체내에 나쁜 영향을 미치는 산소로 변해 버리는 것이다.

보통 산소라 부르는 것은 O_2라는 과학 기호로 표시한다. O_2가 아닌 불안정한 상태로 떠도는 산소가 있는데 이 산소는 다른 물질과 결합해 정착한다. 체내에 이 반응이 일어나면 단백질과 핵산, 지방질 등을 공격해 이것들을 상하게 변화시킨다. 이것이 달갑지 않은 활성 산소라는 것이다. 활성이라는 단어에서 연상되는 좋은 이미지와는 달리 체내에 들어가면 해를 끼쳐 '못된 방어', '야수 산소' 등으로 불린다.

활성 산소를 발생시키는 원인으로는 담배, 알코올, 지방과 곰팡이, 배기 가스, 대기 오염, 오존, 자외선, 혈류의 일시적 저해 등이 있다. 특히 담배에 함유된 타르, 니코틴은 '활성 산소를 더욱 날뛰게 하는 물질' 이라고 한다.

또한 활성 산소는 포화 지방(동물성 지방)에 함유된 포화 지방산을 산화해서 과산화지질이라는 유해 물질을 만든다. 과산화 지질은 세포막을 일순간에 파괴할 정도의 강력한 독성을 지니고 있다. 이 물질에 의해 혈관이 상처를 입게 되면, 이윽고 혈관을 막아 버려 혈전이 되게 하고, 콜레스테롤과 중성 지방이 혈관벽에 달라붙어 동맥 경화를 진행시키는 것이다. 이러한 무법자가 사방에 흩어져 '나쁜 짓'을 하는데 대하여 몸은 SOD(슈퍼 옥시드 디스타제)라는 효소에게 대항시킨다. 이것은 항산화제 작용을 하는 것으로 활성 산소 같은 몸에 유해한 물질을 물과 같은 무해한 물질로 변화시키는 작용을 한다.

정말 고마운 존재이지만 유감스럽게도 SOD의 작용은 무한한 것이 아니다. 특히 나이를 먹을수록 작용이 약해져 제 구실을 못하는 결점이 있다.

SOD외에 항산화제는 비타민 C, 비타민 E, 녹황색 야채 등에 다량 함유되어 있는 카로틴 등이 있다. 이것들을 충분히 섭취하는 것이 노화와 암을 예방할 수 있는 첩경인 것이다.

사실, 이 항산화제 작용이 솔잎에도 있다는 것을 알 수 있다. 화한약(和漢藥) 연구소가 실험한 특수한 기술로 활성 산소를 만들어 내보낸 적송잎의 엑기스와 반응시키고 그 항산화 작용을 산출하였다.

결과는 농도에 따라 다르나 50%의 산화 억제율을 기록해 높은 항산화 작용이 솔잎에 있는 것이 밝혀졌다. 실험 경과 등에 의하면 상당히 복잡하고 전문적이기 때문에 여기서는 상세히 설명하기가 어렵지만 어쨌든 간에 인체 방어를 위한 대단히 중요한 항 산화작용이 솔잎에 있다는 것이 여실히 증명된 것이다.

이상적으로 건강을 유지하고 장수하기 위하여 신체를 구성하고 있는 세포를 가능하면 손상없이 하도록 하는 것이 필요할 따름이다. 최근의 연구에서는 손상을 많이 입은 세포 쪽이 빨리 노화되어 암을 발생시키는 위험성이 높다는 것이 판명되었다. 이러한 의미에서 본다면 솔잎 쥬스의 유익성은 확실하다고 볼 수 있다.

남편을 시작으로 많은 사람이 건강을 회복했다는 사실이 '임상 실험'에 의거, 여실히 증명된 셈이다.

앞으로도 더욱 많은 사람들이 '솔잎 요법'에 의해 건강한 삶을 영위할 수 있기를 바란다. 아울러 이 글이 건강한 사회를 만드는데 작은 보탬이라도 되었으면 한다.

4. 고사리

비빔밥에는 고사리나물이 빠질 수 없다. 독특한 맛과 색, 또 입에 씹히는 촉감은 다른 채소로는 흉내낼 수 없는 특색이 있다. 고사리와 비슷한 것에 고비가 있어 역시 식용으로 하는데 고사리는 참고사리과에 속하고 고비는 고비과에 속하는 4촌쯤 되는 관계이지만 양치류에 속하는 것은 마찬가지이다.

고사리는 우리나라 사람들이 애용해 오고 있는 대표적인 산나물의 하나로서 습기가 많은 땅이면 어디서나 잘 자란다. 온대와 열대에 걸쳐 2천 8백여 종이나 될 정도로 이 지구상에 광범위하게 분포되어 있으나 서양에서는 우리나라와는 달리 독초로 알려져 있어 식용으로 사용되지 않고 있다.

고사리의 요리법은 다양해서 나물로 무치거나 비빔밥에 넣어 먹든지 찌개를 끓이는데 널리 사용되고 있다. 석회질이 많아 치아와 뼈를 튼튼하게 하는 식품으로 알려져 있으며, 단백질, 당질, 섬유질 등이 비교적 많이 들어 있고, 인, 철 등의 무기질과 비타민 A와 B_2 등도 함유되어 있다.

약재로 쓰이는 부위는 뿌리줄기로서 늦가을에 캐서 햇볕에 말린 후 잘게 썰어서 사용되는데 아스파라긴산과 글루탐산과 같은 아미노산류와 포나스테로사이드 A(ponasteroside A), 그리고 프르나신(prunasin)등이 함유되어 있다.

한방에서는 고사리를 궐채, 뿌리를 궐근, 궐기근이라하며, 민간요법에서는 고사리를 달인 물을 오줌이 잘 나오도록 하는 이뇨와 몸의 열을 내리게 하는 해열에 쓰이고 있으며, 설사, 황달, 대하증에도 사용된다. 장염과 설사에는 고사리 잎과 뿌리를 태워 가루로 만들어 장복하면 잘 낫는다고 한다.

「동의보감」에서 보면 "고사리는 맛이 아주 좋지만 오래 계속해서 먹어서는 아니된다. 양기를 소멸시키며 다리 힘을 약하게 하여 걸음을 걸을 수 없게 한다. 시력이 약해지며 배가 부어오르는 병이 된다"고 기록되어 있다. 따라서 옛날 절 음식에서 고사리를 많이 이용한 것은 불도를 닦는 승려들의 정력을 억제하기 위해서였다는 말이 있는 것도 일리가 있다.

표 10-10. 고사리의 일반 성분(가식부 100g당)

성 분	생 것	삶은 것	성 분	생 것	삶은 것
에너지, ㎉	39	21	칼슘, mg	14	1.4
수분, %	88.0	91.8	인, mg	84	15
단백질, g	3.9	3.2	철, mg	1.5	40
지질, g	0.3	0.3	비타민 A, R.E.	34	1.4
당질, g	5.1	3.0	비타민 B_1, mg	0.07	7
섬유, g	1.7	1.4	비타민 B_2, mg	0.10	0.02
회분, g	1.0	0.3			

유독작용

햇고사리를 넣어 끓인 조기국이나 비빔밥의 고사리 맛은 별미가 아닐 수 없다. 그런데 "고사리를 먹으면 양기가 약해진다"라든가 "고사리를 먹으면 피가 마른다" 등의 부정적인 이야기를 주변에서 흔히 듣게 된다. 또 근래에는 고사리가 발암성분을 지니고 있다는 이야기가 있다.

최근 연구결과에 의하면 고사리의 유해론이 허무맹랑한 근거 없는 이야기가 아니라는 사실이 밝혀졌다. 즉, 우리의 신체를 쇠약하게 하는 물질과 소에 장암과 방광암을 일으키는 독성물질이 들어 있다는 것이 확인되었다.

소, 말과 같은 가축이 고사리를 먹게 되면 중독 증상이 나타나 병에 걸린다는 사실은 유럽 농부들에게는 오래 전부터 잘 알려져 있었다. 그런데 이때 나타나는 중독증상은 근육이 연약해지는 것과 동시에 발의 움직임이 부자유스러운 전형적인 비타민 B_1 결핍증과 유사했다.

결국 많은 학자들은 고사리의 독성에 관하여 관심을 갖게 되어 원인 규명을 위한 연구 결과, 가축에 대한 고사리의 유독작용은 비타민 B_1 분해효소인 티아미나제 때문인 것으로 밝혀졌다. 티아미나제는 열에 강해서 100℃로 가열해도 파괴되지 않으며 햇볕에 건조시켜도 역시 파괴되지 않는다. 단지, 물과 알코올에 잘 용해된다. 이와 관련해서 우리의 고사리 먹는 습관을 보면 고사리를 데쳐서 물로 오랜 시간 동안 우려내서 먹는데, 이것은 일종의 독성을 제거하기 위한 방법인 것 같다.

그러나 고사리 중독증상 중에 출혈과 궤양증상이 나타나는 것으로 보아서 비타민 B_1 뿐 만 아니라 비타민 K 또는 B 복합체 등 여러 가지 비타민에 대한 결핍증도 동시에 발생함이 밝혀졌다. 이는 이러한 증상들이 비타민을 투여하면 없어지는 것으로서 입증되었다.

고사리의 독성문제에 관한 초기 연구는 티아미나제에 관한 것이었지만, 그 후 독성연구는 발암성 문제로 확대되었다.

영국의 에반스 박사는 가축을 고사리나 고사리 추출물로 사육하면 골수손상, 발열, 장의 손상 및 궤양증상이 나타난다는 사실을 알았다. 그는 생고사리를 건조하여 가루로 만든 다음 고사리 함유량이 34%가 되도록 혼합하여 흰쥐에게 3개월 동안 먹였다. 또 고사리 중에 다량으로 함유되어 있는 티아미나제 독성을 억제하기 위하여 비타민 B_1을 추가로 충분하게 공급했다.

실험 시작 11개월 경과 후 고사리로 사육된 흰쥐 중 숫컷은 전부, 암컷은 2/3가 사망했다. 사망한 흰쥐를 해부해서 장기를 조사한 결과, 장 내부 벽에 여러 개의 종양이 생긴 것을 발견할 수 있었다. 즉, 소장의 전체 부위에 종양이 발생했고, 특히 소장의 말단부위인 회장의 종양발생률이 가장 높았다.

한편, 같은 기간 중 고사리가 첨가되지 않은 정상 사료로 사육된 흰쥐는 모두 건강하게 생존했다. 그후 고사리로 사육한 양에서도 흰쥐와 마찬가지로 동일한 종양이 발생된다는 것이 밝혀졌다.

일본 동경대학 연구진에 의하여 규명된 고사리의 암 유발물질은 '프타키로사이드'로 고사리의 열탕 추출물에서 분리되었다. 이와 같이 고사리의 유독성여부는 성분연구로 입증되었는데, 여기서 유의해야 할 점은 실험동물에 사용된 고사리와 우리가 식용으로 하는 고사리와는 그 처리과정이 다르다는 점이다. 즉, 동물실험에서는 유독 성분이 가능한 파괴되지 않도록 생고사리를 저온에서 건조시켜 실험재료로 사용했지만, 가정에서는 고사리를 일단 데쳐서 물로 우려내서 나물로 만들어 먹거나 또는 건조시켜 보관했다가 다시 물에 불린 다음에 먹기 때문에 걱정하지 않아도 된다.

특히 고사리의 유독 성분은 물에 잘 녹는 수용성 물질이므로 물에 오랜 시간 담가 두면 거의 모두 제거된다. 그래서 우리의 전통적인 식생활에서 고사리 사용법은 참으로 지혜로웠다는 것을 알 수 있다.

5. 고추

옛날 시집살이의 괴로움을 읊은 우리 민요 가운데 다음과 같은 노래 구절이 있다.

"형님, 형님, 사촌형님 시집살이 엇덥디까?"

"고초당초 맵다더니 시집살이보다 더 매우랴!"

고초와 당초는 다같이 고추를 가리키는 말로 역시 고추의 특색은 매운 맛에 있다는 것을 잘 표현하고 있다. 또한 고추만큼 우리 식문화에 큰 영향을 미친 식품도 드물다는 표현이라고 할 수 있다.

이 매운 맛의 고추 원산지는 남아메리카로 우리나라에 전래된 것은 임진왜란중인 선조 때 실학자 이수광이 1613년에 지은 「지봉유설」에서 "고추는 왜국(倭國)으로부터 건너왔기에 왜개자라 부른다" 했고 "고추에는 독이 있다"고 기록되어 있다.

사실 고추가 일본에서 건너왔지만 일본에서는 정착하지 못하고 우리나라에서 고추문화가 꽃을 피운 것은 아마도 매운 맛을 좋아하는 우리의 민족적 체질 때문이 아닐까 생각된다.

고추에는 미신적 의미도 많아서 생남했을 때에는 고추와 숯을 새끼줄에 주렁주렁 끼워 대문에 매달아 남성의 상징으로 삼아왔고, 귀신을 쫓는다고 해서 제사와 절간 음식에는 쓰지 않고 있기도 하다.

옛날부터 재배되어 오던 고추는 대부분 특유하게 매운 맛을 지닌 것이지만 근래에 와서는 매운 맛이 없고 대형인 피망도 많이 보급되었다. 즉, 서양 사람들은 주로 맵지 않은 피망을 생체로 이용하나 매운 맛을 좋아하는 우리나라 사람들에게는 매운 고추가 매우 귀중한 조미식품의 하나이다.

표 10-11. 고추의 일반 성분(가식부 100g당)

성 분	풋고추	건고추	성 분	풋고추	건고추
에너지, ㎉	19	221	인, ㎎	38	230
수분, %	91.3	15.5	철, ㎎	0.5	6.8
단백질, g	1.6	11.0	비타민 A, R.E.	52	4,623
지질, g	0.3	11.0	비타민 B_1, ㎎	0.10	0.30
당질, g	3.6	28.6	비타민 B_2, ㎎	0.05	1.10
섬유, g	2.6	22.0	나이아신, ㎎	1.1	12.5
회분, g	0.6	7.9	비타민 C, ㎎	72	26
칼슘, ㎎	13	58			

과피에 있는 붉은 색소는 캅산틴과 카로텐으로 최근 뉴욕 주립대학에서 발표한 내용을 보면 이들 물질이 인체 내에서 비타민 A로 전환될 뿐만 아니라 폐를 암으로부터 보호한다는 것이다. 즉, 폐암 환자 450명의 음식과 건강한 900명의 음식을 비교해 본 결과, 폐암 환자는 비환자보다 카로틴 섭취량이 뚜렷하게 적었음을 보고했다. 이런 차이는 남성의 경우에 더욱 심했다.

또 비타민 A가 호흡기 계통의 감염에 대한 저항력을 높이므로 체내에서 암을 유발하는 화합물인 유리기를 파괴한다는 것이다. 고추의 성분 중 재미있는 것은 카로텐과 함께 섭취된 불포화지방산은 항산화물질이 존재하지 않으면 비타민 A의 기능을 방해하게 되는데, 고추에는 항산화작용을 하는 비타민 E가 상당히 많이 함유되어 있다는 사실이다.

고추에는 비타민 C가 사과의 40배, 귤의 2배 이상 함유되어 있을 뿐만 아니라 고추의 매운맛 성분인 캅사이신 때문에 쉽게 산화되지 않아서 조리하는 동안에 손실이 비교적 적은 것도 고추만이 가지고 있는 특성이다.

풋고추의 숙도별 비타민 C 함량 변화를 보면 개화 후 25-30일에 가장 많으며 풋고추의 유통기간 중 비타민 C의 손실률은 과피 42%, 태좌 50%, 종자 65%로 태좌와 종자에서 손실률이 더욱 높은 것으로 알려져 있다.

그런데 비타민 C가 암예방과 치료에 효과가 있다는 사실은 노벨상을 두 번이나 수상한 바 있는 미국의 생화학자 라이너스 포올링 박사 등에 의해 밝혀졌다. 즉, 비타민 C는 항산화작용과 유리기 포착작용이 강력하여 맹독성을 갖고 있는 과산화지질의 생성을 억제함과 동시에 과산화지질의 독성을 줄이는 역할을 한다고 발표했으며, 현재는 이와 같은 사실이 상식화되어 있다. 이러한 작용은 암을 비롯하여 심장병, 신장병, 뇌졸증 및 동맥경화증 등의 성인병에 도움을 줄 수 있는 근거가 된다.

그러나 고추의 특성은 뭐니뭐니 해도 그 매운 맛에 있다고 할 수 있다. 캅사이신 1/88㎎의 적은 양을 먹었을 때도 매운맛을 느끼게 되는데 고추의 캅사이신 함량은 <표 10-12>에서 보는 바와 같이 연구자에 따라 상당한 차이가 있는데, 이것은 고추의 품종 또는 재배환경이나 숙도 등의 차이라고 볼 수 있다.

표 10-12. 한국산 고추의 캅사이신 함량

종류 / 연구자	캅사이신 함량(mg/dry wt)		
	녹숙고추	완숙고추	마른고추
이성우	1.0	2.95~25.95	-
김공한, 전재근	-	-	17.9~34.8
박춘란, 김순동	-	14~40	0.6~1.17

캅사이신은 몸 속에 흡수되지 않는다는 것으로 밝혀져 있는데, 고추는 체내에서 위액의 분비를 촉진시켜 식욕을 증진시키며 혈액순환도 잘 되게 하므로 매운 음식을 먹으면 입맛이 개운하고 기분도 상쾌해진다.

지금까지 밝혀진 캅사이신의 약리작용을 보면, 앞서 얘기한 바와 같이 소화액의 분비를 촉진하여 소화기능을 왕성하게 하는 작용이 있어서 동물실험에서도 발육에 좋은 영향을 준다는 것이다. 또 살균작용도 있어서 창자 속에서의 이상발효를 방지하며 배 속을 편안하게 한다.

그러나 매운 고추를 너무 많이 먹으면 위와 장을 자극하여 설사를 하고 위와 간기능을 해친다고 발표된 바 있으며 우리나라에 위암 환자의 발생이 많은 원인 중의 하나도 너무 매운 것을 많이 먹고 있어 위장점막에 만성비후성 염증을 일으키는 것이 그 원인이라고 밝혀진 바도 있다.

한방에서도 고추를 번초라 하여 발한, 식욕증진, 소화촉진, 회충, 조충의 구제약으로 써왔다.

이상에서 살펴본 바와 같이 고추가 우리 땅에 정착한 이후 우리의 식문화에는 물론, 영양면에서도 큰 변화를 가져다주었다고 볼 수 있다. 그러나 아무리 좋은 성분이나 약리작용이 있다고 하더라도 매운 고추를 너무 많이 먹으면 몸에 해롭다는 원칙은 고추만이 아니고 어떠한 약이나 음식에도 통하는 것이다. 고추의 과용으로 위장을 탈내고 고추의 공급량이 모자라 외화를 낭비하는 어리석음은 없었으면 한다.

6. 당근

당근은 미나리과에 속하는 월년생 초본으로 원산지는 아프가니스탄으로 추정된다. 우리나라에서는 재배역사가 비교적 짧은 채소인데 도입 연도와 경로가 분명치 않다. 품종으로는 뿌리가 짧은 삼촌당근과 조금 긴 오촌당근이 유럽품종이고, 동양계로서는 금시가 대표적인 품종이다. 당근의 100g당 일반 성분을 보면 수분은 88% 정도로 다른 채소보다 적은 편이며 당질은 7.6%로서 설탕이 들어 있어 단맛이 있다. 당근의 영양상 특징은 카로텐의 함량이 많다는 것인데, 카로텐은 채소류 중 가장 많이 함유되어 있다.

카로텐은 지금까지 「프로비타민 A」라는 명칭으로 잘 알려져 왔는데, 지난날 영양상태가 나빴던 시절에는 비타민 A 부족으로 인해 야맹증 등의 증상에 걸린 사람이 많았기 때문에 비타민 A의 중요성이 자주 거론되어 왔다.

이처럼 카로텐이라고 하면 비타민 A의 역할밖에 생각하지 않았던 종래의 개념에서 크게 벗어나게 되었는데, 비타민 A로서의 역할은 카로텐의 역할 가운데 극히 일부에 지나지 않으며, 카로텐 그대로의 형태로 흡수된 것이 바로 건강유지를 위해 더욱 중요한 역할을 수행하고 있다는 사실이다. 특히 노화를 지연시키고 암을 예방하는 대단히 중요한 역할을 하고 있다는 점이다.

표 10-13. 당근의 일반 성분(가식부 100g당)

성 분	생것	삶은것	성 분	생것	삶은것
에너지, ㎉	34	32	철, mg	0.7	0.7
수분, %	89.5	89.7	나트륨, mg	30	25
단백질, g	1.1	1.3	칼륨, mg	395	300
지질, g	0.1	0.1	비타민 A, R.E.	1,270	1,120
당질, g	7.8	7.2	비타민 B_1, mg	0.06	0.05
섬유소, g	0.8	0.7	비타민 B_2, mg	0.05	0.05
회분, g	0.7	1.0	나이아신, mg	0.8	0.8
칼슘, mg	40	40	비타민 C, mg	8	7
인, mg	38	37			

당뇨병, 심장병, 뇌동맥경화 등 거의 모든 성인병의 원인이 식생활에 있다는 것은 이미 오래 전에 알려진 사실이다. 그 중에서도 특히 건강의 최대 적이라고 일컬어지는 물질인 기름이 원인인 과산화지질이다.

과산화지질은 세포막을 한순간에 파괴해 버릴 정도로 강렬한 독성을 지니고 있다. 이 과산화지질이 혈관의 세포막을 침범하여 혈관의 내벽에 상처를 입히면 이 상처에 혈액 중의 혈소판이 달라붙어 동맥경화나 심근경색을 일으키는 혈전으로 변해 혈관을 막아버린다.

그런데 우리 몸 안에 있는 SOD(super oxide dismutase)라는 효소는 과산화지질을 막아주는 역할을 한다. 즉, 이 SOD는 몸 안에 생기는 위험한 물질을 무해한 물질로 바꾸는 역할을 하는데, 나이를 들게 되면 SOD의 활동도 점점 쇠퇴해 간다.

지금까지의 연구결과에 의하면 카로텐이 우리 체내에서 SOD와 같은 역할을 한다고 알려져 있다. 또 하버드 의과대학과 미국 식품의약국(FDA)의 공동연구에서는 베타카로텐을 다량 복용하기만 하면 피부암이 억제된다고 보고하였다.

1982년 시작된 미국 국립암연구소의 광범위한 인체 실험에서는 베타카로텐이 암이라는 인간 비극을 저지할지도 모른다는 증거가 늘어나고 있다. 하버드 의과대학이 주도한 연구(약 2만 2천명의 의사들이 5년 동안 참여)에서도 베타카로텐이 모든 암을 예방할 수 있는지 연구 중에 있다.

현재까지 이루어진 베타카로텐에 관한 연구내용을 종합해 보면 다음과 같다.

스위스에서는 3천명의 남성을 대상으로 사망률을 추적, 조사한 결과, 관상동맥질환으로 사망한 사람들은 혈액중 베타카로텐의 농도가 낮았음을 밝혀냈으며, 그밖에도 심장혈관 질환, 폐암, 식도암, 위암, 결장암에 베타카로텐의 치료효과가 있었음이 구미 선진국에서 최근에 보고되었다. 이와 같이 카로텐이 암예방, 노화방지에 도움이 될 뿐만 아니라 몸 안에서 해독제 역할을 하고 있다.

그러면 그 카로텐을 많이 섭취하려면 어떻게 하면 좋을까? 당근은 카로텐 함유량이 100g당 7,300㎍으로 카로텐의 왕이라고 해도 좋을 채소이다. 특히 당근은 일년 내내 손쉽게 구할 수 있고 요리의 폭도 넓어서 가장 많이 먹을 수 있는 카로텐원이 된다. 당근 200g 한 개 정도만 먹으면 카로텐 1일 필요량을 충분하게 섭취할 수 있다.

여러 가지 만성질환이 급증하고 있는 현시점에서 카로텐이 많이 함유되어 있는 당근이야말로 현대인에게 있어서 필수불가결의 식품이다. 더욱 중요한 것은 베타카로텐이 체내에서 제 기능을 발휘하기 위해서는 모든 영양소가 공급될 수 있는 균형된 식생활이 무엇보다도 선행되어야 한다.

7. 더덕

더덕은 한명(漢名)으로 백삼, 사삼, 행엽, 가덕, 지취 등 여러 가지 이름으로 불리워 왔다.

다년생 초본으로 우리나라를 비롯하여 중국, 일본, 대만 등에 널리 분포되어 있으며, 우리나라에서는 중부 이북에 많다. 주로 깊은 산에 나는데, 줄기는 덩굴져서 다른 것에 감겨 올라간다. 여름에는 자주빛의 종 모양 꽃이 가지 끝에 피며, 그 잎의 냄새가 특이하여 산에 가면 쉽게 찾아낼 수가 있다. 대체로 4년목의 가을에 뿌리를 캐서 이용한다. 단군 때부터 고려에 이르기까지의 역사를 적은 「해동역사」라는 책을 보면 고려시대에 더덕을 나물 요리로 만들어 먹었다는 기록이 있는 것으로 보아 오래 전부터 식용으로 이용한 것을 알 수 있다.

더덕을 이두 글자로는 '가덕'이라고 쓴다. 더덕과 흡사한 식물로서 잔대라는 것이 있는데, 일본에서는 그 뿌리를 우리의 더덕처럼 먹고 있다. 그 식물의 이름을 일본 발음으로 '도도끼'라고 부르는데, 이것은 옛날 일본인이 잔대를 우리의 더덕과 같은 식물로 생각하여 일본식으로 발음하여 도도끼가 되었을 것으로 학자들은 생각하고 있다. 즉, 우리나라에서는 더덕을 사삼이라 하고 일본에서는 잔대를 사삼이라고 하는 것을 보면 그러한 생각이 무리가 아님을 알 수 있다.

표 10-14. 더덕의 일반 성분(가식부 100g당)

성 분	생것	성 분	생것
에너지, ㎉	55	칼슘, ㎎	24
수분, %	82.9	인, ㎎	102
단백질, g	3.8	철, ㎎	2.0
지질, g	0.3	나트륨, ㎎	7
당질, g	10.8	칼륨, ㎎	203
섬유소, g	1.5	비타민 B_1, ㎎	0.13
회분, g	0.7	비타민 B_2, ㎎	0.20

더덕은 본래 야생의 것이었으나 최근에는 재배도 많이 하는 우리나라의 독특한 채소로서 그 영양 성분을 보면 수분이 82.9%로 가장 많고, 단백질 3.8%, 당질 10.8%, 섬유 1.5%, 회분 0.7%, 그밖에도 칼슘, 비타민 B_1, B_2, 철분 등의 영양성분을 고루 포함하고 있는 식품이다.

특히 섬유질이 많아서 정장효과뿐만 아니라 변의 부피를 증대시키고, 혈장 콜레스테롤의 수준을 낮추고, 혈당 반응을 저하시키며 수은이나 카드뮴과 같은 중금속 무기물과 결합하여 흡수를 억제한다.

이와 같이 섬유질의 생리적 작용에 의해 인간에 많은 영향을 미치게 됨에 따라 1970년부터 섬유질의 중요성이 대두되기 시작하였다. 구미 선진국에서는 동맥경화증, 성인병, 직장암이 많은 반면에 아프리카 등의 미개발국에서는 이런 증상이 드물게 나타난다는 사실이 지적됨에 따라 이 집단간에 식습관의 차이를 자세히 연구해본 결과, 선진국에서는 섬유질의 섭취량이 미개발국에 비해 훨씬 낮다는 사실을 인식하게 되었다. 이에 따라 장운동 촉진제 정도로 인식되어 왔던 섬유질이 최근에는 또 하나의 주요 영양소로 부각되고 있는 실정이다. 여기서 체내에서의 섬유질의 작용과 이러한 작용이 인간의 건강에 어떠한 영향을 주는가를 간단히 살펴보면 다음과 같다.

첫째, 배변작용인데 섬유질은 변의 양을 증가시키고 대장운동을 원활히 하여 배변을 용이하게 한다. 섬유질의 이러한 효과는 수분 보유능력에 기인하는 것으로 알려져 있다. 섬유질은 건물 1g당 2-6g의 물을 보유할 수 있고 채소나 과일은 섬유소 무게의 30배 정도의 물을 보유하게 된다.

한편, 조리된 음식물 중의 섬유소와 발효된 후의 섬유소는 수분 보유 능력이 떨어져 배변작용에도 영향을 덜 미치게 되는데, 거의 날 것으로 먹는 더덕의 경우를 보면 그 효과는 더욱 크다고 할 수 있겠다.

둘째, 혈장 콜레스테롤의 저하로서, 이는 주로 가용성 섬유질이 혈청 및 간의 콜레스테롤 함량을 낮추어 주며 총콜레스테롤에 대한 HDL-콜레스테롤(이로운 콜레스테롤) 비율을 높여줌으로써 심장순환기계 질환에 대한 예방 또는 치료효과가 있는 것으로 알려지고 있다.

셋째, 섬유질은 당뇨병 환자의 식사요법에도 중요한데, 이는 섬유질의 섭취가 혈당치의 과도한 상승이나 급격한 상승을 억제시키기 때문이라고 본다. 즉, 섬유질은 포도당의 흡수를 지연시킴으로써 혈중 포도당의 농도를 일정하게 유지하게 한다.

고섬유질 식사가 저섬유질 식사에 비하여 혈중 포도당 농도를 낮게 유지한다고 하는 것은 거의 확실시되고 있으므로 당뇨병 환자에게는 섬유질이 풍부한 음식을 섭취하도록 권장하고 있다.

넷째, 섬유질을 충분히 섭취하게 되면 직장암을 예방할 수 있다고 제시하고 있다. 변중의 담즙산 농도는 직장암과 상관관계가 있는 것으로 알려져 있는 가운데 담즙산이 직장암의 유발물질임이 확인되었다. 그런데 고섬유질 식이는 장내에서 변의 양을 증가시키므로 이는 곧 담즙산과 같은 암 유발물질을 희석시키는 효과가 높을 뿐만 아니라 직장을 빨리 통과하도록 한다. 따라서 섬유질은 이러한 암 유발물질인 담즙산을 용이하게 제거시킬 수 있게 하므로 직장암 예방에 유효하다.

그밖에도 고섬유질 식사는 비만의 예방에도 도움이 될 수 있다. 따라서 최근에는 식이섬유 음료가 등장하여 비만치료 효과를 선전하고 있는 것이다. 그러나 더덕의 효과는 이것만이 아니다. 즉, 더덕을 한방에서는 사삼이라고 하는데, 그 이유는 더덕의 효능이 인삼과 비슷하기 때문에 이른 말이다.

더덕을 약으로 사용한 것은 중국 당나라 때로 알려져 있는데, 지금까지 알려진 효능을 보면 다음과 같다.

첫째, 더덕은 호흡기 질환에 감염되었을 때 사용한다. 즉, 감기로 인하여 열이 심하고 갈증을 느끼며 물을 자주 마시는 사람에게 유효하다고 알려져 있다. 특히 폐결핵의 말기증상에 농을 배출하고 기침이 심하여 흉격 부위에 통증을 일으킬 때에 섭취하면 배농작용을 얻게 된다.

둘째, 순환기 질환의 치료로서 혈압을 내리는 효과가 크다.

셋째, 부인과질환에서 백대하에 염증과 월경불순에도 효력이 있다고 되어 있으며, 젖의 분비가 원활치 못하여 발생하는 유선염에도 좋다고 알려져 있다. 즉, 부인들의 백대하증 또는 적대하증에는 더덕뿌리를 가루로 만들어 밥물로 매일 3회 식전에 3g 정도씩 복용하면 효과가 있으며, 나물을 만들어 먹거나 기타 방법으로 오래 먹으면 좋다고 알려져 있다.

넷째, 항피로작용이 있어서 더덕을 먹으면 피로를 느끼지 않는다. 즉, 더덕을 먹인 쥐는 만삼을 먹인 쥐보다 오랫동안 수영을 한다는 사실이 이를 뒷받침한다.

그러므로 더덕은 옛날부터 결핵을 비롯한 호흡기병의 거담제(가래를 삭히는 약)가 되었으며 고름이 생기는 화농증에 대해서 고름을 빠지게 하는 작용이 있다고 알려져 민간요법에서 널리 이용되어 왔다.

옛 문헌에는 남자가 이것을 오래 먹으면 강장작용을 나타낸다고 하였다. 또한 늘 기운이 없고 머리가 어지러우며 통증을 수반하는 사람이 복용하면 그와 같은 증상이 없어진다. 뿐만 아니라 오래 복용하면 얼굴의 잔주름이 없어지고 피부에 탄력이 생기며 윤택해져 아름다움을 갖게 된다고 한다.

더덕에는 사포닌이 많은 것이 특색이다. 이 사포닌은 인삼에 들어있는 주요 성분인데, 물에 잘 녹으며 거품이 일어나는 물질이다. 그런데 종기가 심할 때나 독충에 물렸을 때 더덕가루를 바르면 효과가 좋다고 전해오는 것도 바로 이 사포닌의 효과인 것으로 추정되고 있다.

특히 해독작용이 있다는 것을 임상적으로 보면, 뱀에 물렸을 때에 생더덕 160g 정도에 물을 넣고 달여서 하루에 2회 정도 복용하면 독극물이 소변으로 배출되어 해독을 시키는 효과를 얻게 된다. 그리고 중국에서는 매독성의 피부질환에도 좋은 효과가 있다고 알려져 있다.

더덕은 더덕술을 만들어 마시면 그 별미와 더불어 강장작용과 그 밖의 약효를 빨리 낼 수 있다. 더덕술을 담그는 요령은 말린 더덕 또는 생더덕을 잘게 썰어서 술항아리에 넣고 소주를 더덕량의 3배 가량 붓고 서늘한 곳에서 숙성시킨다. 이때 뚜껑은 향미가 날아가지 않게끔 꼭 밀봉해 두며, 단술을 좋아하는 사람은 더덕량의 3분의 1가량의 설탕을 담근지 한 달 후에 넣는다. 더덕술이 제 맛에 들려면 3개월은 숙성시켜야 한다. 숙성이 끝나면 더덕을 건져내고 헝겊으로 걸러서 술병에 담는다.

엷은 황색의 더덕술은 그 특유한 향기가 좋으며 그대로 마셔도 좋으나 새콤한 맛이 있는 매실주나 석류술과 칵테일해서 마시면 더욱 좋다.

특히 이 술은 정장, 강장제로서도 좋고, 가래가 많은 사람이 자기 전에 마시면 그 효과가 크다고 한다.

8. 도라지

도라지가 우리의 식생활과 밀접한 관계가 있다는 것은 도라지타령이라는 민요가 있는 것으로 보아서 쉽게 알 수 있다.

7,8월에 자주색이 도는 흰꽃이 피는데, 흰꽃이 피는 품종을 백도라지라고 한다. 도라지는 주로 뿌리만 먹는 것으로 알고 있지만 이른 봄 돋아나는 어린잎과 줄기도 데쳐서 나물로 만들어 먹는다. 지금은 자연적으로 생산되는 것으로는 수요를 충당할 수 없어서 재배에 의존하고 있다.

도라지는 특히 당질이 많고 칼슘과 철분이 비교적 많이 함유된 우수한 식품이며 섬유질도 적당량 함유되어 있어 정장효과도 크다.

표 10-15. 도라지의 일반 성분(가식부 100g당)

성 분	생것	성 분	생것
에너지, ㎉	83	칼슘, ㎎	39
수분, %	75.6	인, ㎎	34
단백질, g	1.7	철분, ㎎	2.2
지질, g	0.4	비타민 B_1, ㎎	0.08
당질, g	19.6	비타민 B_2, ㎎	0.13
섬유소, g	1.8	나이아신, ㎎	0.4
회분, g	0.9	비타민 C, ㎎	12

한방에서는 도라지를 길경이라고 하며 백약, 또는 고경이라고도 한다. 또 산이나 들에서 자생하는 것을 산길경이라 하고 재배된 것을 가길경이라 한다.

도라지는 식용뿐만 아니라 생약으로도 매우 중요하게 쓰이고 있다. 우리나라의 대표적인 한의서인 '동의보감'에는 3,000가지 이상의 약처방이 수록되어 있는데, 도라지가 배합되어 있는 처방이 그 중의 약 8%인 278가지나 되는 것으로 보아 한방에서 도라지의 중요한 위치를 알 수 있다.

도라지의 아리고 쓴맛의 성분은 플라티고딘(platycodin), 사포닌 등인데 이 성분은 항염증, 거단, 항궤양, 진해, 해열, 진통 등의 약리작용이 있음이 밝혀져 옛날의 약리학도 매우 정확하였다는 것을 알 수 있다.

한방에서는 자주꽃이 핀 것보다 흰꽃이 피는 백도라지가 약효가 더 좋다하여 이를 선호하고 있으나 아직까지 규명되지는 않았다.

한방에서 도라지의 이용을 소개하면 다음과 같다.

도라지 뿌리를 하루에 3-10g 정도 물에 달여서 마시면 감기로 목이 아플 때 좋으며 기관지염, 편도선염, 천식, 감기 등에 효과가 있다고 알려져 있다. 또 폐병, 심한 기침, 담혈 등에는 마른 도라지 40g(생것은 10뿌리 정도)과 감초 80g을 6ℓ의 물에 삶아서 물이 1/3정도로 줄도록 달여서 식후에 한 번씩 차 마시듯 계속 복용하면 효과가 있다.

도라지주는 더덕주와 같이 담그면 되는데, 술은 엷은 담황색이 되며 쌉쌀한 특이한 맛은 반주로 하면 식욕을 돋운다. 성분은 도라지 사포닌이 주이며 거담, 진해, 강장약으로 효과가 있다.

9. 부추

이시진의 「본초강목」을 보면 부추는 온신고정의 효과가 있다고 기록되어 있다.

동양의학에서 말하는 신(腎)이란 신장만을 가리키는 것이 아니고 고환이나 부신 등 호르몬을 분비하는 기관을 비롯하여 비뇨생식기 계통 전반을 신이라 부르고 있다. 즉, 온신고정이란 간단히 말하면 "신허를 다스린다"라는 의미이고, 부추는 "몸을 따뜻하게 하고 기능을 항진시킨다"는 것이다.

또 부추를 기양초라고도 부르는데, 문자 그대로 양기를 북돋워주는 채소라는 뜻이다. 예로부터 오신(五辛)이니 오훈(五葷)이니하여 다섯 가지의 맵고 냄새나는 채소가 있다고 했는데, 예컨대 마늘, 달래, 무릇, 김장파, 세파 등으로 수도를 하는 사람들은 먹어서는 안된다고 했다.

절간에 가면 흔히 산문 곁에 '불러훈주입산문'이라고 새겨진 석주를 본다. '훈(葷)' 즉 냄새가 고약한 야채와 술을 가지고 절에 오면 안 된다는 경고다.

「열반경」에는 "고기를 먹지 말며, 이렇게 함으로써 몸에서 취기가 없어진다."라는 구절이 있다. 파나 마늘 부추 같은 냄새가 강한 야채는 일체 먹지 말라고 되어 있다. 이 「열반경」보다 나중에 만들어져 선에 지대한 영향을 끼친 「유가경」에도 역시 여러 가지 고기와 술, 파, 마늘, 부추 등을 수행자들에게 금지한 대목이 있다. 이와 같이 부추는 정력증진효과가 있으므로 수행에 방해가 된다고 생각하였다.

영양적 특성

부추는 지방에 따라 부채, 부초, 솔, 정구지, 졸이라고 부르기도 하며, 한명(漢名)으로는 구채, 난총이라 부른다. 부추는 백합과 파속인 다년초로 주로 동남 아시아, 중국 서부, 한국, 일본의 산에 야생하며, 요즈음에는 재래종이 우리 식탁에 올라오고 있다.

형태적 특징을 보면 비늘줄기는 작고 담갈색의 섬유로 싸여 있으며 밑에 뿌리가 있다. 봄철에 선상 육질의 잎이 비늘줄기에서 여러 가닥 나온다. 여름철에는 작고 흰 꽃이 피는데 열매는 익으면 저절로 터져서 까만 씨가 나오며 한방에서는 이것을 구자라 하여 비뇨의 약재로 이용한다.

부추의 재배 장점은 다른 채소에 비해 자금의 회전이 빠르다는 것인데, 12-1월경의 혹한기만 제외하면 거의 매월 재배할 수 있다는 이점이 있다.

표 10-16. 부추의 일반성분(가식부 100g당)

성 분	재래종	성 분	재래종
에너지, ㎉	21	인, mg	34
수분, %	91.4	철, mg	2.1
단백질, g	2.9	나트륨, mg	5
지질, g	0.5	칼륨, mg	446
당질, g	2.8	비타민 A, R.E.	516
섬유소, g	1.1	비타민 B_1, mg	0.11
회분, g	1.3	비타민 B_2, mg	0.18
칼슘, mg	47	비타민 C, mg	37

성분에서 보는 바와 같이 다른 파의 종류에 비하면 단백질, 지질, 당질, 회분, 그리고 비타민 A가 월등히 많다. 당질은 대부분이 포도당과 과당으로 구성되어 있어 섭취되어서 흡수, 이용될 때까지의 시간이 짧기 때문에 피로회복에 매우 효과적이다.

파 속의 식품은 *Allium*(고약한 냄새라는 뜻의 켈트어)이 나타내듯이 독특한 냄새가 있다. 부추의 냄새가 싫다는 사람도 적지 않지만 부추가 건강에 좋은 이유는 영양적 가치와 함께 냄새의 근원이 되는 유화아릴이라는 휘발성분을 함유하고 있기 때문이다. 부추에 들어 있는 유황화합물은 뛰어난 살균, 방부작용이 있다.

최근 미국 텍사스주 휴스턴에 있는 앤더슨 병원과 종양연구소의 연구자들은 마늘, 양파 등에 들어 있는 유황화합물이 결장암을 억제한다는 사실을 발표했다. 또 일본의 과학자들은 식품 속에 함유되어 있는 유황화합물이 과산화지질에 대하여 강력한 항산화물로서 작용한다고 지적했다.

그밖에도 부추의 독특한 냄새의 성분인 유화아릴이 몸에 흡수되면 자율신경을 자극하여 에너지 대사를 높인다. 즉, 부추를 먹으면 몸이 따뜻해지는 것은 이 때문이다.

부추에는 비타민 A의 전구체인 베타카로텐이 풍부하게 들어 있는데, 베타카로텐의 역할은 인체의 영양적인 측면에서 비타민 A로서의 기능만이 아니라 항암효과가 크다는 사실이다. 뉴욕에 있는 알베르트 아인슈타인 의과대학의 생화학 교수인 세이프터 박사와 그의 동료들은 발암물질에 노출시킨 쥐에게 2-9주 동안 고단위의 베타카로텐을 주었다. 그 결과, 종양의 발생과 성장이 억제되었다.

일반적으로 베타카로텐은 일찍 주어질수록 효과도 상승되었다. 하버드 의과대학과 미국식품의약국(FDA)의 공동연구에서는 자외선에 노출된 실험동물도 베타카로텐의 다량 복용으로 피부암이 발전하지 않는다는 것을 밝혀냈다.

그러면 베타카로텐이 가지는 힘의 원천은 무엇일까? 또 그것들은 어떻게 해서 세포 안에서 암과 싸우는 것일까? 처음에는 베타카로텐이 비타민 A로 전환하기 때문에 암에 대항한다고 생각했다. 그러나 실제는 그것보다 더 복잡하고 흥미롭다. 원래의 비타민 A와는 다르게 베타카로텐은 항산화 물질로 밝혀졌다. 베타카로텐은 인체를 떠돌아다니며 파괴를 일삼는 위험한 과잉 산소분자를 소멸시킨다. 다시 말하면 세포를 보호하는 베타카로텐의 항산화 능력은 베타카로텐의 비타민 A로의 전환과는 아무 상관이 없다.

베타카로텐이 항산화 물질이라는 사실은 항산화작용과 관련된 모든 생리학적 기능성을 포함하여 암에 대한 보호작용 이상으로 평가된다. 따라서 터프츠 대학 의과대의 생화학 및 약리학 교수인 노르만 크리스키 박사에 따르면, 이러한 새로운 증거들은 실로 베타카로텐이 광범위한 면역학적 효과를 가지고 있음을 시사하는 것이다.

또 일본의 과학자들은 베타카로텐이 안의 손상에 대해 면역을 강화하는 면역 감시체계를 증대시킴으로써 바이러스성 암과 화학물질에 의한 암을 예방한다는 것을 알아냈다. 그 후 여러 가지 연구에서 항산화 물질인 베타카로텐이 함유된 식품은 예상대로 순환계를 보호했고 항염증성 물질로서 작용했을 뿐만 아니라 노화를 늦추기도 했다.

부추에는 비타민 B_1, B_2 및 C 등이 풍부하게 들어 있는데 이것은 우리의 체내에 들어가면 비타민 B_1의 공급효과가 증대되는 특성이 있다. 왜냐하면 비타민 C가 비타민 B_1의 흡수를 증대시키는 데다 부추의 유황화합물이 비타민 B_1과 결합하여 비타민 B_1의 흡수 및 체내 이용을 도와주기 때문이다. 이와 같은 사실은 곡류를 주식으로 하고 있는 우리 식생활에 있어서 비타민 B_1을 충분하게 공급해 준다는 점에서 중요한 일이다.

그밖에도 부추에는 엽록소와 철분도 많이 들어 있으므로 빈혈에도 좋고, 특히 코피가 나기 쉬운 체질의 개선에도 효과가 크다.

강정, 강장제로서의 민간 요법

부추는 위가 거북할 때, 변비, 냉증, 설사 또는 빈혈이나 감기의 예방에 효과적이다. 냉증이나 감기, 설사에는 몸을 따뜻하게 하는 부추를 넣어 된장찌개나 국을 끓여 먹으면 효과가 있다.

위가 거북하거나 입덧이 심할 때는 짓찧어서 짠 즙에 우유나 꿀을 타서 마시면 좋다. 또 부추에는 혈액순환을 좋게 하여 묵은 혈액을 배설하는 성질도 있어 타박상으로 부은 곳이나 동상, 피가 날 때, 상처 부위 등에 짓찧어서 즙을 바르면 치료효과를 발휘한다.

구토가 날 때 부추의 즙을 만들어 생강즙을 조금 타서 마시면 잘 멎는다.

산후통에도 감초와 함께 달여 먹으면 효험이 큰 것으로 알려졌고, 이질과 빈혈 등에도 효력이 있다고 한다. 그러나 많이 먹으면 설사를 할 수 있으므로 특히 알레르기 체질인 사람은 삼가는 편이 좋다.

부추를 기름으로 볶으면 비타민 A의 전구체인 베타카로텐의 흡수를 증가시킬 수 있다. 무침이나 김치, 국 등으로 조리하는 방법이 있지만 특히 돼지고기와 함께 조리하면 좋다. 돼지고기에는 비타민 B_1이 듬뿍 들어 있는데, 이 비타민 B_1의 흡수를 돕는 유화아릴이라는 성분이 부추에 많기 때문이다.

파 종류에서 보이는 여러 가지 약용효과는 결국 함황성분과 베타카로텐의 작용에 의한 것이다. 다만, 같은 파에 속하는 것이라도 그 종류에 따라 함유되어 있는 함황성분이 미묘하게 다르며 그로 말미암아 약용효과도 다르게 된다.

10. 상추

식품으로서의 상추의 이용은 아주 오래된 것으로 보인다. 즉, 가장 오래된 농서로 평가되고 있는 「제민요술」에 그 이름이 있고, 조선시대의 요리서인 「증보산림경제」, 「농정회요」 등에도 상추에 대한 효능, 식용법이 포괄적으로 설명되어 있다. 상추는 유럽이 원산으로 재배역사도 오래되어 포괄적으로 설명되어 있다. 상추는 유럽이 원산으로 재배역사도 오래되어 기원전 550년에 이미 페르시아 왕의 식탁에 올랐다고 한다.

식욕을 잃기 쉬운 봄에는 입맛을 되살리며 여름에는 입맛은 물론 씹는 맛이 시원해서 별미로 여긴다.

표 10-17. 상추의 일반 성분(가식부 100g당)

성 분	개량종	성 분	개량종
에너지, ㎉	18	칼슘, mg	56
수분, %	93.0	인, mg	36
단백질, g	1.2	철분, mg	2.1
지방, g	0.3	비타민 A, R.E.	365
당질, g	3.5	비타민 B_1, mg	0.07
섬유, g	0.8	비타민 B_2, mg	0.08
회분, g	1.2	비타민 C, mg	19

상추의 당류는 대부분이 포도당이며 아미노산 중 로이신과 발린이 다른 채소보다 많

다. 채소치고는 비타민 C가 적고, 향기 성분은 알파아미노낙산 황산염이 대부분이며 감칠 맛 성분으로 아데닐산이 1㎎정도 들어 있다.

상추 줄기의 절단면에서 나오는 유액에는 쓴맛을 내는 락투신(lactucin)과 렉투코피크린(lectucopicrin)이 존재하며 최면작용을 돕는다.

지금까지 세계 도처에서 행해진 암 예방을 위한 영양소에 관한 연구에서 임상적으로 가장 가능성이 높은 미량 영양소로서는 비타민 A류인 레티노이드와 카로테노이드가 알려져 있다. 특히 이들은 상피세포에서 발생하는 암의 빈도를 감소시킬 가능성이 있다는 연구결과들이 보고되고 있다.

상추에 많이 들어 있는 비타민 A는 대부분 베타카로텐으로 존재하는데, 베타카로텐의 암 예방효과는 혈액 내 베타카로텐의 농도와 관계가 있는 것으로 알려져 있다. 현재까지 보고된 베타카로텐의 암예방효과를 보면 충분한 베타카로텐을 섭취했을 때 위암과 위장관암을 예방한다는 것이다.

따라서 베타카로텐이 많이 함유되어 있는 녹황색 채소, 오렌지, 당근 및 여러 가지 과일을 섭취함으로써 암을 예방할 수 있다.

그런데 알코올은 베타카로텐의 간장 내 저장량을 감소시키므로 비타민 A와 베타카로텐의 체내 이용률을 향상시키기 위해서는 술을 절제할 필요가 있다.

한편, 한방에서는 상추는 성질이 차므로 체질이 음인 사람이 먹으면 해롭고 체질이 양인 사람이 먹으면 이롭다고 한다. 또한 소변불통이나 대변하혈, 자궁출혈에는 상추 줄기나 씨를 한줌 찧어서 배꼽에 바르면 효과가 좋으며, 술에 만취되어 빨리 깨어나지 못할 때 상추의 즙을 마시게 하면 된다.

11. 신선초

신선초가 문헌에 나타난 것은 이시진의 「본초강목」이다. 전설로는 진시황제가 부하 서복과 남녀 1,000여명을 시켜서 불사의 약초를 찾아오라고 일본에 파견하였으나 이들은 불사초를 찾지 못하고 숨졌다. 1983년 10월 3일 일본의 삼택도(三宅島)에는 화산의 폭발로 섬의 식물들이 모두 불타버렸다. 그 황량한 대지 위에 싹이 돋아났는데, 이 강한 생명력을 가진 식물이 명일엽(明日葉)이라 불리우는 미나리과의 다년초였다.

일본의 장수촌으로 이름난 팔장도를 찾아온 학자들은 이곳 섬주민들의 건강 및 장수가 명일엽을 먹기 때문이라고 하여 일대 붐을 일으켰다. 또 특이한 것은 고혈압 환자를 거의 찾아 볼 수 없다는 것과 이외에도 신선초를 복용한 결과, 1년만에 머리카락이 돋아나는 것을 확인하고 신선초야말로 진시황제가 찾던 불로장수초라고 격찬했다.

표 10-18. 신선초의 주요 성분(가식부 100g당)

성 분	함유량	성 분	함유량
게르마늄, ppm	460	비타민 B_1, mg%	0.11
칼슘, mg%	261	비타민 B_2, mg%	20.26
철, mg%	5	비타민 B_6, mg%	0.55
아연, mg%	1	비오틴, mg%	3.82
망간, mg%	1	판토텐산, mg%	0.44
인, mg%	51	콜린, mg%	12.6
마그네슘, mg%	894	니코틴산, mg%	1.31
칼륨, mg%	394	비타민 B_{12}, mg%	72.5
나트륨, mg%	102	비타민 C, mg%	23.0
염소, mg%	153	엽록소, mg%	20.5
규소, mg%	19	카로틴, mg%	2.31
유황, mg%	32		

신선초는 매우 다양한 성분을 가지고 있다. 주요 성분을 보면 비타민, 미네랄이 풍부하다. 특히 활성물질로 알려진 게르마늄이 460ppm이고 비타민 B_{12}가 72.58mg%이다.

비타민 B_{12}는 채소, 과일 및 곡류에는 거의 없고 육류에 들어 있으며, WHO의 권장량이 3γ%이고 보면 대단히 많이 함유되어 있다. 엽록소도 20.5mg%로 다른 채소에 비해 많은 편이다.

뿌리에서 분석된 화학성분은 소랄렌, 안젤리신, 베르갑텐, 크산토톡신 같은 4종류의 푸로쿠마린이 있고, 잎의 황즙에서는 플라보노이드에 속하는 물질들이 다량 들어 있다. 즉, 신선초는 잎, 줄기, 뿌리를 모두 사용할 수 있기 때문에 앞으로 연구결과에 따라 더욱 그 용도가 증가될 것으로 생각된다.

신선초가 건강을 증진시키는 가장 큰 이유는 게르마늄, 비타민 B_{12}, 엽록소, 칼슘, 루틴 등의 풍부한 비타민과 미네랄, 그리고 사포닌 등의 성분을 함유하고 있기 때문이다.

게르마늄은 최근 동서 의학계에서 주목을 받아 각광을 받는 물질로 '만병의 근원'이 되는 혈액의 오염을 정화하여 암이나 고혈압 등의 난치성 성인병에 괄목할 만한 효과를 나타내는 것이 증명되었다. 따라서 일명 '먹는 산소'라고도 불리운다.

옛날부터 알려진 약초를 분석한 것을 보면 어느 약초나 게르마늄이 들어 있다. 신선초는 다른 약초보다 높은 수치를 보이고 있는데, 신선초가 다른 약초보다 좋은 약효를 갖고 있는 이유는 여기에 있는지도 모른다.

남프랑스의 피레네 산맥에 있는 그 유명한 루루도의 물은 밭 한가운데의 바위에서 솟

아나고 있다. 이 물을 마시면 당장 모든 병이 고쳐진다는 '기적의 물'이다. 이 기적의 물에는 역시 기적이 될만한 이유가 있다. 그것은 다름 아닌 게르마늄이다.

루루도의 물에는 각종 미네랄 위에 75ppm의 고농도 게르마늄이 있음이 알려져 있지만, 이 성스러운 물이 발견될 당시에는 아마 현재의 몇 배나 되는 고농도의 게르마늄이 함유되었으라 생각된다. 수용액에서 75ppm이라면 1ℓ의 물 속에 75㎎이 녹아 있는 것이 되며 이는 실로 놀라운 숫자라고 할 수 있다. 이 물을 마시거나 혹은 목욕을 하면 병이 낫는다는 것은 충분히 납득이 가는 이야기이다.

12. 쑥

쑥은 국화과에 속하는 다년생 초본으로서 생약명은 애엽(艾葉)이다. 다른 이름으로는 빙대, 의초, 애고, 황초 등으로 부르고 있다.

쑥은 우리나라 산과 들의 어디에서나 쉽게 볼 수 있으며, 예로부터 약용 또는 식용으로 널리 사용되어 왔으므로 모르는 사람이 없을 정도로 잘 알려져 있다.

쑥은 자생지에 따라 바닷가나 섬에서 자생하는 쑥과 육지에서 자생하는 쑥으로 구별하는데, 약용은 바닷가의 쑥이나 섬에서 자생하는 쑥을 많이 사용하며 지금은 인천 앞바다에 있는 자월도의 자생 쑥이 약용으로 제일 인기가 높다. 그 이유는 해풍을 받은 쑥은 독성이 적고 향이 약하며 잎사귀가 엷어지기 때문이다.

또 쑥의 채취시기를 음력 단오 전후로 정하는 것은 이 기간이 지나면 약효가 적어지기 때문이다. 그러나 강원도 지방에서 나는 인진쑥은 햇볕의 따가움이 사그러들기 시작하는 9월부터 10월 사이에 채취해야 약효가 가장 좋다고 알려져 있다.

식품·영양적 특성

무엇보다도 쑥은 겨우내 움츠러들었던 몸이 봄을 맞아 활기를 되찾는데 도움을 주는 식품이다. 독특한 맛과 향이 식욕을 돋구어주고 풍부한 비타민과 무기질이 신진대사를 도와 특히 봄을 심하게 타는 사람들에게 좋다.

쑥의 성분에서 보는 바와 같이 쑥에는 무기질과 비타민의 함량이 많은 것이 특색이다. 특히 비타민 A가 많아 약 80g만 먹어도 하루에 필요한 양을 공급할 수 있는 셈이다. 우리의 몸 속에 비타민 A가 부족하게 되면 체내에 공존하고 있는 세균에 대한 저항능력이 약화되고 쉽게 질병에 감염되기 때문에 비타민 A의 섭취는 무엇보다 중요하다.

우리가 아무리 영양이 풍부한 음식물을 섭취하더라도 효율적으로 분해하고 연소시켜 흡수하지 않으면 아무런 의미가 없는데, 비타민 A와 C는 이러한 영양화를 돕는 동시에 영양 성분이 제 기능을 다하도록 보조역할을 하는 것으로 평가되고 있다. 특히 쑥에는 비타민 C가 많아 감기의 예방과 치료에 좋은 역할을 한다.

표 10-19. 쑥의 일반 성분(가식부 100g당)

성 분	생것	삶은것	성 분	생것	삶은것
에너지, kcal	20	21	철분, mg	6.2	4.4
수분, %	88.8	89.5	나트륨, mg	10	4
단백질, g	4.3	3.2	칼륨, mg	598	278
지질, g	0.6	0.4	비타민 A, R.E.	844	740
당질, g	1.2	2.8	비타민 B_1, mg	0.10	0.05
섬유소, g	3.2	3.3	비타민 B_2, mg	0.22	0.04
회분, g	1.9	0.8	나이아신, mg	1.8	0.5
칼슘, mg	103	75	비타민 C, mg	20	3
인, mg	69	47			

쑥에는 칼슘과 철분이 많이 함유되어 있기 때문에 쌀밥 위주의 식생활로 인한 체질의 산성화를 방지해 주는 데도 매우 효과적인 식품이다. 따라서 예로부터 쑥을 섞어 빚은 떡을 자주 먹는 것은 고운 빛깔과 향미를 이용하는 것뿐만 아니라 산성 체질을 중화하기 위한 조상들의 지혜였다고 생각된다.

이른 봄 돋아나는 새싹을 뜯어 끓인 국은 쌉쌀한 맛과 향취가 있어 입맛이 없는 봄철에 식욕 촉진제 역할을 한다. 쑥국은 애탕이라하고 쑥을 넣어서 만든 떡을 쑥떡 또는 애고라 하며, 쑥을 넣은 밥을 쑥밥, 쑥에 밀가루를 묻혀 지진 전을 쑥전 또는 봉호전이라 한다.

쑥에서 나는 독특한 향취는 정유 성분 때문이며 종류와 산지에 따라 차이가 많지만 대개 0.02% 정도 함유되어 있다. 정유 성분 중에는 시네알(cineal)이 가장 많고 튜죤(thujone), 헨콘(fenchon) 등이 있으며 이외에도 다른 종류의 테르펜이 함유되어 있다.

쑥의 쓴맛은 압신틴(absinthin)이라는 고미 성분 때문이며 1950년대에 처음으로 그 복잡한 구조가 밝혀졌다. 압신틴의 쓴맛은 7만분의 1로 희석(압신틴 1g을 70ℓ 물에 희석한 것) 했을 때도 느낄 수 있을 정도이다.

유럽에서는 쓴맛으로 인한 약효로서 식욕부진과 위액분비 촉진제로 많이 사용되어 왔다. 19세기 후반 프랑스에서 많이 마셨던 술로 압생트(absinthe)가 있는데, 이것은 쑥술의 일종으로서 쑥의 줄기와 잎을 잘게 썰은 다음 고농도의 알코올을 부어 방치한 후 추출하고, 방향 성분이 녹아 있는 이 추출액을 다시 증류하여 제조한다.

압생트는 상당한 인기가 있었는데, 특히 예술가들은 창조력에 도움이 된다고 하여 압생트의 열렬한 애호가였다. 그러나 압생트를 상습적으로 마실 경우 건강에 좋지 못하다는 것이 점차 밝혀져 20세기 초반부터는 압생트 음주를 법으로 금하게 되었다.

이 압생트에는 튜죤이라는 테르펜 성분이 들어 있는데, 이 성분은 압생트에 독특한 향취를 주는 성분이지만 뇌세포를 파괴하고 환각상태를 유발하는 장본인이다. 압생트를 상습적으로 마심으로써 생기는 중독을 압신틴 중독증(absinthism)이라 하며 멍청한 상태, 정신력 저하, 신경과민, 안신경염 또는 환각 경험 등의 증상으로 나타난다고 밝혀져 있다. 37세의 젊은 나이로 권총 자살한 네덜란드의 후기 인상파 화가 반 고호도 열렬한 압생트 애호가였다고 한다.

약리적 특성

쑥의 약효에 관한 기록이 고의서에 기록된 것으로 보아서 인간이 쑥을 이용한 역사는 매우 오래된 것 같다. 중국에서는 쑥을 Qing-hao라하여 말라리아 치료에 사용했다는 기록이 있고 세계에서 가장 오래된 의서인 「파피루스 에버스(Papyrus Ebers)」에도 기록되어 있다. 또한 성경과 A.D. 65년경에 완성된 후 1천5백여년 동안이나 대표적 의서로 이용되었던 「마테리아 메디카(Materia Medica)」에도 쑥에 관해서 상세히 기록되어 있다.

유럽에서는 구충제로 많이 사용되었던 연유로 해서 쑥을 영어로 'wormwood(나무벌레라는 뜻)'라고 부르게 되었다. 독어로는 베어무트, 불어로는 압생트라 하며 앞서 기술했듯이 프랑스에서 압생트는 쑥술을 의미하기도 한다.

우리나라 한의학의 고전인 「동의보감」과 중국의 고전의학서인 「본초강목」을 보면, "쑥은 독이 없고 모든 만성병을 다스리며, 특히 부인병에 좋고 자식을 낳게 한다.", "쑥은 속을 덥게 하여 냉을 쫓으며 습을 덜어준다"고 각각 기록되어 있다.

「본초서」에는 쑥이 기혈을 다스리고 한습을 쫓으며 자궁을 데우고 또 모든 출혈을 멎게 하며 복부를 온하고 경락을 고르게 하며 태아를 편하게 하고 복통, 냉리, 곽란으로 사지가 틀리는 것을 다스린다고 기록되어 있다.

현대적 약리 실험에 따르면 쑥은 항균, 혈액 응고, 자궁 수축, 기관지 확장, 해열작용 등이 있다고 밝혀졌고 최근에는 항암효과가 있다는 발표도 나왔다. 최근 강원도 보건환경연구원이 발표한 연구 내용을 보면 인진쑥이 피로 회복에는 물론 항암효과가 큰 것으로 보고되었다.

쑥을 이용한 건강법 중에 가장 놀라운 효과를 자랑하는 것은 뜸이다. 쑥뜸을 뜨면 백혈구의 수가 보통 때보다 2~3배 늘어나고 면역물질이 생기는 것으로 알려져 있다. 따라서 예로부터 쑥뜸은 각종 만성병이나 난치병 치료에 많이 이용되어 왔으며, 요즈음도 한방에서는 신경통이나 관절염으로 고생하는 사람들에게 쑥뜸을 많이 사용하고 있다.

위장병, 소화불량, 고혈압, 간장질환, 부인병이나 신경통에는 쑥 생즙이 효과적이다. 쑥 생즙은 열이 많이 날 때나 술을 많이 마신 다음날 숙독을 푸는 데도 좋은 것으로 알려져 있다.

그밖에도 쑥은 혈압을 낮추어 주는 작용이 있으며, 히스타민에 의한 모세혈관 투과성을 억제하는 작용도 있다. 칼륨이 많이 들어 있어 이뇨효과가 있고, 담즙이 많이 나오게 하는 이담작용도 있어서 간염에도 치료효과가 있다고 알려져 있다.

13. 쑥갓

쑥갓은 지중해 연안이 원산지로서 경엽은 식용으로 쓰이는데 잎의 크기에 따라 대엽종, 중엽종, 소엽종이 있으며 우리나라에는 중엽종이 대부분이다.

쑥갓은 향이 독특하고 색이 아름다워 국과 찌개, 나물 등에 넣어 향과 맛을 살려 음식맛의 독특함을 나타내며 잡냄새를 없애준다. 특히 상추쌈을 싸서 먹을 때 쑥갓을 곁들이면 상추와 조화를 이루어 독특한 풍미를 갖게 된다.

표 10-20. 쑥갓의 일반 성분(가식부 100g당)

성 분	생것	삶은것	성 분	생것	삶은것
에너지, kcal	21	16	칼슘, mg	38	123
수분, %	90.9	92.3	인, mg	47	68
단백질, g	3.5	2.3	철분, mg	2.0	8.6
지질, g	0.1	0.2	비타민 A, R.E.	626	525
당질, g	3.2	2.5	비타민 B_1, mg	0.07	0.12
섬유, g	1.4	0.9	비타민 B_2, mg	0.14	0.30
회분, g	0.9	1.8	비타민 C, mg	18	9

쑥갓은 소화가 잘 되는 알칼리성 식품이며 성분에는 보는 바와 같이 비타민 A가 대단히 많이 함유되어 있고, 비타민 B_1, B_2 및 C도 많이 함유되어 있는 편이다. 또 무기질 중에는 인에 비해서 칼슘의 함량이 높은 것도 특징이라 할 수 있다.

쑥갓은 옛날부터 위를 따뜻하게 하고 장을 튼튼하게 하는 채소로 애용되어 왔다. 어린이가 홍역을 앓으면 흔히 변비에 잘 걸리는데 쑥갓을 삶은 진한 즙을 먹이면 장기능이 활발해져 잘 낫는다고 전해지고 있다. 어른들도 변비일 때는 쑥갓을 살짝 익혀 먹으면 효과가 있다. 또 뱃속이 편하지 않을 때도 쑥갓을 먹으면 정장작용이 있어 속이 편해진다.

이와 같은 것은 식이 섬유질의 정장작용으로 즉, 섬유질은 변의 양을 증가시키고 장의 운동을 촉진한다. 그밖에도 혈장 콜레스테롤의 수준을 낮추는 등의 작용을 하니 속이 편해질 수밖에 없다.

일반적으로 진한 녹색의 잎채소는 카로테로이드를 많이 함유하는데 연구결과는 쑥갓과 같이 진한 녹색을 많이 먹는 사람은 암에 잘 걸리지 않는다고 밝혀져 있다.

폐암에 관한 국제적인 조사에서도 그것을 확증하였으며, 텍사스대학교의 세켈러 박사는 고카로텐 식품을 가장 적게 먹는 사람이 폐암에 걸릴 확률은 가장 많이 먹는 사람의 여덟 배나 된다고 밝혔다.

아울러 암 예방 식품의 조사에서 진한 녹색의 채소가 각광을 받는 이유가 단지 베타카로텐의 힘에만 있다고는 생각되지 않는다. 왜냐하면 일부 사람은 암 생성의 최초 단계인 돌연변이를 억제하는 힘이 쑥갓의 풍부한 엽록소에 있다고 믿고 있기 때문이다.

최근 이탈리아 과학자들은 시험관을 이용한 분석에서 시금치가 가장 강력한 발암물질 중의 하나로 알려진 니트로사민의 생성을 억제하는 것을 발견했다. 즉, 쑥갓의 엽록소가 시금치보다 더 진하다는 것만으로도 쑥갓이 우리 건강에 얼마나 좋은지를 입증하고 남는다.

한편, 우리 식생활에 있어서 쑥갓의 이용 실태를 보면 식욕을 잃기 쉬운 때나 여름철에 쑥갓강회나 쌈장에 상추와 함께 싸먹는 쑥갓의 맛은 우리만이 즐기는 독특한 식생활 방식이라 하겠다. 또 쑥갓을 이용한 음식으로는 생선찌개나 생선국, 매운탕에 조금씩 넣으면 쑥갓향으로 인하여 생선 비린내를 없애 주며, 탕평채나 생무침나물 등에 조금씩 넣으면 색의 조화가 잘 되어 훨씬 맛있게 먹을 수 있다.

14. 양파

양파는 중앙 아시아지역이 원산지로 우리나라에는 이조 말엽 미국과 일본에서 전해진 것으로 알려져 있다.

양파는 옥총 또는 총두라고도 쓰는데, 그것을 따서 우리나라에서는 둥근파라고 부르기도 한다. 재배역사는 아주 오래되어 4천년이 넘으며, 고대 이집트시대에도 이미 중요한 식품이었고 약이었다. 즉, 나일강 상류에 있었던 고대도시 테베 근방에서 기원전 1천5백년경의 것으로 보이는 「에벨파필스」라는 고문서가 발굴되었는데, 이때 양파나 마늘이 심장병, 두통 찰과상, 기생충, 짐승에게 물렸을 때 등 여러 가지 질병에 효능이 있다고 기록되어 있다. 구약성서의 「민수기」에도 양파 이야기가 나온다.

표 10-21. 양파의 일반 성분(가식부 100g당)

성 분	생것	삶은것	성 분	생것	삶은것
에너지, kcal	34	36	인, mg	30	39
수분, %	90.1	89.6	철, mg	0.4	0.5
단백질, g	1.0	1.2	나트륨, mg	2	2
지질, g	0.1	0.1	칼륨, mg	144	120
당질, g	8.0	8.4	비타민 B_1, mg	0.04	0.03
섬유소, g	0.4	0.3	비타민 B_2, mg	0.02	0.01
회분, g	0.4	0.4	나이아신, mg	0.1	0.1
칼슘, mg	16	16	비타민 C, mg	8	4

양파의 영양가는 영양 성분표에서 보는 바와 같이 가식부 100g당 수분이 90%로 다른 채소에 비해서 수분 함량이 적은 편이다. 당질은 8.0g으로 많은 편인데 성숙함에 따라 포도당과 자당의 양이 증가해서 단맛이 더욱 증가하게 된다. 양파를 익히면 더욱 단맛이 증가되는 것은 생양파에 함유되어 있는 아릴디설파이드(allyldisulfide)가 일부 휘산되고 잔존부가 환원 분해되어 프로필멜캅탄(propylmercaptan)으로 되기 때문인데, 이것은 자당(설탕)의 50~60배의 단맛을 증가시켜 준다.

양파의 자극적인 성분의 하나로 알리인(alliin)이라는 성분이 있다. 이 물질은 마늘이나 파에도 들어 있는 성분으로 양파는 짓찧으면 알리나제(allinase)라는 효소가 작용해서 알리신(allicin)이라는 물질로 된다.

알리신은 비타민 B_1과 결합해서 알리지아민을 만들어 비타민 B_1의 효과를 높여 준다. 이 알리지아민(allithiamine)은 장내세균에 의해 파괴되지 않고 흡수가 잘 되게 하므로 지속성 비타민 B_1이라고도 한다. 따라서 양파를 곁들여 먹게 되면 다음 음식물에 들어 있는 비타민 B_1의 흡수가 잘 되게 된다.

양파 껍질에는 색소 성분으로 퀘르세틴(quercetin)이라는 황색 색소가 들어 있는데, 이 성분은 지방 성분의 산패를 막아 주며 고혈압의 예방에도 효과가 인정되고 있다.

영국의 메논 박사는 양파나 마늘에 섬유소 용해의 활성을 상승시키는 작용(굳어진 혈액을 녹여서 흐르기 쉽게 하는 작용)이 있다는 것을 세계적인 의학잡지인 「란세트」에 발표한 바 있다.

내용을 살펴보면 섬유소 용해활성을 높이는 물질로는 유로키나제와 같은 것이 알려져 있는데, 이것은 주사로만 효과가 있고 게다가 항원성이 있다. 그러므로 먹어서 효과가 있고, 부작용이 없는 섬유소 용해 활성제의 개발이 바람직한데, 그러한 의미에서 양파의 성분은 크게 기대된다는 것이다. 아울러 볼디아 박사와 메호라트라 박사는 양파는 고지방식에 의해 상승한 콜레스테롤치를 낮추는 효과가 약제인 코로피브레이트보다 훨씬 좋다고 보고했다.

그밖에도 양파에는 혈액 속의 지질을 저하시키는 작용이 있다. 혈관장애, 동맥경화를 예방 개선하는 작용이 있으므로 당뇨병에 의해 생기는 2차적인 장애를 방지하거나 개선하는데도 효과가 있다. 그뿐만 아니라 직접적으로 혈당을 내리는 효과가 있다는 것이 확인되어 있다. 특히 오거스틴 박사는 양파의 유효성분은 당뇨병 치료약으로 많이 쓰이는 트르브타마이드라는 합성항당뇨제와 같이 정상적인 혈당을 내리는 작용이 없고, 이상하게도 높은 혈당치에만 작용하며 합성약과 같은 저혈당을 일으킬 염려나 부작용이 전혀 없다는 것을 확인하였다.

한편 일본 아키다대학 의학부의 가미야마 시게토시 교수는 양파에 현저한 발암 억제 작용이 있다는 사실을 과학적으로 증명한 바 있으며, 고베 환경보존연구소 이토요시아키 박사는 양파를 가열해도 발암 억제 작용에는 변함이 없다고 보고했다.

이와 같이 양파에 뛰어난 약용효과가 있다는 것은 오래 전부터 알려져 왔고 최근에 과학적으로 하나, 둘 증명되고 있다. 양파는 약제와 같은 사용 규정량은 없으나 약용효과를 원할 경우에는 역시 필요량을 먹어야 한다.

지금까지 알려진 일련의 연구결과로 보면 생양파 50g 이상을 먹게되면 약용효과를 얻을 수 있으며, 성인병이 걱정되는 사람은 적극적으로 더 많이 먹도록 권장하고 있다.

15. 호박

호박은 박과에 속하는 1년생 초본의 덩굴식물이다. 호박은 고온, 다습한 지대에 적응하여 온 동양계 호박과 페루, 볼리비아, 칠레 북부의 고냉건조지대에 적응하여 온 서양계 호박 및 멕시코 북부와 북아메리카 서부를 원산지로 하고 있는 페포계 호박의 세 종류가 있다.

그 중 우리나라는 동양계 호박이 주로 재배되고 있는데, 호박은 독특한 향미와 조직감 등으로 인하여 오래 전부터 우리에게는 친숙한 편이지만 생산량은 전체 채소 중 차지하는 비중이 1% 정도로 그 규모는 대단히 작다.

그러나 호박은 다른 과채류에 비하여 기후조건에 대한 적응범위가 넓고, 척박한 토양에서도 비교적 잘 자라며, 가뭄에도 강한 점이 있어 우리나라에서 생산 가능성이 큰 채소이다. 특히 호박은 다른 박과채소보다 병이 심하지 않으므로 약제를 살포할 필요가 적은 무공해 식품으로서 그 가치는 높은 것으로 평가되고 있다.

현재 우리나라에서 재배되는 호박에는 여러 가지 종류와 품종이 있지만 편의상 성숙

정도에 따라 애호박과 늙은 호박으로 부르고 있고, 반찬용으로 애용되는 애호박이 대부분을 차지하며, 늙은 호박이 차지하는 비율은 전체 호박 생산량의 20% 정도이다.

그런데 호박은 성숙함에 따라 당질과 비타민 A의 전구체인 카로틴 등의 영양성분이 증가하게 되므로 식품으로서의 가치뿐만 아니라 최근에는 호박의 여러 가지 성분들의 생리작용이 밝혀짐에 따라 건강식품으로서도 각광을 받게 되었다. 식용이 되는 부위는 과육과 섬유상 부위로 전체 중량의 88%를 차지하며, 호박순도 오랫동안 식용으로 이용되어 왔다.

호박의 약용으로서의 이용을 보면 줄기, 잎, 꼭지, 과실, 종자 등 호박의 모든 부분이 이용되고 있다. 호박은 종류 또는 품종에 따라 생산되는 열매의 크기, 색 및 모양이 다양하듯 그 성분의 차이도 심하다.

호박에는 황색을 나타내는 천연색소인 카로티노이드계 화합물이 다량 존재하는데, 카로티노이드계 색소에는 카로틴, 리코펜, 루틴 등의 색소 성분이 존재하며, 특히 비타민 A의 효력을 나타내는 베타카로텐과 크산토필을 함유하고 있다.

표 10-22. 호박의 일반 성분(가식부 100g당)

성 분	생것	삶은것	성 분	생것	삶은것
에너지, ㎉	38	260	인, ㎎	36	354
수분, %	88.2	11.5	철, ㎎	0.3	4.0
단백질, g	1.1	14.8	비타민 A, R.E.	27	231
지질, g	0.2	0.7	비타민 B_1, ㎎	0.07	0.23
당질, g	9.4	61.0	비타민 B_2, ㎎	0.04	0.19
섬유, g	0.6	4.8	나이아신, ㎎	0.5	6.0
회분, g	0.5	7.2	비타민 C, ㎎	35	26
칼슘, ㎎	19	165			

매우 안전한 물질로 알려진 베타카로텐은 2개의 비타민 A분자가 결합한 구조를 이루고 있으며, 분해되면 비타민 A가 된다. 따라서 혈액 속으로 들어가면 그 일부가 비타민 A를 필요로 할 때에 베타카로텐이 필요한 만큼의 비타민 A로 변환되어 체내에 더욱 많은 비타민 A를 공급할 수 있게 되는 것이다.

베타카로텐의 장점은 간에 저장되지 않고 지방조직에 저장되어 독성이 나타나지 않는다는 점이다. 실제로 카로텐이 많이 함유된 식품을 수주간에 걸쳐 다량 섭취할 때는 피하 지방조직을 비롯한 지방조직에 축적되며, 따라서 피부 특히 손바닥, 발바닥이 노란색으로 변한다. 그러나 카로틴의 섭취를 중단하면 이들 신체 부위의 노란색은 없어진다.

최근에는 비타민 A의 전구체라고만 생각되었던 카로틴이 암을 예방한다는 연구보고에 커다란 관심이 쏠리고 있다. 즉, 자연계에 존재하는 수많은 카로티노이드류 가운데 비타민 A 활성도를 보유하고 있는 카로티노이드류는 10%에 불과하다는 점으로 미루어 보아 카로티노이드류의 항암효과는 비타민 A의 전구체로서의 기능이라기보다는 카로티노이드류 고유의 항산화제 기능 또는 기타 다른 기능과 관련이 있다고 학자들은 밝히고 있다.

진한 적황색의 호박은 여러 가지 암을 예방하는 것으로 알려져 있다. 전세계적으로 행해진 역학조사에 따르면, 황색 채소는 폐암, 식도암, 위암, 방광암, 후두암, 전립선암의 위험을 줄이는 것으로 생각되며, 아울러 카로티노이드류의 섭취량이 적은 지역에서는 악성 종양의 발생빈도가 높은 것이 밝혀졌다.

미국 국립암연구소의 연구에 따르면, 오랜 흡연 경력을 가진 사람이 많은 뉴저지 주의 남성집단에서 황색의 호박은 폐암으로부터 인체를 지켜주는 세 가지 채소 중의 하나라고 보고하였다(나머지 두 가지는 당근과 고구마였다.).

이 세 가지 채소를 가장 적게 먹는 사람이 폐암에 걸릴 위험은 가장 많이 먹는 사람들의 약 두 배였다. 그러나 폐암의 위험이 가장 낮았던 사람과 가장 높았던 사람의 차이는 하루에 호박, 당근, 고구마 중의 한 가지를 반 컵 정도 더 먹는가 아닌가의 차이에 불과하다는 것이다.

카로텐의 암예방의 메커니즘으로서 흥미 있는 사실은 체내 신진대사 과정에서 생기는 어떤 유기 화학물질의 자유기의 상쇄기능과 불안정한 활성 산소의 불활성화 작용이 있다는 사실이다. 그러므로 호박을 비롯한 황색 채소는 암뿐만 아니라 노화의 침화로부터 우리를 구해 주는 영양의 보고인 셈이다.

한편, 미국 태프트 의과대학의 노먼 크린스커 교수에 의하면 녹황색 채소와 과실에 많이 함유되어 있는 카로틴과 비타민 E를 함께 섭취하면 심근경색이나 암 등의 질병을 예방할 수 있을 뿐만 아니라 지질의 과산화를 막는데 상승적 효과가 있다고 보고한 바 있다.

크린스커 교수는 "항산화의 상승효과는 단독 사용시보다 배로 커졌다. 이는 동물실험에서도 확인되었다. 아직 그 작용 메커니즘은 해명되지 않았으나 곧 임상이나 인체에서 확인하는 연구가 나오게 될 것이다"라고 말하고 있다.

이와 같이 이전에는 비타민 A의 공급원으로서만 기대되었던 카로틴이 암과의 상관관계를 단적으로 나타내는 연구결과가 밝혀짐에 따라 카로틴(알파, 베타카로텐, 루틴)의 함량이 높은 호박이 식품으로서의 이용이 전 세계적으로 급증하게 된 것이다.

그밖에도 호박은 저칼로리 식품으로 만복감을 주고, 배설을 촉진하며, 혈중 콜레스테롤치를 낮춰서 지방의 축적을 막아 주는 등 다이어트에도 대단히 좋은 식품이다. 특히 호박죽에 팥을 넣음으로써 우리에게 부족되기 쉬운 비타민 B_1의 섭취를 증가시키도록 한 우리 선조들의 지혜에는 절로 머리가 숙여진다.

민간요법에서 호박은 회충, 조충의 구제약으로 탁월한 효과를 가지고 있으며, 백일해, 디프테리아, 일사병 등에 쓰인다. 단독(丹毒)에는 호박을 짓찧어 환부에 붙여주면 효과가 있고, 독충에 물렸을 때는 잎이나 꽃을 비벼서 붙이면 효과가 좋다. 또 뱀에 물렸을 때는 꽃을 달여서 상처를 그 탕으로 자주 씻거나 덩굴의 즙을 발라도 제독이 된다고 한다.

우리나라에서 옛부터 "동지에 호박을 먹으면 중풍에 걸리지 않는다, 장수한다, 부인들의 산후에 좋다"는 속설이 전해져 왔다. 즉, 호박은 건강에 좋은 식품으로 알려져 왔다. 이제 호박은 현대 과학으로도 상당히 좋은 식품으로 증명되고 있다.

16. 포도

구약성경 창세기 9장 20절에 "노아가 농업을 시작하여 포도나무를 심었더니"라는 기록이 있다. 또 B.C. 3천5백년 전 고대 이집트 벽화에 포도주를 담그는 그림이 남아 있는 것으로 보아 포도의 재배, 이용의 역사가 오래된 것을 알 수 있다.

포도의 전파경로를 보면, 이집트에서 그리스로 전해진 포도는 그리스 문화와 함께 온 유럽으로 퍼졌다. 우리나라에서는 포도가 고려 시대 이전부터 중국에서 도입되어 처음 재배되었다고 하나 확실하지는 않다. 그렇지만 포도는 조선시대의 백자기에 그 그림이 많이 나오고 또 「산림경제」에 여러 가지 포도 품종이 기록된 것을 보아 우리나라에서도 오래 전부터 재배되었음을 알 수 있다.

우리나라에서 재배되고 있는 주요 품종은 캠벨 얼리(Campbell Early), 골든 마스캣(Golden Mascat), 마스캣 벨일리(Mascat Bailey), 델라웨어(Delaware), 거봉 등이며, 캠벨 얼리는 현재 우리나라 포도 재배면적의 약 80% 정도를 차지하고 있다.

포도는 사과 다음으로 꼽는 과일의 여왕으로 남아프리카 공화국의 요한나 브란트는 「포도요법(The grape cure)」이라는 책을 썼는데, 여기에서 그녀는 자신의 복부 암이 포도로 치유되었다고 주장했다. 「포도요법」은 곧 여러 나라에서 유명해졌는데, 최근 우리나라에서도 포도요법에 관한 책이 많이 발간될 정도로 인기를 끌고 있다.

성분과 효능

포도는 비가 많고 습도가 높은 곳에서는 잘 자라지 않기 때문에 프랑스를 중심으로

한 남부 유럽이 적지로 알려져 있다. 특히 포도는 재배지에 따라 각기 다른 품종들이 재배되고 있는데, 현재 재배되고 있는 품종만도 6백종이 넘고 있다. 따라서 포도는 품종과 성숙도에 따라 성분의 차이가 크다.

포도는 당질이 주성분인데 포도의 독특한 단 맛을 내는 것은 대부분이 포도당과 과당이다. 설탕과 같은 당분을 먹으면 위안에서 포도당과 과당으로 분해되어 흡수되나, 포도에 함유된 포도당과 과당은 쉽게 소화 흡수되어 피로회복에 큰 도움을 준다. 따라서 피로할 때 먹는 한 송이 포도는 다른 식품과는 비교가 안 될 정도로 빠른 효력을 갖는다.

표 10-23. 포도의 일반 성분(가식부 100g당)

성 분	캠벨 얼리	거봉	성 분	캠벨 얼리	거봉
에너지, kcal	59	56	인, mg	29	17
수분, %	83.7	84.0	철, mg	0.5	0.4
단백질, g	0.5	0.5	비타민 A, R.E.	0	3
지질, g	0.3	0.1	비타민 B_1, mg	0.03	0.03
당질, g	15.1	13.3	비타민 B_2, mg	0.03	0.01
섬유소, g	0.2	0.3	나이아신, mg	0.3	0.2
회분, g	0.2	0.4	비타민 C, mg	8	2
칼슘, mg	4	6			

주석산과 사과산이 0.5~1.5%, 펙틴이 0.3~1%, 검 성분, 이노시톨, 탄닌 등이 들어 있어 장의 활동을 촉진시켜 주고, 또 해독하는 작용도 있다.

무기질로는 칼슘, 칼륨, 철분이 풍부하게 들어 있어 정혈작용과 조혈작용을 촉진한다고 알려져 있다. 자주색 과피의 색소는 안토시안계의 에닌과 그 분해물인 에니딘으로 최근에는 이들 물질이 강력한 항암 작용이 있음이 밝혀지기도 했다.

포도는 폴리페놀과 탄닌을 고농도로 함유하기 때문에 항바이러스, 항종양제로서 유망하리라고 생각되지만, 아직까지 과학적인 검증을 받지 못했다.

캐나다의 잭 코노윌척과 존 스페어스 박사의 연구결과에 의하면 여러 가지 포도 제품에 바이러스를 접종한 바 모두가 바이러스를 불활성화시켰다. 포도는 소아마비를 일으키는 폴리오 바이러스나 단순성 포진 바이러스에 대해서도 강한 힘을 가지고 있었다. 그리고 동물 실험에서 포도 주스가 충치의 진행을 억제함이 밝혀졌다.

포도에는 카페인산이 다량으로 들어 있다. 카페인산은 폴리페놀 화합물의 일종으로 동물의 암을 예방하는 강한 힘을 가지고 있다. 최근의 연구에서 건포도는 미국 노인 집단의 낮은 암 사망률과 관계가 있는 것으로 밝혀졌다.

「동의보감」의 기록을 보면 "포도는 성질이 편안하고 맛이 달고, 한마디로 이르되 달고 시다. 포도는 독이 없고 마비된 증세를 다스리며, 암병을 다스려 소변을 잘 통해주고 기를 보하고 살도 찌게하고 건강하게 한다."라고 기록되어 있고, 「본초강목」에도 "소장을 이롭게 하고 이뇨작용으로 소변을 순조롭게 하여 신장염에도 효력이 있다."고 기록되어 있다.

한방에서는 포도 씨가 강장제로 음위를 다스린다고 하여 씨를 발라내지 않고 그대로 씹어 먹는 사람도 있다.

약리적 효능

가장 오래된 의약품 중의 하나인 포도주는 외용약 또는 내복약으로 사용되었다. 고대 그리스에서는 포도주가 싸움터에서 입은 상처를 씻는데 사용하는 살균제였다. 그런데 현대 세균학은 포도주가 살균제 역할을 한다는 것을 완전히 입증했다. 즉, 포도주는 콜레라균을 30초에서 10분 사이에, 대장균을 25분에서 60분 사이에, 장티푸스균을 5분에서 4시간 사이에 죽인다.

이러한 포도주의 살균력을 알코올 때문이라고 생각해 왔는데, 프랑스 보르도에 있는 의약학대학의 약리학 교수인 마스크리에 박사는 포도주에 관한 일련의 연구에서 그 비밀을 밝혀냈다. 즉, 포도주에 들어 있는 폴리페놀류-그 중에서도 안토시안류와 특히 말보시드-가 페니실린의 작용과 같이 세균을 죽인다는 것을 알게 되었다. 물과 포도주를 4:1의 비율로 희석시킨 붉은 포도주는 15분 후에 페니실린 5단위와 같은 효력을 나타냈으며, 2%로 희석시킨 포도주조차 일정한 살균력을 보였다고 밝혔다.

마스크리에 박사의 실험에 따르면, 포도주가 포도나 발효시키지 않은 포도 주스보다 더 강한 살균력을 보이는 것은 포도껍질의 색소에서 발견되는 포도주의 항균 성분이 발효중에만 화학적으로 안전하게 유리되기 때문이라고 한다.

캐나다의 잭 코노월척 박사의 연구결과에서도 붉은 포도주는 포도나 포도 주스보다 바이러스를 더 잘 불활성화시킨다고 보고했다.

포도주는 순환계에 좋은 강장제인 것 같다. 일반적으로 심장병의 발병률이 낮은 지역과 총 알코올 소비량이 높은 지역이 일치한다고 역학자들은 말한다. 최근 캐나다의 오타와 대학교의 병리학자인 낸지 박사는 캐나다 국내의 알코올 소비를 알코올 종류별로 나누어 보고는 흥미 깊은 사실을 발견했다. 포도주의 소비가 심장병의 낮은 발병률과 가장 큰 연관을 가지고 있었던 것이다. 즉, 알코올의 대부분을 포도주로 소비하는 지역에서는 남성의 심장병으로 인한 사망률이 낮았다.

낸지 박사는 포도주에 들어 있는 심장병 약이 알코올이 아니라 다른 미지의 성분일 것이라고 추측한다. 반대도 증거도 있으나, 알코올 음료가 유익한 HDL 콜레스테롤치를 높이는 것은 확실하다. 100명의 남녀를 대상으로 영국에서 행해진 최근의 연구에서 하루에 최저 한 잔의 포도주를 마셨더니 혈중 HDL 콜레스테롤치가 7% 높아졌고, 술을 끊자 혈중 HDL 콜레스테롤치가 다시 원래 상태로 돌아갔다.

저명한 발암물질 전문가인 한스 스티치 박사에 따르면, 포도주에 들어 있는 항미생물 성분이 암과 싸우는 것 같다고 보고했다. 특히 붉은 포도주에 고농도로 들어 있는 탄닌산의 일종으로 포도주의 향을 내는 몰식자산이 항암물질로 작용한다는 것이다. 또 이 몰식자산은 다양한 발암성 물질이 염색체이상을 유발하는 것을 예방했다고 밝혔다. 즉, 발암의 전조라고 여겨지는 돌연변이를 억제한다는 것인데, 이것은 포도주가 항암물질이 될 수 있음을 의미하는 것이다.

한 분석결과에 의하면 붉은 포도주에는 지금까지 시험한 어떤 음료보다 훨씬 많은 몰식자산이 들어 있다. 따라서 적당하게 포도주를 마시는 것은 건강에 좋다고 볼 수 있다.

포도주는 종류에 따라 제 맛을 내는 온도가 다르다. 즉, 백포도주는 5~7℃, 핑크는 10℃, 적포도주는 15℃ 가량이 가장 좋다. 포도주를 따를 때는 잔의 1/2~2/3정도를 붓는 것이 에티켓으로 되어 있다. 술잔에 가득 채우면 공기의 접촉과 순환이 크므로 향과 맛이 빨리 없어져 좋지 않다. 또한 술잔에 부어진 포도주는 단번에 마시지 말고 네 번쯤 나누어 한 모금씩 마시는 것이 좋다.

참고문헌

1. 바이오과학기술산업연구회 : 현대의 생명공학과 생물산업, 아카데미서적(1999)
2. 데이코산업연구소 : 2000 한국바이오산업연감, (2000)
3. 한국산업기술평가원(서상혁, 안현실, 윤윤중) : 21세기 유망산업 기술발전전략과 과제, 원화인쇄사(2000)
4. 2000한국 농업과학심포지엄 조직위원회 : 2000새천년한국농업과학의 방향,문영당(2000)
5. 박영훈 : 2010년을 향한 과학기술발전 장기계획 -생명과학부분-,종로인쇄사(1995)
6. 이계호 : 미생물의 산업적 이용, 도서출판 한림원(1999)
7. 한국농업경제연구원(이동필 이중웅 한상립) : 국내재재 한약재의 수급전망과 유통체계 개선 방향, 한국농업경제연구원(1998)
8. 산업기술정책연구소 : 2000년을 향한 산업기술개발수요, 새기(1996)
9. 과학정책기술관리연구소 : 생명공학 기술혁신 전략 연구, 대종인쇄사(1997)
10. 낙화생. 안덕균 : 면역과 한방, 도서출판열린책들(1994)
11. 장학길 : 현대인의 건강을 위한 식품정보, 신광출판사(1999)
12. 上原美鈴 : 신비의 솔잎치료법, 국일미디어(1994)
13. 지성규 : 기능성식품, 광일문화사(1992)
14. 박병성 외 : 오메가 지방산, 효일문화사(1994)
15. 한국식품개발연구원 : 생체산화를 억제할 수 있는 물질의 탐색, 효능평가기능성식품의 개발(1995)
16. 한국식품개발연구원 : 식품기술 7,(3), 1994
17. 한국식품개발연구원 : 식품기술 7,(4), 1994
18. 한국식품개발연구원 : 식품기술 8,(3), 1995
19. 한국식품개발연구원 : 식품기술 11,(1), 1998

20. 한국식품개발연구원 : 식품기술 12,(3), 1999
21. 한국식품개발연구원 : 식품기술 13,(3), 2000
22. 성정숙 외 3인 : "최신 고급영양학", 지구문화사, 1999
23. 富田勉 : "健康食品論" 光琳, 昭和60
24. 遠藤克己 : "榮養の生化學123" 南江堂, 1991
25. 金英眞 외 6인 : "生物科學" 아카데미서적, 1987
26. 맹영선·허태련 공저 : "식품과 건강",1999
27. 최홍식 : "식품과 현대인의 식생활", 지구문화사, 1999
28. 유춘희 외 2인 : "현대인과 영양", 신광출판사, 1999
29. 金世烈 외 3인 : "임상영양 健康療法", 光文閣, 1998

찾아보기

【M】

【N】

【O】

【P】

【Q】

【R】

【S】

생명자원의 이해

초판발행 2002년 2월 26일
개정판발행 2009년 2월 25일
개정판3쇄 2015년 2월 25일
편 저 자 배만종 · 김수민
펴 낸 이 변창훈
펴 낸 곳 대구한의대학교출판부
주소 : 712-715 경북 경산시 유곡동 290
전화 : 053-819-1577, 1578
등록 : 1987년 11월 21일 경산 제2호

정 가 12,000원

ISBN 978-89-87696-72-0 93570